三峡库区水环境安全技术手册

郭　平　张万顺　彭　虹　编著

黄河水利出版社
·郑州·

图书在版编目(CIP)数据

三峡库区水环境安全技术手册/郭平,张万顺,彭虹编著.—郑州:黄河水利出版社,2018.12

ISBN 978-7-5509-1960-0

Ⅰ.①三… Ⅱ.①郭… ②张… ③彭… Ⅲ.①三峡水利工程-区域水环境-环境保护-技术手册 Ⅳ.①X143-62

中国版本图书馆 CIP 数据核字(2018)第010081号

组稿编辑:李洪良 电话:0371-66026352 E-mail:hongliang0013@163.com

出 版 社:黄河水利出版社

地址:河南省郑州市顺河路黄委会综合楼14层 邮政编码:450003

发行单位:黄河水利出版社

发行部电话:0371-66026940、66020550、66028024、66022620(传真)

E-mail:hhslcbs@126.com

承印单位:虎彩印艺股份有限公司

开本:787 mm×1 092 mm 1/16

印张:16.75

字数:387千字 印数:1—1 000

版次:2018年12月第1版 印次:2018年12月第1次印刷

定价:60.00元

前　言

三峡水库是我国重要的淡水资源库，在保障我国水资源战略布局方面有着重要的意义。由于库区快速的城市化和城镇化，高强度的人类活动干预，使得在未来的10～15年，三峡库区水环境保护形势将发生巨大变化，发生突发性污染事故的可能性大大增加。三峡库区水环境安全不仅关系到库区周边省市人民的生产生活，也关系到长江中下游和南水北调沿线几亿人的用水安全。

本书是在国家科技重大专项，水体污染控制与治理专项，流域水污染防治监控预警技术与综合示范主题，流域水环境风险评估与预警技术研究与工程示范项目“三峡库区及上游流域水环境风险评估与预警技术研究与示范课题”（2013ZX07503－001）成果基础上形成的。

本书共分四章，第1章主要介绍三峡库区常见的主要化工企业及产污企业的原材料、产品；第2章主要介绍这些污染物在水环境中的应急处置方法；第3章结合水质模型提出三峡库区水环境污染物综合应急处置技术；第4章重点介绍三峡库区突发性水环境污染事件处置实例与经验总结，以期在三峡库区发生突发水环境风险事件时，为工作人员尽快提供应急响应及处置建议。书中还总结了长期在三峡库区从事水环境安全保护的一线科研人员的经验。

本书在编写过程中，得到了武汉大学、重庆市环境科学研究院、重庆市生态环境监测中心、重庆市合川区生态环境监测站、重庆市长寿区环境保护局、重庆市双桥经济技术开发区生态环境监测站和重庆市铜梁区生态环境监测站的大力支持，在此一并表示衷心的感谢！

本书参与编写人员为郭平、张万顺、彭虹、高飞、赵士波、李斗果、丁德君、任虹、李新宇、陈建、李理、周彦。武汉大学博士研究生陈肖敏，硕士研究生许典子、李琳、张紫倩、卜思凡、徐畅，以及张泽、李昕昱、邓琰、徐智熙、陈凌苹和张荣等同学一同参与了编写工作，武汉大学博士研究生万晶、硕士研究生周文婷参与了书稿的校对工作，付出了大量心血，在此一并表示衷心的感谢！

由于时间仓促，书中遗漏和不足之处在所难免，敬请读者提出宝贵意见！

编　者

2018年于武汉珞珈山

目　录

第1章　水环境污染物及其性质

1.1　无机污染物及其性质

1.1.1　金属类

1.1.1.1　汞

1. 物质基本信息

汞，又称水银，化学符号为Hg，熔点：-38.9 ℃，沸点：356.9 ℃，银白色液态金属，在常温下可挥发。洒落可形成小水珠；不溶于水、盐酸、稀硫酸，溶于浓硝酸，易溶于王水。

2. 主要来源与用途

主要用于制造汞盐，也用于仪表工业。

3. 危险特性与毒理学特性

1）危险特性

常温下有蒸气挥发，高温下能迅速挥发。与氯酸盐、硝酸盐、热硫酸等混合可发生爆炸。

2）毒理学特性

侵入途径：吸入、食入、经皮吸收。

健康危害：急性中毒，病人有头痛、头晕、乏力、多梦、发热等全身症状，并有明显口腔炎表现。可有食欲不振、恶心、腹痛、腹泻等症状。部分患者皮肤出现红色斑丘疹，少数严重者可发生间质性肺炎及肾脏损伤。

慢性中毒：最早出现头痛、头晕、乏力、记忆减退等神经衰弱综合征；汞毒性震颤；另外可有口腔炎症，少数病人有肝、肾损伤。

4. 环境行为

汞对环境危害极大，汞进入水中以后，在厌氧微生物的作用下，可以转化为极毒的有机汞，生物体从环境中摄取出来，在体内大量积累，并且通过生物的生物链富集浓缩，人吃了受汞污染的水产品，甲基汞可以在人脑中积聚，严重危害人体健康。

燃烧（分解）产物：氧化汞。

5. 监测分析方法

监测分析方法见表1-1。

表1-1　监测分析方法

监测方法类别	监测方法	检测范围
现场应急监测方法	试纸比色法、气体检测管法、速测盒法	依仪器性能而定
实验室监测方法	冷原子吸收分光光度法、 还原气化－原子吸收光谱测定法	最低检出限：0.1 μg/L

6. 环境标准

环境标准见表 1-2。

表 1-2　环境标准

<table>
<tr><th colspan="2">标准</th><th colspan="5">限值</th></tr>
<tr><td>中国(GBZ 1—2010)</td><td>工业企业设计
卫生标准</td><td colspan="5">0.02(TWA)　0.04(STEL)</td></tr>
<tr><td>中国
(GB 16297—1996)</td><td>大气污染物
综合排放标准
表(1):现有污染源
表(2):新污染源</td><td colspan="5">①最高允许排放浓度:
0.015 mg/m³(表 1);0.012 mg/m³(表 2)
②最高允许排放速率(kg/h):
(范围对应排气筒高度不同)
二级:$1.8\times10^{-3}\sim39\times10^{-3}$(表 1);
$1.5\times10^{-3}\sim33\times10^{-3}$(表 2)
三级:$2.8\times10^{-3}\sim59\times10^{-3}$(表 1);
$2.4\times10^{-3}\sim50\times10^{-3}$(表 2)
③无组织排放监控浓度限值:
0.001 2 mg/m³(表 2);0.001 5 mg/m³(表 1)</td></tr>
<tr><td>中国(GB 8978—1996)</td><td>污水综合排放标准　总汞</td><td colspan="5">0.05 mg/L(最高允许排放浓度)</td></tr>
<tr><td>中国(GB 5749—2006)</td><td>生活饮用水卫生标准　汞</td><td colspan="5">0.001 mg/L(限值)</td></tr>
<tr><td>中国(GB 5048—2005)</td><td>农田灌溉水质标准　总汞≤</td><td colspan="5">0.001 mg/L(水作、旱作、蔬菜)</td></tr>
<tr><td rowspan="2">中国
(GB/T 14848—2017)</td><td rowspan="2">地下水质量标准
(mg/L)　汞≤</td><td>Ⅰ类</td><td>Ⅱ类</td><td>Ⅲ类</td><td>Ⅳ类</td><td>Ⅴ类</td></tr>
<tr><td>0.000 1</td><td>0.000 1</td><td>0.001</td><td>0.002</td><td>>0.002</td></tr>
<tr><td>中国(GB 11607—1989)</td><td>渔业水质标准　汞≤</td><td colspan="5">0.000 5 mg/L</td></tr>
<tr><td rowspan="2">中国
(GB 3838—2002)</td><td rowspan="2">地表水环境质量标准
(mg/L)　汞≤</td><td>Ⅰ类</td><td>Ⅱ类</td><td>Ⅲ类</td><td>Ⅳ类</td><td>Ⅴ类</td></tr>
<tr><td>0.000 05</td><td>0.000 05</td><td>0.000 1</td><td>0.001</td><td>0.001</td></tr>
<tr><td>中国
(GB 3097—1997)</td><td>海水水质标准
(mg/L)　汞≤</td><td colspan="5">第一类:0.000 05;第二类:0.000 2;
第三类:0.000 2;第四类:0.000 5</td></tr>
<tr><td>中国
(GB 15618—1995)</td><td>土壤环境质量标准
(mg/kg)</td><td colspan="5">一级:0.15;二级:0.3~1.0;三级:1.5</td></tr>
<tr><td>中国
(GB 5085.3—2007)</td><td>危险废物鉴别标准
浸出毒性鉴别</td><td colspan="5">浸出液中危害成分浓度限值:
0.1 mg/L(以总汞计)</td></tr>
<tr><td>中国
(GB 8172—87)</td><td>城镇垃圾农用控制标准</td><td colspan="5">5 mg/kg</td></tr>
<tr><td>中国
(GB 18485—2014)</td><td>生活垃圾焚烧
污染控制标准</td><td colspan="5">焚烧炉大气污染物排放限值(汞及其化合物):0.05 mg/m³(测定均值)</td></tr>
</table>

1.1.1.2 镉

1. 物质基本信息

镉呈银白色，略带淡蓝光泽，质软，富有延展性，化学符号为 Cd，熔点：320.9 ℃，沸点：765 ℃，不溶于水，溶于酸、硝酸铵和热硫酸。

2. 主要来源与用途

镉的化合物曾广泛用于制造颜料、塑料稳定剂、荧光粉等。

镉还用于钢件镀层防腐，但因其毒性大，这项用途有减缩趋势。用于电镀、制造合金等；并可做成原子反应堆中的中子吸收棒。可用作铁、钢、铜的保护膜，广泛应用于电镀，并用于充电电池、电视映像管、黄色颜料及作为塑料的安定剂。

3. 危险特性与感官信息

侵入途径：吸入、食入、经皮吸收。

健康危害：重复暴露于镉细粉或烟雾中，会引起眼、口、鼻、喉、内部器官和皮肤的蓝灰斑，整个过程很缓慢，有时要几年时间，一旦形成，永不消退；接触镉会嵌入皮肤内，形成永久性花纹。

4. 监测分析方法

监测分析方法见表 1-3。

表 1-3 监测分析方法

监测方法类别	监测方法	检测范围
现场应急监测方法	—	—
实验室监测方法	双硫腙分光光度法（GB/T 7471—1987，水质）	1 ~ 50 μg/L
	原子吸收分光光谱法（GB/T 7475—1987，水质）	0.05 ~ 1 mg/L

5. 环境标准

环境标准见表 1-4。

表 1-4 环境标准

标准		限值
中国（GB 5479—2006）	生活饮用水卫生标准	0.005 mg/L
中国（GB 8978—1996）	污水综合排放标准	0.1 mg/L

1.1.1.3 铅

1. 物质基本信息

铅为灰白色质软的粉末，切削面有光泽，延性弱，展性强。熔点：327 ℃，蒸气压：970 ℃，不溶于水，溶于硝酸、热浓硫酸、碱液，不溶于稀盐酸。

2. 主要来源与用途

主要用作电缆、蓄电池、铅冶炼、废杂铜冶炼、印刷、焊锡等。

3. 危险特性与感官信息

1）危险特性

粉体在受热、遇明火或接触氧化剂时会引起燃烧爆炸。

2）毒理学特性

侵入途径：吸入、食入。

健康危害：损害造血、神经、消化系统及肾脏。职业中毒主要为慢性。神经系统主要表现为神经衰弱综合征、周围神经病（以运动功能受累较明显），重者出现铅中毒性脑病。消化系统表现有牙龈铅线、食欲不振、恶心、腹胀、腹泻或便秘，腹绞痛见于中等及较重病例。造血系统损害出现卟啉代谢障碍、贫血等。短时接触大剂量可发生急性或亚急性铅中毒，表现类似重症慢性铅中毒。

急性毒性：LD_{50} 70 mg/kg（大鼠经静脉）。

亚急性毒性：10 μg/m^3，大鼠接触 30～40 天，红细胞胆色素原合酶（ALAD）活性减少 80%～90%，血铅浓度高达 150～200 μg/100 mL。出现明显中毒症状。10 μg/m^3，大鼠吸入 3～12 个月后，从肺部洗脱下来的巨噬细胞减少 60%，出现多种中毒症状。0.01 mg/m^3，人职业接触，导致泌尿系统炎症、血压变化、死亡、妇女胎儿死亡。

慢性毒性：长期接触铅及其化合物会导致心悸，易激动，血象红细胞增多。铅侵犯神经系统后，出现失眠、多梦、记忆力减退、疲乏，进而发展为狂躁、失明、神志模糊、昏迷，最后因脑血管缺氧而死亡。

致癌：铅的无机化合物的动物实验表明可能引发癌症。另据文献记载，铅是一种慢性和积累性毒物，不同的个体敏感性很不相同，对人来说，铅是一种潜在性泌尿系统致癌物质。

致畸：没有足够的动物实验能够提供证据表明铅及其化合物有致畸作用。

致突变：用含 1% 的醋酸铅饲料喂小鼠，白细胞培养的染色体裂隙－断裂型畸变的数目增加，这些改变涉及单个染色体，表明 DNA 复制受到损伤。

4. 环境行为

代谢和降解：环境中的无机铅及其化合物十分稳定，不易代谢和降解。

残留与蓄积：铅是一种积累性毒物，人类通过食物链摄取铅，也能从被污染的空气中摄取铅，鱼类对铅有很强的富集作用。

燃烧（分解）产物：氧化铅。

5. 监测分析方法

监测分析方法见表 1-5。

表 1-5　监测分析方法

监测方法类别	监测方法	检测范围
现场应急监测方法	四羧醌试纸比色法	依仪器性能而定
	速测仪法	
	分光光度法	
	阳极溶出伏安法	

续表 1-5

监测方法类别	监测方法	检测范围
实验室监测方法	《双硫腙分光光度法》(GB/T 7470—1987)水质	0.01～0.3 mg/L
	直接吸入火焰原子吸收法	0.2～10 mg/L
	APDC－MIBK 萃取火焰原子吸收法[《水和废水监测分析方法》(第四版)]	10～200 μg/L
	在线富集流动注射火焰原子吸收法[《水和废水监测分析方法》(第四版))	最低检出浓度:5 μg/L
	石墨炉原子吸收法[《水和废水监测分析方法》(第四版))	1～5 μg/L
	阳极溶出伏安法[《水和废水监测分析方法》(第四版)]	最低检出浓度:0.5 μg/L
	示波极谱法[《水和废水监测分析方法》(第四版)]	最低检出浓度:10^{-6} mol/L
	《火焰原子吸收分光光度法》(GB/T 15264—1994)(环境空气中铅的测定)	最低检出浓度: 5×10^{-4} mg/m^3 (采样体积为 50 m^3)
	石墨炉原子吸收分光光度法[《空气和废气监测分析方法》(第四版)]	最低检出浓度: 5×10^{-3} μg/m^3 (采样体积为 10 m^3)
	火焰原子吸收分光光度法[《空气和废气监测分析方法》(第四版)]	0.05～50 mg/m^3
	石墨炉原子吸收分光光度法[《空气和废气监测分析方法》(第四版)]	当将采集 10 m^{3}气体的滤膜制备成 25 mL 样品时,最低检出限为 8×10^{-3} μg/m^3,测量范围 25×10^{-3}～250×10^{-3} μg/m^3
	络合滴定法[《空气和废气监测分析方法》(第四版)]	20 mg/m^{3}以上

6. 环境标准

环境标准见表 1-6。

表 1-6　环境标准

标准		限值
中国(GBZ 1—2010)	工业企业设计 卫生标准	0.03 mg/m^3(铅烟);0.05 mg/m^3(铅尘)
中国(GB 3095—2012)	环境空气质量标准　铅	季平均:1 μg/m^3; 年平均:0.5 μg/m^3
1997 年 1 月 1 日: 新、旧污染源分界点 中国 (GB 3095—1996)	表(1):现有污染源 表(2):新污染源 大气污染物综合排放标准 (铅及其化合物)(表 1)	①最高允许排放浓度(mg/m^3): 0.90(表 1);0.70(表 2) ②最高允许排放速率(kg/h) (范围对应排方向高度不同): 二级 0.005~0.39;三级 0.007~0.60(表 1) 二级 0.004~0.33;三级 0.006~0.51(表 2) ③无组织排放监控浓度限值: 0.006 0 mg/m^3(表 2);0.007 5 mg/m^3(表 1)
中国(GB 5749—2006)	生活饮用水卫生标准　铅	0.01 mg/L(限值)
中国(GB 3838—2002)	地表水环境质量标准(mg/L)　铅≤	Ⅰ类 0.01;Ⅱ类 0.01;Ⅲ类 0.05; Ⅳ类 0.05;Ⅴ类 0.1
中国 (GB/T 14848—2017)	地下水质量标准(mg/L)　铅≤	Ⅰ类 0.005;Ⅱ类 0.005;Ⅲ类 0.01; Ⅳ类 0.10;Ⅴ类 >0.10
中国 (GB 3097—1997)	海水水质标准(mg/L)　铅≤	Ⅰ类 0.001;Ⅱ类 0.005;Ⅲ类 0.010; Ⅳ类 0.050
中国 (GB 5084—2005)	农田灌溉水质标准　铅≤	0.2 mg/L(水作、旱作、蔬菜)
中国 (GB 11607—1989)	渔业水质标准　铅≤	0.05 mg/L
中国 (GB 8978—1996)	污水综合排放标准　总铅	1.0 mg/L(最高允许排放浓度)
中国 (GB 15618—1995)	土壤环境质量标准(mg/kg)	一级 35;二级 250~350;三级 500
中国(GB 5085.3—2007)	危险废物鉴别标准 浸出毒性鉴别	浸出液中危害成分浓度限值: 5 mg/L(以总铅计)
中国(GB 18485—2014)	生活垃圾焚烧污染控制标准	焚烧炉大气污染物排放限值: 1 mg/m^3(测定均值)
中国 (GB 8172—87)	城镇垃圾农用控制标准	100 mg/kg

1.1.1.4 锌

1. 物质基本信息

锌是一种浅灰色的过渡金属，是仅次于铁、铜、铝的第四常见金属，由于形、色类似铅，故也称亚铅，制取方法多样，其中电解法提取纯度最高。

2. 主要来源与用途

世界上锌的全部消费有一半用于镀锌，约10%用于黄铜和青铜，不到10%用于锌基合金，约7.5%用于化学制品，13%左右用于干电池的制造，以锌饼、锌板形式出现。

3. 危险特性与感官信息

1）危险特性

吸入锌在高温下形成的氧化锌烟雾可致金属烟雾热，症状有口中金属味、口渴、胸部紧束感、干咳、头痛、头晕、高热、寒战等。锌粉尘对眼有刺激性。口服刺激胃肠道。长期反复接触对皮肤有刺激性。

2）毒理学资料

侵入途径：吸入、食入。

4. 环境行为

危险特性：具有强还原性。与水、酸类或碱金属氢氧化物接触能放出易燃的氢气。与氧化剂、硫黄反应会引起燃烧或爆炸。粉末与空气能形成爆炸性混合物，易被明火点燃引起爆炸，潮湿粉尘在空气中易自行发热燃烧。

5. 监测分析方法

监测分析方法见表1-7。

表1-7 监测分析方法

监测方法类别	监测方法	检测范围
现场应急监测方法	试纸法、便携式比色计（水质）	依仪器性能而定
实验室监测方法	原子吸收分光光度法（GB/T 7475—1987，水质）	0.05～1 mg/L

6. 环境标准

中国MAC（mg/m^3）：未制定标准。苏联MAC（mg/m^3）：未制定标准。

1.1.1.5 铜

1. 物质基本信息

带有红色光泽的金属，不溶于水，溶于碱、盐酸、硫酸。

2. 主要来源与用途

供制造化学用具、电力用具、建筑材料和其他工业装置及用具。

3. 危险特性

动物吸入铜的粉尘和烟雾，可引起呼吸道刺激症状，发生支气管炎或支气管肺炎，甚至肺水肿。长期接触铜尘的工人常发生接触性皮炎和鼻、眼的刺激症状，引起咽痛、鼻塞、鼻炎、咳嗽等症状。铜熔炼工人可发生铜铸造热。长期吸入可引起肺部纤维组织增生。铜的毒性较小，但铜过剩可引起中毒。铜盐的毒性以$Cu(CH_3COO)_2$和$CuSO_4$较大，经口服即使微量也会引起急性中毒,发生流涎、恶心、呕吐、阵发性腹痛,严重者可有头痛、心跳迟缓、呼吸困难甚至虚脱,也可引起中枢神经系统的损害。

4. 环境行为

危险特性:其粉体遇高温、明火能燃烧。

燃烧(分解)产物:氧化铜。

5. 监测分析方法

监测分析方法见表1-8。

表1-8　监测分析方法

监测方法类别	监测方法	检测范围
现场应急监测方法	试纸法、便携式比色计	依仪器性能而定
实验室监测方法	原子吸收分光光度法(GB/T 7475—1987,水质)	0.05~5 mg/L

6. 环境标准

环境标准见表1-9。

表1-9　环境标准

<table>
<tr><th colspan="2">标准</th><th colspan="20">限值</th></tr>
<tr><td>中国(GB 5749—2006)</td><td>生活饮用水卫生标准</td><td colspan="20">1.0 mg/L</td></tr>
<tr><td>中国(GB 5084—2005)</td><td>农田灌溉水质标准</td><td colspan="20">1.0 mg/L(总铜)</td></tr>
<tr><td rowspan="2">中国
(GB/T 14848—2017)</td><td rowspan="2">地下水质量标准(mg/L)</td><td colspan="4">Ⅰ类</td><td colspan="4">Ⅱ类</td><td colspan="4">Ⅲ类</td><td colspan="4">Ⅳ类</td><td colspan="4">Ⅴ类</td></tr>
<tr><td colspan="4">0.01</td><td colspan="4">0.05</td><td colspan="4">1.0</td><td colspan="4">1.5</td><td colspan="4">>1.5</td></tr>
<tr><td>中国(GB 11607—1989)</td><td>渔业水质标准</td><td colspan="20">0.01 mg/L</td></tr>
<tr><td rowspan="2">中国(GB 3097—1997)</td><td rowspan="2">海水水质标准(mg/L)</td><td colspan="5">Ⅰ类</td><td colspan="5">Ⅱ类</td><td colspan="5">Ⅲ类</td><td colspan="5">Ⅳ类</td></tr>
<tr><td colspan="5">0.005</td><td colspan="5">0.010</td><td colspan="5">0.050</td><td colspan="5">0.050</td></tr>
<tr><td>中国(GB 15618—2018)</td><td>土壤环境质量农用地土壤污染风险管控标准(mg/kg)</td><td colspan="20">pH≤6.5,150;pH>6.5,200(果园等)
pH≤6.5,50;pH>6.5,100(其他)</td></tr>
<tr><td>中国(GB 4284—1984)</td><td>农用污泥污染物控制标准</td><td colspan="20">250 mg/kg 干污泥(酸性土壤)
500 mg/kg 干污泥(中、碱性土壤)</td></tr>
<tr><td>中国
(GB 5058.3—2007)</td><td>危险废物鉴别标准
浸出毒性鉴别</td><td colspan="20">100 mg/L</td></tr>
</table>

1.1.1.6　镍

1. 物质基本信息

镍是银白色坚硬金属;不溶于浓硝酸,溶于稀硝酸。

2. 主要来源与用途

用于电子管材料、加氢催化剂及镍盐制造。

3. 危险特性与感官信息

1)危险特性

镍粉体化学活性较高,暴露在空气中会发生氧化反应,甚至自燃。遇强酸反应,放出氢气。粉尘可燃,能与空气形成爆炸性混合物。

2)毒理学特性

侵入途径:吸入、食入。

健康危害:可引起镍皮炎,又称镍"痒疹"。皮肤剧痒,后出现丘疹、疱疹及红斑,重者化脓、溃烂。长期吸入镍粉可致呼吸道刺激、慢性鼻炎,甚至发生鼻中隔穿孔。尚可引起变态反应性肺炎、支气管炎、哮喘。

致突变性:肿瘤性转化,仓鼠胚胎 5 μmol/L。

生殖毒性:大鼠经口最低中毒剂量(TDL_0),158 mg/kg(多代用药),胚胎中毒,胎鼠死亡。

致癌性:IARC 致癌性评论,动物为阳性反应。

4. 环境行为

迁移转化:天然水中的镍常以卤化物、硝酸盐、硫酸盐以及某些无机和有机络合物的形式溶解于水。水中的可溶性离子能与水结合,与氨基酸、胱氨酸、富里酸等形成可溶性有机络离子,它们可以随水流迁移。

5. 监测分析方法

监测分析方法见表 1-10。

表 1-10 监测分析方法

监测方法类别	监测方法	检测范围
现场应急监测方法	试纸法、便携式比色法	依仪器性能而定
实验室监测方法	火焰原子吸收分光光度法(GB/T 11912—1989)	0.05 ~ 5 mg/L
	丁二酮肟分光光度法(GB/T 11910—1989)	0.25 ~ 10 mg/L

6. 环境标准

环境标准见表 1-11。

1.1.1.7 锡

1. 物质基本信息

锡是灰绿色粉末;不溶于水,溶于稀盐酸、硫酸、硝酸。

2. 主要来源与用途

用于制合金、锡盐、还原剂、锡箔等。

表 1-11　环境标准

<table>
<tr><th colspan="2">标准</th><th colspan="4">限值</th></tr>
<tr><td>中国(GBZ 1—2010)</td><td>工业企业设计
卫生标准</td><td colspan="4">1 mg/m³(按 Ni 计)</td></tr>
<tr><td>中国
(GB 16297—1996)</td><td>大气污染物
综合排放标准</td><td colspan="4">①最高允许排放浓度(mg/m³)：
5.0(现有)；4.3(新建)
②最高允许排放速率(kg/h)：
二级 0.15～6.3(新建)；三级 0.24～10(新建)
一级禁排(现有)；
二级 0.18～7.4(现有)；三级 0.28～11(现有)
③无组织排放监控浓度限值(mg/m³)：
0.050(现有)；0.040(新建)</td></tr>
<tr><td rowspan="2">中国
(GB 3097—1997)</td><td rowspan="2">海水水质标准
(mg/L)</td><td>Ⅰ类</td><td>Ⅱ类</td><td>Ⅲ类</td><td>Ⅳ类</td></tr>
<tr><td>0.005</td><td>0.010</td><td>0.020</td><td>0.050</td></tr>
<tr><td>中国
(GB 11607—1989)</td><td>渔业水质标准</td><td colspan="4">0.05 mg/L</td></tr>
<tr><td>中国
(GB 8978—1996)</td><td>污水综合排放标准</td><td colspan="4">1.0 mg/L</td></tr>
<tr><td>中国
(GB 4284—1984)</td><td>农用污泥污染物控制
标准(mg/kg 干污泥)</td><td colspan="4">酸性土壤:100；中性和
碱性土壤:200</td></tr>
<tr><td>中国
(GB 5085.3—2007)</td><td>危险废物鉴别标准
浸出毒性鉴别</td><td colspan="4">5 mg/L
(以总镍计)</td></tr>
<tr><td>中国
(GB 15618—2018)</td><td>土壤环境质量标准
(mg/kg)</td><td colspan="4">pH≤5.5　60；5.5 < pH≤6.5　70；
6.5 < pH≤7.5　100；pH > 7.5　190</td></tr>
</table>

3. 危险特性与感官信息

1)危险特性

锡粉体遇高温、明火能燃烧。粉体与 Br_2、BrF_3、Cl_2、ClF_3、$Cu(NO_3)_2$、K_2O_2、S 反应可引起着火。

2)毒理学特性

侵入途径:吸入、食入。

健康危害:对眼睛、皮肤和黏膜有刺激作用。误服可引起急性胃肠炎症状;长期吸入锡烟尘,可引起肺部良性的锡末沉着症。

4. 环境行为

燃烧(分解)产物:自然分解产物未知。

5. 监测分析方法

监测分析方法见表 1-12。

表 1-12　监测分析方法

监测方法类别	监测方法	检测范围
现场应急监测方法	—	—
实验室监测方法	原子吸收法	—

6. 环境标准

环境标准见表 1-13。

表 1-13　环境标准

标准		限值
中国 (GB 16297—1996)	大气污染物综合排放标准(参照表 1-2)	①最高允许排放浓度:10 mg/m³(现有); 8.5mg/m³(新建) ②最高允许排放速率(kg/h): 二级 0.36~15;三级 0.55~22(现有) 二级 0.31~13;三级 0.47~19(新建) ③无组织排放监控浓度限值:0.006 0 mg/m³(新建); 0.30 mg/m³(现有)

1.1.1.8　钒

1. 物质基本信息

钒是银白色金属;溶于硝酸、王水及浓硫酸等。

2. 主要来源与用途

主要用于制合金钢和催化剂。

3. 危险特性与感官信息

1) 危险特性

钒粉体遇高温、明火能燃烧。

2) 毒理学特性

侵入途径:吸入、食入。

健康危害:本品可引起呼吸系统、神经系统病变,对皮肤也有损害。金属钒的毒性很低。钒化合物(钒盐)对人和动物具有毒性,其毒性随化合物的原子价增加和溶解度的增大而增加,如五氧化二钒为高毒,可引起呼吸系统、神经系统、胃肠和皮肤的改变。

毒性:钒无毒,形成化合物才有毒。钒的化合物属中等至高毒性物质。

4. 环境行为

在环境中钒以 +2、+3、+4、+5 价态存在。其中以五价状态为最稳定,大多数以五氧化二钒和偏钒酸形式存在。其次是四价状态,二、三价盐的水溶液不稳定,易氧化。钒是两性物质,低氧化态的化合物主要呈碱性,高氧化态的化合物主要呈酸性。

燃烧(分解)产物:氧化钒。

5. 监测分析方法

监测分析方法见表 1-14。

表 1-14 监测分析方法

监测方法类别	监测方法	检测范围
现场应急监测方法	—	—
实验室监测方法	石墨炉原子吸收分光光度法(HJ 673—2013,水质)	0.12~0.20 mg/L
	钽试剂(BPHA)萃取分光光度法	0.018~10 mg/L

6. 环境标准

《工业企业设计卫生标准》(GBZ 1—2010)工作场所中有害物质的最高容许浓度:1 mg/m^3。

1.1.1.9 铬

1. 物质基本信息

铬是钢灰色、质脆而硬的金属。

2. 主要来源与用途

用于制造坚韧优质钢及不锈钢、耐酸合金,纯铬用于电镀。

3. 危险特性与感官信息

1) 危险特性

铬粉体遇高温、明火能燃烧。

2) 毒理学特性

侵入途径:吸入、食入。

健康危害:金属铬对人体几乎不产生有害作用,未见引起工业中毒的报道。六价铬对人主要是慢性毒害,它可以通过消化道、呼吸道、皮肤和黏膜侵入人体,在体内主要积聚在肝、肾和内分泌腺中。通过呼吸道进入的则易积存在肺部。六价铬有强氧化作用,所以慢性中毒往往以局部损害开始逐渐发展到不可救药。经呼吸道侵入人体时,开始侵害上呼吸道,引起鼻炎、咽炎和喉炎、支气管炎。

毒性:六价铬污染严重的水通常呈黄色,根据黄色深浅程度不同可初步判定水受污染的程度。刚出现黄色时,六价铬的浓度为2.5~3.0 mg/L。

急性毒性:铬化合物属中等至高毒性物质。

4. 环境行为

燃烧(分解)产物:自然分解产物未知。

5. 监测分析方法

监测分析方法见表1-15。

表 1-15 监测分析方法

监测方法类别	监测方法	检测范围
现场应急监测方法	速测管法、目视比色法、便携式比色计(六价铬)	依仪器性能而定
实验室监测方法	石墨炉原子吸收分光光度法(GB/T 17137—2009)	4~20 μg/L
	二苯碳酰二肼分光光度法(GB/T 7466—1987)	0.004~1.0 mg/L

6. 环境标准

环境标准见表 1-16。

表 1-16 环境标准

<table>
<tr><th colspan="2">标准</th><th colspan="5">限值</th></tr>
<tr><td>中国(GBZ 1—2010)</td><td>工业企业设计卫生标准</td><td colspan="5">0.05 mg/m^3(按铬计)</td></tr>
<tr><td>中国
(GB 16297—1996)</td><td>大气污染物综合
排放标准(铬酸雾)</td><td colspan="5">①最高允许排放浓度(mg/m^3):
0.080(现有);0.070(新建)
②最高允许排放速率(kg/h)[范围对应排气筒高度(m)]:
一级禁排;二级 0.009~0.19;三级 0.014~0.029;
③无组织排放监控浓度限值:
0.0075(现有);0.0060(新建)</td></tr>
<tr><td>中国(GB 5749—2006)</td><td>生活饮用水水质标准</td><td colspan="5">0.05 mg/L(六价铬)</td></tr>
<tr><td>中国(GB 5084—2005)</td><td>农田灌溉水质标准</td><td colspan="5">0.1 mg/L(水作、旱作、蔬菜)(六价铬)</td></tr>
<tr><td rowspan="2">中国
(GB/T 14848—2017)</td><td rowspan="2">地下水质量标准
(mg/L)(六价铬)</td><td>Ⅰ类</td><td>Ⅱ类</td><td>Ⅲ类</td><td>Ⅳ类</td><td>Ⅴ类</td></tr>
<tr><td>0.005</td><td>0.01</td><td>0.05</td><td>0.1</td><td>>0.1</td></tr>
<tr><td>中国(GB 11607—1989)</td><td>渔业水质标准</td><td colspan="5">0.1 mg/L</td></tr>
<tr><td rowspan="3">中国(GB 3097—1997)</td><td rowspan="3">海水水质标准(mg/L)</td><td></td><td>Ⅰ类</td><td>Ⅱ类</td><td>Ⅲ类</td><td>Ⅳ类</td></tr>
<tr><td>六价铬</td><td>0.005</td><td>0.010</td><td>0.020</td><td>0.050</td></tr>
<tr><td>总铬</td><td>0.05</td><td>0.10</td><td>0.20</td><td>0.50</td></tr>
<tr><td rowspan="2">中国(GB 3838—2002)</td><td rowspan="2">地表水环境质量标准
(mg/L)(六价铬)</td><td>Ⅰ类</td><td>Ⅱ类</td><td>Ⅲ类</td><td>Ⅳ类</td><td>Ⅴ类</td></tr>
<tr><td>0.01</td><td>0.05</td><td>0.05</td><td>0.05</td><td>0.1</td></tr>
<tr><td>中国
(GB 15618—2018)</td><td>土壤环境质量 农民地
土壤污染风险管
控标准(mg/kg)</td><td colspan="5">水田
pH≤6.5 250
6.5≤pH≤7.5 300
pH>7.5 350</td></tr>
<tr><td>中国
(GB 5085.3—2007)</td><td>危险废物鉴别标准
浸出毒性鉴别</td><td colspan="5">15 mg/L(铬);5 mg/L(六价铬)</td></tr>
</table>

1.1.1.10 砷

1. 物质基本信息

砷是银灰色发亮的块状固体,质硬而脆;不溶于水、碱液、多数有机溶剂,溶于硝酸、热碱液。

2. 主要来源与用途

砷用于制取合金的添加物、特种玻璃、涂料、医药及家药等。

3. 危险特性与感官信息

1)危险特性

砷燃烧时产生白色的氧化砷烟雾。

2)毒理学特性

侵入途径：吸入、食入、经皮吸收。

健康危害：砷不溶于水，无毒性。口服砷化合物引起急性胃肠炎、休克、周围神经病、中毒性心肌炎、肝炎，以及抽搐、昏迷等，甚至死亡。大量吸入亦可引起消化系统症状、肝肾损害，皮肤色素沉着、角化过度或疣状增生，多发性周围神经炎。

急性中毒：LD_{50} 763 mg/kg（大鼠经口），145 mg/kg（小鼠经口）。

生殖毒性：大鼠经口最低中毒剂量（TDL_0），605 μg/kg（雌性交配前用药35周），胚泡植入前后死亡率升高。

4. 环境行为

燃烧（分解）产物：氧化砷。

5. 监测分析方法

监测分析方法见表1-17。

表1-17 监测分析方法

监测方法类别	监测方法	检测范围
现场应急监测方法	检测管法、便携式数字伏安法	—
实验室监测方法	火焰原子吸收法（CJ/T 105—1999）、 氢化物发生－原子吸收法（GB/T 7485—1987）	—

6. 环境标准

环境标准见表1-18。

表1-18 环境标准

标准		限值
中国（GBZ 1—2010）	工业企业设计卫生标准	0.01 mg/m^3（TWA）
中国（GB 5749—2006）	生活饮用水水质标准（mg/L）	0.01
中国（GB 5048—2005）	农田灌溉水质标准（mg/L）	水作0.05；旱作0.1；蔬菜0.05
中国 （GB/T 14848—2017）	地下水质量标准（mg/L）	Ⅰ类0.001；Ⅱ类0.001；Ⅲ类0.01； Ⅳ类0.05；Ⅴ类0.05以上
中国（GB 11607—1989）	渔业水质标准（mg/L）	0.05
中国 （GB 3838—2002）	地表水环境质量标准 （mg/L）	Ⅰ类0.05；Ⅱ类0.05； Ⅲ类0.05；Ⅳ类0.1；Ⅴ类0.1

续表 1-18

标准		限值
中国 (GB 3097—1997)	海水水质标准 (mg/L)	第一类 0.02;第二类 0.030; 第三类 0.050;第四类 0.050
中国 (GB 8978—1996)	污水综合排放标准(mg/L)	0.5
中国 (GB 15618—2018)	土壤环境质量标准 (mg/kg)	水田 pH≤6.5 30 6.5≤pH≤7.5 25 pH>7.5 20
中国 (GB 4284—1984)	农用污泥污染物 控制标准(mg/kg 干污泥)	在酸性土壤上:75 在中性和碱性土壤上:75
中国 (GB 5085.3—2007)	危险废物鉴别标准 浸出毒性鉴别(mg/L)	5

1.1.2 酸碱类

1.1.2.1 **盐酸**

1. 物质基本信息

盐酸是一种有刺激性酸味的无色液体,工业用盐酸略显黄色,可与水混溶,能与乙醇任意混溶,溶于苯。浓盐酸溶于水有热量放出;溶于碱液并与碱液发生中和反应并放出大量的热;浓盐酸具有挥发性,挥发出的氯化氢气体与空气中的水蒸气作用形成盐酸小液滴,会看到酸雾;能与一些活性金属粉末发生反应,放出氢气;遇氰化物能产生剧毒的氰化氢气体。

2. 主要来源与用途

盐酸是重要的无机化学品,广泛用于医药、染料、食品、印染、皮革、冶金等行业。

3. 危险特性与感官信息

1)危险特性

对大多数金属有强腐蚀性,与活泼金属粉末发生反应放出氢气;对氰化物能产生剧毒的氰化氢气体;浓盐酸在空气中发烟,触及氨蒸馏生成白色烟雾。

2)毒理学资料

(1)中毒。

吸入途径:吸入、食入,经皮吸入。

急性毒性:人经口最低致死浓度(LCL_0):1 300 ppm · 30 min。

人吸入最低致死浓度(LCL_0):3 000 ppm · 5 min。

大鼠吸入半数致死浓度(LC_{50}):4 701 ppm · 30 min。

小鼠吸入半数致死浓度(LC_{50}):2 142 ppm · 30 min。

对眼、呼吸道黏膜及皮肤有刺激作用。

短期接触可出现咽痛、咳嗽、窒息感。严重者可发生喉痉挛或肺水肿;与皮肤接触能引起腐蚀性灼伤;对牙齿有酸蚀。

水生生物毒性:282 ppm·96 h(蚊鱼)。

(2)中毒临床表现。

盐酸烟雾吸入后即刻引起上呼吸道刺激症状,出现呛咳、流泪、咳嗽、胸闷、呼吸加快;检查可见鼻腔及咽喉黏膜充血及水肿,并有浆液性分泌物;肺部可闻及干性或湿性罗音。吸入高浓度烟雾可引起肺水肿,出现发绀,呼吸及脉搏加快,咳嗽加重,咳血性泡沫痰;两肺可闻湿罗音,体温升高或正常,血压下降。胸部 X 射线检查可见肺水肿影像。高浓度吸入时,有时尚可引起喉痉挛或水肿,甚至导致窒息,很快死亡,其原因是喉痉挛或支气管痉挛,或反射性呼吸中枢抑制。

误服盐酸后,口腔、咽部、胸骨后和腹部发生剧烈的灼热性疼痛。嘴唇、口腔和咽部可见有灼伤,甚至形成溃疡。呕吐物中有大量褐色物及食道、胃黏膜的碎片;严重者可发生胃穿孔、腹膜炎、声音嘶哑和吞咽困难,以及便秘、腹泻等。

皮肤受氯化氢气体或盐酸雾刺激后,可发生皮炎,局部潮红、痒感,或出现红色小丘疹甚至水泡;若皮肤接触盐酸液体,则可造成化学性灼伤。

4. 环境行为

污染来源:氯化氢可由氯和氢直接合成,或由氯及水蒸气通过燃烧的焦炭而制成。氯化氢主要用于制造氯化钡、氯化铵等,在冶金、制造染料、皮革的鞣制及染色、纺织以及有关化工生产中亦常用。

危险特性:无水氯化氢无腐蚀性,但遇水时有强腐蚀性。能与一些活性金属粉末发生反应,放出氢气。遇氰化物能产生剧毒的氰化氢气体。

燃烧(分解)产物:氯化氢。

5. 监测分析方法

监测分析方法见表 1-19。

表 1-19 监测分析方法

监测方法类别	监测方法	检测范围
现场应急监测方法	便携式浊度仪气体检测管法(氯化氢) 中和法:pH 试纸	检测范围 1 ~ 20 ppm
实验室监测方法	硝酸银滴定法(GB 11896—1989)	检测范围:10 ~ 500 mg/L
	硫氰酸汞分光光度法(HJ/T 27—1999)	检测限:0.9 mg/m^3(10 L)

6. 环境标准

环境标准见表 1-20。

表 1-20 环境标准

标准名称	限值范围	浓度限值
工业企业设计卫生标准 （GBZ 1—2010） 车间空气卫生标准	工作场所职业接触最高容许浓度	7.5 mg/m^3
大气污染物最高容许排放浓度 （GB 16297—1996）	最高允许排放浓度 废气无组织排放监控浓度限值	100 mg/m^3 0.20 mg/m^3
地表水环境质量标准 （GB 3838—2002）	地表水源地水质限值 pH	6～9
生活饮用水卫生标准 （GB 5749—2006）	生活饮用水水质限值 pH	6.5～8.5
农田灌溉水质标准 （GB 5084—2005）	pH	5.5～8.5
渔业水质标准 （GB 11607—1989）	pH	淡水:6.5～8.5; 海水:7.0～8.5
污水综合排放标准 （GB 8978—1996）	第一类污染物最高 允许排放浓度 pH	6～9

1.1.2.2 硫酸

1. 物质基本信息

硫酸，又名磺镪水，其纯品为透明、无色、无嗅的油状液体，有杂质颜色变深，甚至发黑，对水有极大的亲和力。

2. 作用和用途

硫酸用于硫酸和氯磺酸工业，有机化合物磺化，电镀、蚀刻，实验室试剂、食品添加剂。化肥、硫酸盐、合成药物、染料、洗涤剂等生产过程，金属酸洗、石油制品精炼、蓄电池制造及修理、纺织工业、制革工业、运输业中也可接触。

3. 危险特性及感官信息

1）燃爆危险

从空气和有机物中吸收水分。与水、醇混合产生大量热，体积缩小。用水稀释时应把酸加到稀释水中，以免酸沸溅。加热到 340 ℃分解成三氧化硫和水。稀酸能与许多金属反应，放出氢气。浓酸对铅和低碳钢无腐蚀，是一种很强的酸性氧化剂。与许多物质接触能燃烧甚至爆炸，能与氧化剂或还原剂反应。在火焰中释放出刺激性或有毒烟雾硫氧化物。

2）毒理学资料

（1）侵入途径。

可经呼吸道、消化道及皮肤迅速吸收。

(2)急性中毒。

大鼠经口 LD_{50}：2 140 mg/kg；吸入 LC_{50}：510 mg/(m^3·2 h)。小鼠吸入 LC_{50}：320 mg/(m^3·2 h)。

硫酸液体对皮肤、黏膜有刺激和腐蚀作用。雾对黏膜的刺激作用较二氧化硫的为强，主要使组织脱水，蛋白质凝固，可造成局部坏死。对呼吸道的毒作用部位因吸入浓度和雾滴大小而不同。

人的嗅觉阈为 1 mg/m^3。2 mg/m^3浓度可引起鼻、咽部刺激症状，6～8 mg/m^3引起剧烈咳嗽。口服浓硫酸 1 mL 可致死。

三氧化硫易溶于水生成硫酸，其毒理作用与硫酸相同。脉鼠吸入 6 h 的 MLC 为 30 mg/m^3。

(3)临床表现。

急性吸入中毒：吸入酸雾后可引起明显的上呼吸道刺激症状及支气管炎，重者可迅速发生化学性肺炎或肺水肿，高浓度时可引起喉痉挛和水肿而致窒息。伴有结膜炎和咽炎。

急性口服中毒：可引起消化道灼伤。立即出现口、咽部、胸骨后及腹部剧烈烧灼痛，唇、口腔、咽部糜烂、溃疡，声音嘶哑，吞咽困难，呕血，呕吐物中可有食道和胃黏膜碎片，便血；严重者可发生喉水肿或胃肠道穿孔，肾脏损害。

皮肤灼伤：皮肤接触浓硫酸后局部刺痛，未作处理者可由潮红转为暗褐色，继而可发生溃疡，界限清楚，周围微肿，疼痛剧烈。

眼灼伤：贱入眼内可引起结膜炎、结膜水肿、角膜溃疡以致穿孔。

4. 环境行为

危险性：强腐蚀性有毒液体。遇水大量放热，可发生沸溅。与易燃物(如苯)和有机物(如糖、纤维素等)接触会发生剧烈反应，甚至引起燃烧。能与一些活性金属粉末发生反应，放出氢气。

燃烧(分解)产物：氧化硫。

5. 监测分析方法

监测分析方法见表 1-21。

表 1-21 监测分析方法

监测方法类别	监测方法	检测范围
现场应急监测方法	检气管法、pH 试纸、中和法	依仪器性能而定
实验室监测方法	《玻璃电极法》(GB/T 6920—1986)	
	《硫酸浓缩尾气硫酸雾的测定 铬酸钡比色法》(GB/T 4920—1985)	100～30 000 mg/m^3

6. 环境标准

环境标准见表 1-22。

1.1.2.3 硝酸

1. 物质基本信息

硝酸又称硝镪水、镪水、氨氮水，分子式为 HNO_3，硝酸是一种具有强氧化性、腐蚀性的强酸,属于一元无机强酸。硝酸不稳定,遇光或热会分解而放出二氧化氮,分解产生的二氧化氮溶于硝酸,从而使外观带有浅黄色。硝酸可与水混溶。属于高毒类物质。

表 1-22　环境标准

标准名称	限值范围	浓度限值
大气污染物综合排放标准(GB 16297—1996)	最高容许排放浓度 1 200 mg/m^3(生产)现有 700 mg/m^3(使用和其他)现有 960 mg/m^3(生产)新 550 mg/m^3(使用和其他)新 无组织排放监控浓度 0.40 mg/m^3 新 0.50 mg/m^3 现有	1 000(mg/m^3)现有(火炸药厂)、 70(mg/m^3) 现有(其他)、 430(mg/m^3)新(火炸药厂)、 45(mg/m^3) 新(其他)、1.5(mg/m^3)现有、 1.2(mg/m^3)新
工业企业设计卫生标准(GBZ 1—2010)	工作场所接触最高容许浓度	2 mg/m^3(STEL);1 mg/m^3(TWA)
地表水环境质量标准(GB 3838—2002)	集中式生活饮用水 地表水水源地硫酸盐 pH	250 mg/L 6~9
生活饮用水卫生标准(GB 5749—2006)	pH	6.5~8.5
农田灌溉水质标准(GB 5084—2005)	pH	5.5~8.5
渔业水质标准(GB 11607—1989)	pH	淡水 6.5~8.5, 海水 7.0~0.85
污水综合排放标准(GB 8978—1996)	pH	6~9

2. 主要来源与用途

用途极广,主要用于化肥、染料、国防、炸药、冶金、医药等工业。

3. 危险特性及感官信息

1)燃爆危险

与易燃物(如苯)和有机物(如糖、纤维素等)接触会发生剧烈反应,甚至引起燃烧。与碱金属能发生剧烈反应。

2)毒理学资料

(1)侵入途径。

接触、口服。

(2)中毒表现。

其蒸气有刺激作用,引起黏膜和上呼吸道的刺激症状。如流泪、咽喉刺激感、呛咳,并伴有头痛、头晕、胸闷等。长期接触可引起牙齿酸蚀症,皮肤接触引起灼伤。口服硝酸,会引起上消化道剧痛、烧灼伤以致形成溃疡;严重者可能有胃穿孔、腹膜炎、喉痉挛、肾损害、休克以致窒息等。

4. 环境行为

燃烧(分解)产物:氧化氮。

5. 监测分析方法

监测分析方法见表1-23。

表1-23 监测分析方法

监测方法类别	监测方法	检测范围
现场应急监测方法	速测管法	依仪器性能而定
	化学试剂测试组法	
	分光光度法	
实验室监测方法	二氯变色酸比色法	—
	变色酸比色法	—

6. 环境标准

环境标准见表1-24。

表1-24 环境标准

标准名称	限值范围	浓度限值
大气污染综合排放标准 (GB 16297—1996)	最高容许排放浓度 无组织排放监控浓度	1 700 mg/m^3(生产)现有 420 mg/m^3(使用)现有 1 400 mg/m^3(生产)新 240 mg/m^3(使用)新 0.12 mg/m^3 新

1.1.2.4 氢氟酸

1. 物质基本信息

氟化氢,分子式为HF。它是无色有刺激性气味的气体。氟化氢是一种一元弱酸。氟化氢及其水溶液均有毒性,容易使骨骼、牙齿畸形。氢氟酸可以透过皮肤被黏膜、呼吸道及肠胃道吸收。

2. 主要来源与用途

主要用作含氟化合物的原料,也用于氟化铝和冰晶石的制造、半导体表面刻蚀,还用作烷基化的催化剂;在电子工业中用作强酸性腐蚀剂,可与硝酸、乙酸、氨水、双氧水配合使用;用作分析试剂,也用于高纯氟化物的制备;是生产冷冻剂氟利昂、含氟树脂、有机氟化物和氟的原料;用于有机或无机氟化物的制造;用于刻蚀玻璃,酸洗金属,制无机类氟盐产品及化学试剂。

3. 危险特性及感官信息

1)燃爆危险

该品不燃,高毒,具强腐蚀性、强刺激性,可致人体灼伤。

2)毒理学资料

(1)侵入途径。

接触、吸入。

(2)急性中毒

吸入较高浓度氟化氢,可引起眼及呼吸道黏膜刺激症状,严重者可发生支气管炎、肺炎或肺水肿,甚至发生反射性窒息。眼接触局部剧烈疼痛,重者角膜损伤,甚至发生穿孔。氢氟酸皮肤灼伤初期皮肤潮红、干燥;深部灼伤或处理不当时,可形成难以愈合的深溃疡,损及骨膜和骨质。

慢性影响:眼和上呼吸道刺激症状,或有鼻衄,嗅觉减退。可有牙齿酸蚀症。

4. 环境行为

危险特性:氟化氢为反应性极强的物质,能与各种物质发生反应。腐蚀性极强。

氟化氢极易挥发,置于空气中即冒白雾,溶于水时激烈放热而成氢氟酸;氟化氢在化学热力学上是稳定的,即使在 1 273 K 下也几乎不分解。

5. 监测分析方法

监测分析方法见表 1-25。

表 1-25　监测分析方法

监测方法类别	监测方法	检测范围
现场应急监测方法	暂无	—
实验室监测方法	分光光度法(GB/T 7483—1987)	0.05 mg/L
	氟离子选择电极法(GB/T 7484—1987)	0.05 mg/L
	离子色谱法(HJ/T 84—2001)	0.02 mg/L

6. 环境标准

环境标准见表 1-26。

1.1.2.5　**氯磺酸**

1. 物质基本信息

氯磺酸,分子式为 HSO_3Cl。它是无色或微黄色发烟的丰油状液体,有极浓的盐酸刺激臭味。氯磺酸不溶于二硫化碳、四氯化碳,溶于氯仿、乙酸。刺激性及腐蚀性极强。

表 1-26　环境标准

标准		浓度限值
中国（GBZ 1—2010）	工业企业设计卫生标准(氯化物,mg/m³)	2.0(MAC)
中国(GB/T 14848—2017)	地下水质量标准(氟化物,mg/L)	Ⅰ类 1.0,Ⅱ类 1.0,Ⅲ类 1.0 ,Ⅳ类 2.0,Ⅴ类 2.0 以上
中国(GB 3838—2002)	地表水环境质量标准(氟化物,mg/L)	Ⅰ类 1.0,Ⅱ类 1.0,Ⅲ类 1.0,Ⅳ类 1.5,Ⅴ类 1.5
中国(GB 5084—2005)	农田灌溉水质标准(氟化物,mg/L)	2.0 ~3.0
中国(GB 11607—1989)	渔业水质标准(氟化物,mg/L)	1.0
中国(GB 5749—2006)	生活饮用水卫生标准(氟化物,mg/L)	1.0
中国(GB 8978—1996)	污水综合排放标准(氟化物,mg/L)	一级 10;二级 20;三级 30
中国(GB 5085.3—2007)	危险废物鉴别标准 浸出毒性鉴别(氟化物,mg/L)	100

2. 主要来源与用途

氯磺酸作为磺化剂或氯磺化剂,主要用于糖精制备、磺胺药生产、染料和染料中间体合成及合成洗涤剂原料烷基苯的磺化。此外,也用于生产农药和烟幕剂。

3. 危险特性及感官信息

1)燃爆危险

强氧化剂,在湿气或水分存在下化学性质极活泼。滴入水中能引起爆炸分解,遇可燃物能燃烧,燃烧(分解)生成氯化氢、氧化硫。在潮湿空气中与金属接触能腐蚀金属并放出氢气而易引起着火或爆炸。

2)毒理学资料

(1)侵入途径。

吸入、食入、经皮吸收。

(2)急性中毒。

氯磺酸能使生物组织造成严重灼伤。遇水分解时,生成盐酸和硫酸,对眼睛、黏膜和呼吸系统都有剧烈刺激性。临床表现:吸入后迅速发生气短、咳嗽、胸痛、咽干痛、流泪等,并痰中带血,恶心和无力。吸入高浓度可引起化学性肺炎、肺水肿。皮肤接触液体可致重度灼伤。

4. 环境行为

氯磺酸遇水猛烈分解，产生大量的热和浓烟，发出“噼啪”的响声，甚至爆炸。在潮湿空气中与金属接触，能腐蚀金属并放出氢气，容易燃烧爆炸。与易燃物（如苯）和可燃物（如糖、纤维素等）接触会发生剧烈反应，甚至引起燃烧。具有强腐蚀性。

5. 监测分析方法

监测分析方法见表1-27。

表1-27　监测分析方法

监测方法类别	监测方法	检测范围
现场应急监测方法	—	—
实验室监测方法	分光光度法（GB/T 7483—1987）	0.05 mg/L
	氟离子选择电极法（GB/T 7484—1987）	0.05 mg/L
	离子色谱法（HJ/T 84—2001）	0.02 mg/L

6. 环境标准

环境标准见表1-28。

表1-28　环境标准

标准	浓度限值	
中国（GB/T 14848—2017）	地下水质量标准（氯化物，mg/L ）	Ⅰ类50，Ⅱ类150，Ⅲ类250，Ⅳ类350，Ⅴ类350以上
中国（GB 3838—2002）	地表水环境质量标准（氯化物，mg/L）	250
中国（GB 5084—2005）	农田灌溉水质标准（氯化物，mg/L）	250
中国（GB 5749—2006）	生活饮用水卫生标准（氯化物，mg/L）	250

1.1.2.6　氢氰酸

1. 物质基本信息

氢氰酸，又名甲腈、氰化氢，分子式为HCN。它是无色气体或液体，有苦杏仁味，易在空气中均匀弥散，在空气中可燃烧。氢氰酸与水、乙醇相混溶，微溶于乙醚。可以抑制呼吸酶，造成细胞内窒息，有剧毒。

2. 主要来源与用途

氰化钠与硫酸直接发生反应，经冷凝并加入少量无机酸作稳定剂，即得氢氰酸产品。主要用于可作灭柑橘树害虫的特效农药。制造氰化物，用于仓库和船舶等消毒。还用于合成丁腈橡胶、合成纤维、塑料、有机玻璃及钢铁表面渗氮。

3. 危险特性及感官信息

1）燃爆危险

危险性高。遇热、明火或氧化剂易着火。温度达到50～60 ℃时可在微量碱的催化下引起聚合。与乙醛能发生激烈的化学反应。遇热、明火或氧化剂发生化学反应或分解而爆炸。特别是接触碱性物质时,因聚合或分解会发生爆炸。氰化氢与空气可形成爆炸性混合物,与水、水蒸气、酸雾接触反应产生高毒氰化物烟雾。

2)毒理学资料

(1)侵入途径。

吸入、食入。

(2)急性中毒。

人经口最低致死剂量(LDL_0):570 μg/kg。

人吸入最低致死浓度(LCL_0):200 mg/m^3 · 10 min。

大鼠吸入半数致死浓度(LC_{50}):484 ppm · 5 min。

小鼠经口半数致死剂量(LD_{50}):3 700 μg/kg。

抑制细胞呼吸,很快造成组织缺氧。短期内吸入高浓度氰化氢气体,可立即停止呼吸,造成猝死。轻症者有头痛、头晕、乏力、胸闷、呼吸困难、心悸、恶心、呕吐等。

眼接触:出现眼刺激症状,氢氰酸可致灼伤,经结膜吸收可致中毒。

皮肤接触:氢氰酸可致灼伤,吸收后致中毒。

4.环境行为

氢氰酸在地面水中很不稳定,当水的 pH 大于 7 和有氧存在的条件下,可被氧化生成碳酸盐与氨。进入土壤的氰化物,除逸散至空气中的外,一部分被植物吸收,在植物体内被同化或氧化分解。存留于土壤中并部分在微生物的作用下,可被转化为碳酸盐、氨和甲酸盐。

5.监测分析方法

监测分析方法见表 1-29。

表 1-29 监测分析方法

监测方法类别	监测方法	检测范围
现场应急监测方法	检气管法	检测范围:5 ~ 100 ppm
实验室监测方法	异烟酸—吡唑啉酮分光光度法 (HJ/T 28—1999)	0.002 mg/m^3(30 L)

6.环境标准

环境标准见表 1-30。

1.1.2.7 正磷酸

1.物质基本信息

正磷酸又称磷酸,分子式为 H_3PO_4,白色固体,纯磷酸为无色结晶,无臭,具有酸味,高于 42 ℃时为无色黏稠液体,是一种常见的无机酸,是中强酸。具腐蚀性、刺激性,可致人体灼伤。加热会失水得到焦磷酸,再进一步失水得到偏磷酸。与水混溶,可混溶于乙醇。

2.主要来源与用途

用于制药、颜料、电镀、防锈等。

表 1-30　环境标准

标准名称	限值范围	浓度限值
工业企业设计卫生标准（GBZ 1—2010）	工作场所职业接触有毒物质容许浓度	1 mg/m^3（MAC）
大气污染物综合排放标准（GB 16297—1996）	最高允许排放浓度 无组织排放监控浓度限值	2.3 mg/m^3（现有） 1.9 mg/m^3（新建） 0.030 mg/m^3（现有） 0.024 mg/m^3（新建）
地表水环境质量标准（GB 3838—2002）	集中式生活饮用水地表水源地补充项目标准限值	Ⅰ类 0.005；Ⅱ类 0.05； Ⅲ、Ⅳ、Ⅴ类 0.20
农田灌溉水质标准（GB 5084—2005）	农田灌溉水质标准	0.5 mg/L
地下水质量标准（GB/T 14848—2017）	地下水质量分类指标	Ⅰ类 0.001；Ⅱ类 0.01； Ⅲ类 0.05；Ⅳ、Ⅴ类 0.1
渔业水质标准（GB 11607—1989）		0.005 mg/L

3. 危险特性及感官信息

1）燃爆危险

遇 H 发孔剂可燃，受热分解产生剧毒的氧化磷烟气。

2）毒理学资料

（1）侵入途径。

接触、吸入。

（2）急性中毒。

蒸气或雾对眼、鼻、喉有刺激性。口服液体可引起恶心、呕吐、腹痛、血便或休克。皮肤或眼接触可致灼伤。

慢性影响：鼻黏膜萎缩、鼻中隔穿孔。长期反复皮肤接触，可引起皮肤刺激。

4. 环境行为

常用作各种食品添加剂，但不可多食。如每天摄入 2 ~ 4 g 可引起轻度腹泻。用作可乐型饮料的酸味剂时用量为 0.02% ~ 0.06%。其燃烧（分解）产物为氧化磷。

5. 监测分析方法

监测分析方法见表 1-31。

表 1-31　监测分析方法

监测方法类别	监测方法	检测范围
现场应急监测方法	暂无	—
实验室监测方法	分光光度法（NIOSH 方法 216）	—
	比色法（NIOSH 方法 S333）	—
	离子色谱（NIOSH 方法 7903）	—

6. 环境标准

环境标准见表 1-32。

表 1-32　环境标准

标准名称	限值范围	浓度限值
苏联(1975)	车间卫生标准	1 mg/m^3
工业企业设计卫生标准(GBZ 1—2010)	工作场所职业接触有害物质容许浓度	1 mg/m^3(TWA) 3 mg/m^3(STEL)

1.1.2.8　亚磷酸

1. 物质基本信息

亚磷酸分子式为 H_3PO_3。它是白色或淡黄色结晶,有蒜味,易溶于水和醇。在空气中缓慢氧化成磷酸,加热到 180 ℃时分解成磷酸和磷化氢(剧毒、易爆)。亚磷酸为二元酸,其酸性比磷酸稍强,它具有强还原性,有强吸湿性和潮解性,有腐蚀性。

2. 主要来源与用途

将三氯化磷(PCl_3)水解,经蒸汽精制,冷却结晶脱去盐酸,脱色而得。亚磷酸主要用作还原剂、尼龙增白剂,也用作亚磷酸盐原料、农药中间体以及有机磷水处理药剂的原料。

3. 危险特性及感官信息

1)燃爆危险

本品不燃,具腐蚀性、刺激性,室温下会有白色烟雾冒出,可致人体灼伤。

2)毒理学资料

(1)侵入途径。

吸入、食入、皮肤接触。

(2)急性中毒。

本品对呼吸道有刺激性。眼接触可致灼伤,造成永久性损害。皮肤接触可致重灼伤。

4. 环境行为

对环境有危害,对水体可造成污染。

5. 监测分析方法

监测分析方法见表 1-33。

表 1-33　监测分析方法

监测方法类别	监测方法	检测范围
现场应急监测方法	暂无	—
实验室监测方法	滴定法	—

6. 环境标准

暂无。

1.1.2.9 偏磷酸

1. 物质基本信息

偏磷酸，分子式为 HPO_3。无色玻璃状体，易潮解，密度 2.2 ~2.5 g/cm^3，易溶于水并生成正磷酸(H_3PO_4)。常见的偏磷酸是三聚偏磷酸$(HPO_3)_3$和四聚偏磷酸$(HPO_3)_4$，其分子式均简写为 HPO_3。

2. 主要来源与用途

偏磷酸用作化学试剂、脱水剂、催化剂，制造塑料稳定剂的原料，也用于合成纤维和亚磷酸盐制造。

3. 危险特性及感官信息

1)燃爆危险

本品具有强刺激性、腐蚀性。

2)毒理学资料

(1)侵入途径。

吸入、食入、皮肤接触。

(2)急性中毒。

本品对黏膜、上呼吸道、眼和皮肤有强烈的刺激性。吸入后，可引起咽喉及支气管的痉挛、炎症、水肿、化学性肺炎或肺水肿而致死。接触后出现烧灼感、咳嗽、喘息、喉炎、气短、头痛、恶心和呕吐。

4. 环境行为

偏磷酸属于中强酸，进入水中会影响水体的酸碱度。

5. 监测分析方法

暂无。

6. 环境标准

暂无。

1.1.2.10 氟硅酸

1. 物质基本信息

氟硅酸分子式为 H_2SiF_6，又称硅氟氢酸。无水物是无色气体，不稳定，易分解为四氟化硅和氟化氢。其水溶液为无色透明的发烟液体，有刺激性气味，有腐蚀性，能侵蚀玻璃，保存于蜡制或塑料制等容器中。浓溶液冷却时析出无色二水物的晶体，熔点 19 ℃。受热分解放出有毒的氟化物气体。

2. 主要来源与用途

(1)氟硅酸是制取氟硅酸钠、钾、铵、镁、铜、钡、铅和其他氟硅酸盐及四氟化硅的基本原料。用于金属电镀、木材防腐、啤酒消毒、酿造工业设备消毒(1% ~2% H_2SiF_6)和铅的电解精制等。还用作媒染剂和金属表面处理剂。

(2)用于钡的测定，钡和锶的分离，铅、锡的电解精制，氟硅酸盐的制备，设备消毒。

(3)制取氟硅酸盐及四氟化硅的原料，也应用于金属电镀、木材防腐、啤酒消毒等。

3. 危险特性及感官信息

1) 燃爆危险

燃爆危险:该品不燃,具强腐蚀性,可致人体灼伤。

2) 毒理学资料

(1)侵入途径。

接触、吸入、食入。

(2)急性中毒。

皮肤直接接触,会引起发红,局部有烧灼感,严重者有溃疡形成。对机体的作用类似于氢氟酸,但较弱。

4. 环境行为

危险特性:受热分解放出有毒的氟化物气体。具有较强的腐蚀性。

燃烧(分解)产物:氟化氢。

5. 监测分析方法

监测分析方法见表1-34。

表1-34 监测分析方法

监测方法类别	监测方法	检测范围
现场应急监测方法	—	—
实验室监测方法	分光光度法(GB/T 7483—1987)	0.05 mg/L
	氟离子选择电极法(GB/T 7484—1987)	0.05 mg/L
	离子色谱法(HJ/T 84—2001)	0.02 mg/L

6. 环境标准

环境标准见表1-35。

表1-35 环境标准

标准		浓度限值
中国(GBZ 1—2010)	工业企业设计卫生标准(按 F^- 计)	2.0 mg/m^3(MAC)
中国(GB/T 14848—2017)	地下水质量标准(氟化物,mg/L)	Ⅰ类1.0; Ⅱ类1.0; Ⅲ类1.0 ;Ⅳ类2.0; Ⅴ类2.0以上
中国(GB 3838—2002)	地表水环境质量标准(氟化物,mg/L)	Ⅰ类1.0;Ⅱ类1.0; Ⅲ类1.0;Ⅳ类1.5; Ⅴ类1.5
中国(GB 5084—2005)	农田灌溉水质标准(氟化物,mg/L)	2.0 ~3.0
中国(GB 11607—1989)	渔业水质标准(氟化物,mg/L)	1.0
中国(GB 5749—2006)	生活饮用水卫生标准(氟化物,mg/L)	1.0

续表 1-35

标准		浓度限值
中国(GB 8978—1996)	污水综合排放标准(氟化物,mg/L)	一级 10; 二级 20; 三级 30
中国(GB 5058.3—2007)	危险废物鉴别标准 浸出毒性鉴别(氟化物,mg/L)	100

1.1.2.11 **烧碱(氢氧化钠)**

1. 物质基本信息

氢氧化钠,白色不透明固体,易潮解,不燃,易溶于水,同时强烈放热,其水溶液呈强碱性,与酸发生中和反应并放热,有强腐蚀性;溶于乙醇和甘油,不溶于丙酮、乙醚。

2. 主要来源与用途

化工基础原料。用于肥皂工业、石油精炼、造纸、人造丝、染色、制革、医药、有机合成等。

3. 危险特性与感官信息

1)危险特性

氢氧化钠会与酸发生中和反应并放热。遇潮时对铝、锌和锡有腐蚀性,并放出易燃易爆的氢气。本品不会燃烧,遇水和水蒸气大量放热,形成腐蚀性溶液。具有强腐蚀性。

2)毒理学资料

(1)中毒。

兔经口最低致死量(LD_{10}):500 mg/kg。

小鼠吸入半数致死浓度(LD_{50}):40 ppm · h。

氢氧化钠具有强烈刺激性和腐蚀性。粉尘刺激咽喉和呼吸道;皮肤和眼睛直接接触可引起灼伤;误服可造成消化道灼伤、黏膜糜烂、出血和休克。

水生生物毒性:MTL 125 ppm · 96 h(蚊鱼)。

(2)中毒临床表现。

吸入氢氧化钠的粉尘或烟雾时,可引起化学性上呼吸道炎。

皮肤接触可引起灼伤。

口服后,口腔、食管、胃部烧灼痛、腹绞痛、呕吐血性胃内容物,血性腹泻。有时发生嘶哑、吞咽困难、休克、消化道穿孔。后期可发生胃肠道狭窄。

氢氧化钠溅入眼内,可发生结膜炎、结膜水肿,结膜和角膜坏死。严重者可失明。

4. 环境行为

氢氧化钠对蛋白质有溶解作用,腐蚀性强。对皮肤和黏膜有强烈的腐蚀和刺激作用。用0.02%溶液滴入兔眼,可引起角膜上皮损伤。

5. 监测分析方法

监测分析方法见表 1-36。

表 1-36　监测分析方法

监测方法类别	监测方法	检测范围
现场应急监测方法	检气管法、中和法、pH 试纸	1 ~ 1 000 mg/m^3
实验室监测方法	玻璃电极法(GB/T 6920—1986)	

6. 环境标准

环境标准见表 1-37。

表 1-37　环境标准

标准名称	限值范围	浓度限值
工业企业设计卫生标准(GBZ 1—2010)	工作场所职业接触有害物质容许浓度	2 mg/m^3(MAC)
地表水环境质量标准(GB 3838—2002)	地表水源地水质限值 pH	6 ~ 9
生活饮用水卫生标准(GB 5749—2006)	生活饮用水水质限值 pH	6.5 ~ 8.5
农田灌溉水质标准(GB 5084—2005)	pH	5.5 ~ 8.5
渔业水质标准(GB 11607—1989)	pH	淡水:6.5 ~ 8.5; 海水:7.0 ~ 8.5
污水综合排放标准(GB 8978—1996)	pH	6 ~ 9

7. 应急处置方法

1)处理处置方法

隔离泄漏污染区,限制出入。切断火源。建议应急处理人员戴自给正压式呼吸器,穿防酸碱工作服。不要直接接触泄漏物。少量泄漏:避免扬尘,用洁净的铲子收集于干燥、净洁、有盖的容器中。收集回收或运至废物处理场所处置。

2)中毒急救措施

皮肤接触:立即脱去被污染的衣着,用大量流动清水冲洗,至少 15 min。就医。

眼睛接触:立即提起眼睑,用大量流动清水或生理盐水彻底冲洗至少 15 min。就医。

吸入:迅速脱离现场至空气新鲜处。保持呼吸道通畅。如呼吸困难,给输氧。如呼吸停止,立即进行人工呼吸。就医。

食入:误服者用水漱口,给饮牛奶或蛋清。就医。

3)方法

当周围环境着火时,用水、砂扑救,但仍需防止物品遇水产生飞溅,造成灼伤。灭火剂选择水或砂。

8. 安全防护措施

1）控制

严加密闭，提供安全淋浴和洗眼设备。

2）防火与防爆

禁止与水接触。

3）储运

与金属、强酸、食品和饲料分开存放，保持干燥，严格密闭。储存在有耐腐蚀混凝土地面的场所。使用不易破碎包装，将易破碎包装放在不易破碎的密闭容器中。不得与食品和饲料一起运输。

4）安全防护

呼吸系统防护：可能接触其粉尘时，应该佩戴头罩型电动送风过滤式防尘呼吸器。

眼睛防护：呼吸系统防护中已作防护。

身体防护：穿橡胶耐酸碱服。

手防护：戴橡胶耐酸碱手套。

其他：工作现场禁止吸烟、进食和饮水，饭前要洗手。工作毕，沐浴更衣。注意个人清洁卫生。

1.1.2.12　氨水

1. 物质基本信息

氨水是一种有强烈氨味的无色透明液体；有毒，对眼、鼻、皮肤有刺激性和腐蚀性，能使人窒息；与强氧化剂和酸剧烈反应；与卤素、氧化汞、氧化银接触会形成对震动敏感的化合物；溶于水、醇。

2. 主要来源与用途

用于制药工业、纱罩业、晒图、农业施肥等。

3. 危险特性与感官信息

1）危险特性

易分解放出氨气，温度越高，分解速度越快，可形成爆炸性气氛。若遇高热，容器内压增大，有开裂和爆炸的危险。

2）毒理学资料

（1）中毒。

毒性：属低毒类。

急性毒性：LD_{50} 350 mg/kg（大鼠经口）。

（2）中毒临床表现。

吸入后对鼻、喉和肺有刺激性，引起咳嗽、气短和哮喘等；重者发生喉头水肿、肺水肿及心、肝、肾损害。溅入眼内可造成灼伤。皮肤接触可致灼伤。口服灼伤消化道。慢性影响：反复低浓度接触，可引起支气管炎；可致皮炎。

4. 环境行为

由于呈碱性，该物质对环境有危害，对鱼类和哺乳动物应给予特别注意。

5. 监测分析方法

监测分析方法见表1-38。

表1-38　监测分析方法

监测方法类别	监测方法	检测范围
现场应急监测方法	检测管法	依仪器性能而定
实验室监测方法	氨氮的测定 纳氏试剂分光光度法(HJ 535—2009,水质)	0.1~2.0 mg/L
	氨氮的测定 水杨酸分光光度法(HJ 536—2009,水质)	0.016~0.25 mg/L

6. 环境标准

环境标准见表1-39。

表1-39　环境标准

标准		浓度限值				
中国(GB/T 14848—2017)	地下水质量标准(氨氮,mg/L)	Ⅰ类	Ⅱ类	Ⅲ类	Ⅳ类	Ⅴ类
		0.02	0.10	0.50	1.50	>1.50
中国(GB 11607—1989)	渔业水质标准(非离子氨)	0.02 mg/L				
中国(GB 3838—2002)	地表水环境质量标准(氨氮,mg/L)	Ⅰ类0.15;Ⅱ类0.5;Ⅲ类1.0;Ⅳ类1.5;Ⅴ类2.0				
中国(GB 3097—1997)	海水水质标准(非离子氨)	0.020 mg/L				
中国(GB 8978—1996)	污水综合排放标准(氨氮)	医药原料药、染料、石油化工工业:一级15 mg/L;二级50 mg/L				
		其他排污单位:一级15 mg/L;二级25 mg/L				

1.1.3　有毒无机盐类

1.1.3.1　氰化钠

1. 物质基本信息

氰化钠又称山奈钠、山奈、山埃钠,分子式为NaCN,白色或灰色粉末状结晶,有微弱的氰化氢气味。溶于水,微溶于液氨、乙醇、乙醚、苯。高毒类,不燃,具刺激性。

2. 主要来源与用途

用于提炼金、银等贵重金属和淬火,并用于塑料、农药、医药、染料等有机合成业。

3. 危险特性及感官信息

1)燃爆危险

不燃。与硝酸盐、亚硝酸盐、氯酸盐反应剧烈,有发生爆炸的危险。遇酸会产生剧毒、易燃的氰化氢气体。在潮湿空气或二氧化碳中即缓慢发出微量氰化氢气体。

2）毒理学资料

（1）侵入途径。

吸入、口服或经皮吸收均可引起急性中毒。口服 50～100 mg 即可引起猝死。

（2）中毒临床表现。

抑制呼吸酶，造成细胞内窒息。非骤死者临床分为 4 期：前驱期有黏膜刺激、呼吸加快加深、乏力、头痛，口服有舌尖、口腔发麻等；呼吸困难期有呼吸困难、血压升高、皮肤黏膜呈鲜红色等；惊厥期出现抽搐、昏迷、呼吸衰竭；麻痹期全身肌肉松弛，呼吸、心跳停止而死亡。长期接触少量氰化物出现神经衰弱综合征、眼及上呼吸道刺激。可引起皮疹。

4. 环境行为

污染来源：氰化钠在地表水中很不稳定，当水的 pH 大于 7 和有氧存在的条件下，可被氧化生成碳酸盐与氨。地表水中存在着能够分解利用氰化物的微生物，亦可将氰化物经生物氧化转化为碳酸盐与氨。因此，氰化钠在地表水中的自净过程相当迅速，但水体中氰化钠的自净过程还要受水温、水的曝气程度（搅动）、pH、水面大小及深度影响。土壤对氰化钠有很强的净化能力，进入土壤的氰化钠，除逸散至空气中的外，一部分被植物吸收，在植物体内被同化或氧化分解，存留于土壤中并部分在微生物的作用下被转化为碳酸盐、氨和甲酸盐。当氰化钠持续污染时，土壤微生物经驯化即可产生相适应的微生物群，对氰化钠的净化起很大作用，因此有些用低浓度含氰化钠工业废水长期灌溉的地区，土壤中的氰化钠含量几乎没有积累。

残留与蓄积：自然界对氰化物的污染有很强的净化作用，因此一般来说，外源氰化钠不易在环境和机体中积累。只有在特定条件下（事故排放、高浓度持续污染），氰化物的污染量超过环境的净化能力时，才在环境中残留、蓄积，从而构成对人和生物的潜在威胁。

迁移转化：氰化钠广泛地存在于自然界中，动植物体内都含有一些氰类物质，如苦杏仁、白果、木薯、高粱等含有相当量的含氰糖苷。它水解后释放出游离的氰化氢。在一些普通粮食、蔬菜中，也可检出微量氰化钠。

土壤中也普遍含有氰化钠，并随土壤深度的增加而递减，其含量为 0.003～0.130 mg/kg。天然土壤中的氰化物主要来自土壤腐殖质。腐殖质是一类复杂的有机化合物，其核心由多元酚聚合而成，并含有一定数量的氮化合物。在土壤微生物作用下，可以形成氰和酚，因此土壤中氰的本底含量与其中有机质的含量密切相关。

由于氰化氢极易挥发，多数氰化物易溶于水，因此排入自然环境中的氰化物易被水（或大气）稀释、扩散，迁移能力强。氰化氢和简单氰化物在地表水中很不稳定，氰化氢易逸入空气中；或当水的 pH 大于 7 和有氧存在的条件下，亦可被氧化而生成碳酸盐与氨。简单氰化物在水中很易水解而形成氰化氢。水中如含无机酸，即使是二氧化碳溶于水中生成的碳酸（弱酸），亦可加速此分解过程。氰化氢是有苦杏仁味的气体，极易扩散，易溶于水而形成氢氰酸；氰化钠一般为无色晶体，在空气中易潮解并有氰化氢的微弱臭味，能使水产生杏仁臭。

燃烧分解产物：氰化氢，氧化氮。

5. 监测分析方法

监测分析方法见表 1-40。

表 1-40　监测分析方法

监测方法类别	监测方法	来源
现场应急监测方法	试纸法	依仪器性能而定
	速测管法	
	化学试剂测试组法	
	分光光度法	
	离子选择电极法	
实验室监测方法	异烟酸－吡唑啉酮比色法（GB/T 7486—1987）	0.004～0.25 mg/L
	吡啶－巴比妥酸比色法（GB/T 7486—1987）	0.002～0.45 mg/L

6. 环境标准

环境标准见表 1-41。

表 1-41　环境标准

标准		浓度限值
中国（GBZ 1—2010）	工业企业设计卫生标准（按 CN^- 计）	1 mg/m^3（MAC）
中国（GB 5749—2006）	生活饮用水水质标准	0.05 mg/L（氰化物）
中国（GB 5084—2005）	农田灌溉水质标准	水作，旱作，蔬菜：0.5 mg/L（氰化物）
中国（GB/T 14848—2017）	地下水质量标准（氰化物，mg/L）	Ⅰ类 0.001，Ⅱ类 0.01，Ⅲ类 0.05，Ⅳ类 0.1，Ⅴ类 >0.1
中国（GB 11607—1989）	渔业水质标准	0.005 mg/L（氰化物）
中国（GB 3838—2002）	地表水环境质量标准（总氰化物，mg/L）	Ⅰ类 0.005，Ⅱ类 0.05（渔 0.005），Ⅲ类 0.02（渔 0.005），Ⅳ类 0.2，Ⅴ类 0.2
中国（GB 3097—1997）	海水水质标准（氰化物，mg/L）	第一类 0.005，第二类 0.005，第三类 0.10，第四类 0.20
中国（GB 8978—1996）	污水综合排放标准（总氰化物）	一级 0.5 mg/L，二级 0.5 mg/L，三级 1.0 mg/L
中国（GB 5085.3—2007）	危险废物鉴别标准 浸出毒性鉴别	5 mg/L（氰化物）

1.1.3.2 碳酸钠

1. 物质基本信息

碳酸钠,又叫纯碱,分子式为 Na_2CO_3。常温下为白色无气味的粉末或颗粒。有吸水性。碳酸钠易溶于水和甘油,微溶于无水乙醇,难溶于丙醇。碳酸钠的水溶液呈强碱性(pH=11.6)且有一定的腐蚀性,能与酸发生复分解反应,也能与一些钙盐、钡盐发生复分解反应。

2. 主要来源与用途

碳酸钠是重要的化工原料之一,广泛应用于轻工日化、建材、化学工业、食品工业、冶金、纺织、石油、国防、医药等领域,用作制造其他化学品的原料、清洗剂、洗涤剂,也用于照相术和分析领域。

3. 危险特性及感官信息

1)燃爆危险

该品不燃,具腐蚀性、刺激性。

2)毒理学资料

(1)侵入途径。

吸入、食入、皮肤接触、眼睛接触。

(2)急性中毒。

直接接触可引起皮肤和眼灼伤。生产中吸入其粉尘和烟雾可引起呼吸道刺激、结膜炎,还可有鼻黏膜溃疡、萎缩及鼻中隔穿孔。长时间接触本品溶液可发生湿疹、皮炎、鸡眼状溃疡和皮肤松弛。接触本品的作业工人呼吸器官疾病发病率升高。误服可造成消化道灼伤、黏膜糜烂、出血和休克。

4. 环境行为

碳酸钠有吸水性,露置空气中逐渐吸收,形成水合物。

5. 监测分析方法

暂无。

6. 环境标准

暂无。

1.1.3.3 氟化钠

1. 物质基本信息

氟化钠分子式为 NaF,无色发亮晶体或白色粉末状化合物,比重2.25,熔点993 ℃,沸点1 695 ℃。溶于水、氢氟酸,微溶于醇。水溶液呈弱碱性,溶于氢氟酸而成氟化氢钠,能腐蚀玻璃。相对密度2.78。熔点993 ℃,沸点1 695 ℃。中等毒性,半数致死量(大鼠,经口)0.18 g/kg。有强刺激性。

2. 主要来源与用途

涂装工业中作磷化促进剂,使磷化液稳定,磷化细化,改良磷化膜性能。铝及其合金磷化中封闭具有危害性很大的负催化作用的 Al^{3+},使磷化顺利进行。可作为木材防腐剂、农业杀虫剂、酿造业杀菌剂、医药防腐剂、焊接助焊剂、碱性锌酸盐镀锌添加剂,并用于搪瓷、造纸业等。

3. 危险特性及感官信息

1）燃爆危险

燃爆危险：该品不燃。

2）毒理学资料

（1）侵入途径。

吸入、食入。

（2）急性毒性。

大鼠经口最低中毒剂量（TDL_0）：240 mg/kg（孕 11～14 天），肌肉骨骼发育异常。

4. 环境行为

危险特性：未有特殊的燃烧爆炸特性。

燃烧（分解）产物：氟化氢。

5. 监测分析方法

监测分析方法见表 1-42。

表 1-42　监测分析方法

监测方法类别	监测方法	检测范围
现场应急监测方法	速测管法	—
	离子选择电极法	0.05 mg/L
实验室监测方法	分光光度法（GB/T 7483—1987）	0.05 mg/L
	氟离子选择电极法（GB/T 7484—1987）	0.05 mg/L

6. 环境标准

环境标准见表 1-43。

1.1.3.4　氟硅酸钠

1. 物质基本信息

氟硅酸钠分子式为 Na_2SiF_6，白色颗粒或结晶性粉末，无臭，无味。灼热（300 ℃以上）后分解成氟化钠和四氟化硅。在碱液中分解，生成氟化物及二氧化硅。有吸潮性。溶于 150 份冷水、40 份沸水，不溶于乙醇。其冷水溶液呈中性，在热水中分解呈酸性。相对密度 2.679。

2. 主要来源与用途

用作杀虫剂、黏着剂，也用于陶瓷、玻璃、搪瓷、木材防腐、医药、水处理、皮革、橡胶及制氟化钠等。

3. 危险特性及感官信息

1）燃爆危险

燃爆危险：该品不燃。

2）毒理学资料

（1）侵入途径。

接触、吸入、食入。

表 1-43　环境标准

标准		浓度限值
中国（GBZ 1—2010）	工业企业设计卫生标准（按 F^- 计，mg/m^3）	2.0（MAC）
中国（GB/T 14848—2017）	地下水质量标准（氟化物，mg/L）	Ⅰ类 1.0；Ⅱ类 1.0；Ⅲ类 1.0；Ⅳ类 2.0；Ⅴ类 2.0 以上
中国（GB 3838—2002）	地表水环境质量标准（氟化物，mg/L）	Ⅰ类 1.0；Ⅱ类 1.0；Ⅲ类 1.0；Ⅳ类 1.5；Ⅴ类 1.5
中国（GB 5084—2005）	农田灌溉水质标准（氟化物，mg/L）	2.0 ~3.0
中国（GB 11607—1989）	渔业水质标准（氟化物，mg/L）	1.0
中国（GB 5749—2006）	生活饮用水卫生标准（氟化物，mg/L）	1.0
中国（GB 8978—1996）	污水综合排放标准（氟化物，mg/L）	一级 10；二级 20；三级 30
中国（GB 5058.3—2007）	固体废弃物浸出毒性鉴别标准值（氟化物，mg/L）	100

（2）急性中毒。

中等毒，半数致死量（大鼠，经口）：125 mg/kg。有刺激性。

4. 环境行为

危险特性：受高热或接触酸或酸雾放出剧毒的烟雾。

燃烧（分解）产物：氟化氢、氧化硅、氧化钠。

5. 监测分析方法

监测分析方法见表 1-44。

表 1-44　监测分析方法

监测方法类别	监测方法	检测范围
现场应急监测方法	暂无	—
实验室监测方法	离子选择性电极法（GB/T 7484—1987，水质，氟化物）	0.05 mg/L

6. 环境标准

中国 GBZ 1—2010 工作场所有害因素职业接触限值（按 F 计）2.0 mg/m^3。

苏联（1975）居民区大气中最高容许浓度 0.03 mg/m^3（最大值）；0.01 mg/m^3（日均值）。

1.1.3.5 氯酸钠

1. 物质基本信息

氯酸钠是一种白色或微黄色等轴晶体，味咸凉，易溶于水，微溶于乙醇，是一种强氧化剂，受强热或与强酸接触时即发生爆炸；不稳定，与还原剂、有机物、易燃物如硫、磷或金属粉等混合可形成爆炸性混合物，急剧加热时可发生爆炸。

2. 主要来源与用途

用作氧化剂，以及制氯酸盐、除草剂、医药品等，也用于冶金矿石处理。

3. 危险特性与感官信息

1）危险特性

本品粉尘对呼吸道、眼及皮肤有刺激性。口服急性中毒，表现为高铁血红蛋白血症、胃肠炎、肝肾损伤，甚至发生窒息。

2）毒理学资料

（1）中毒。

人（女性）经口 TDL_0：800 mg/kg。男性经口 TDL_0：286 mg/kg。儿童（途径不详）TD_{50}：185 mg/kg。

大鼠经口 LD_{50}：1 200 mg/kg；吸入 LC_{50}：>28 mg/m^3/1H。小鼠经口 LD_{50}：8 350 mg/kg。兔经皮 LD_{50}：>10 mg/kg。

氯酸盐毒性较大。氯酸盐离子不存在体内破坏，而由肾脏缓慢排出。能引起急性或亚急性中毒，氯酸钠对皮肤、黏膜有强烈刺激作用，并具有强氧化作用，使正常的血红蛋白变为高铁红蛋白而引起缺氧、窒息。大量破坏的红细胞和氯酸钠在酸性尿液中沉淀，阻塞远曲小管，引起急性肾小管坏死。

人口服氯酸钠的致死量：5～15 g。

（2）中毒临床表现。

急性口服中毒可出现：

①急性胃肠炎样症状，如恶心、呕吐、腹痛等。

②高铁红蛋白血症，以皮肤、黏膜灰蓝色等为特征。后可出现溶血症状。

③肾脏损害，有腰痛、少尿等，严重者可发生急性肾功能衰竭。

4. 环境行为

急性毒性 LD_{50}：1 200 mg/kg（大鼠经口）。

危险特性：强氧化剂。受强热或与强酸接触时即发生爆炸。与还原剂、有机物、易燃物（如硫、磷或金属粉等）混合可形成爆炸性混合物。急剧加热时可发生爆炸。

燃烧（分解）产物：氧气、氯化物、氧化钠。

5. 监测分析方法

监测分析方法见表 1-45。

表 1-45 监测分析方法

监测方法类别	监测方法	检测范围
现场应急监测方法	暂无	—
实验室监测方法	分光光度法	—

6. 环境标准

苏联车间空气中有害物质的最高容许浓度:5 mg/m^3。

苏联(1975) 水体中有害物质最高允许浓度:20 mg/L。

1.1.3.6 次氯酸钠

1. 物质基本信息

次氯酸钠俗称漂白水,分子式为 NaClO。微黄色溶液,有似氯气的气味,具有腐蚀性,可致人体灼伤,具有致敏性,溶于水,不稳定。

2. 主要来源与用途

次氯酸钠是强氧化剂,用作漂白剂、氧化剂及水净化剂,用于造纸、纺织、轻工业等,具有漂白、杀菌、消毒的作用。具体用途如下:

(1)用于纸浆、纺织品(如布匹、毛巾、汗衫等)、化学纤维和淀粉的漂白;

(2)制皂工业用作油脂的漂白剂;

(3)化学工业用于生产水合肼、单氯胺、双氯胺;

(4)用于制造钴、镍的氯化剂;

(5)水处理中用作净水剂、杀菌剂、消毒剂;

(6)染料工业用于制造硫化宝蓝;

(7)有机工业用于制造氯化苦,电石水合制乙炔的清净剂;

(8)农业和畜牧业用作蔬菜、水果、饲养场及畜舍等的消毒剂与去臭剂;

(9)食品级次氯酸钠用于饮料水、水果和蔬菜的消毒,食品制造设备、器具的杀菌消毒,但是不可以用于以芝麻为原料的食品生产过程。

3. 危险特性及感官信息

1)燃爆危险

受高热分解产生有毒的腐蚀性气体。

2)毒理学资料

(1)侵入途径:

接触、吸入、食入。

(2)急性中毒

经常用手接触本品的工人,手掌大量出汗,指甲变薄,毛发脱落。本品有致敏作用。本品放出的游离氯有可能引起中毒。

4. 环境行为

1)在自然界中的降解和转归

次氯酸钠的燃烧(分解)产物为氯化物。

2)在生物体内的代谢和蓄积

该物质对环境有危害,应该特别注意对水体的污染,对鱼类和动物应该给予特别注意。在生物体内没有富集性。

5. 监测分析方法

监测分析方法见表1-46。

表1-46 监测分析方法

监测方法类别	监测方法	来源
现场应急监测方法	水质快速比色管法	依仪器性能而定
实验室监测方法	气相色谱法	—

1.1.3.7 三氯化铝

1. 物质基本信息

三氯化铝是一种有氯化氢气味的无色透明晶体或白色微带浅黄色的结晶性粉末,溶于水同时发热,甚至爆炸,遇水反应发热放出有毒的腐蚀性气体;在潮湿空气中发烟,极易吸湿;溶于乙醚、氯仿、苯、硝基苯、二硫化碳和四氯化碳。

2. 主要来源与用途

用作有机合成中的催化剂,制备铝有机化合物,用于金属的炼制。

3. 危险特性与感官信息

1)危险特性

本品对皮肤、黏膜有刺激作用。吸入高浓度可引起支气管炎,个别人可引起支气管哮喘。误服量大时,可引起口腔糜烂、胃炎、胃出血和黏膜坏死。

2)毒理学资料

(1)中毒。

大鼠经口 LD_{50}:3 450 mg/kg。免经皮 LD_{50}: >2 mg/kg。

(2)中毒临床表现。

吸入高浓度氯化铝,可产生急性化学性支气管炎,个别患者可出现支气管哮喘。误服量大时,可引起急性结膜炎。

4. 环境行为

危险特性:遇水反应发热放出有毒的腐蚀性气体。

燃烧(分解)产物:氯化物、氧化铝。

氧化铝酐可发出强烈的盐酸臭味,对黏膜皮肤有刺激作用。六结晶水氯化铝的作用比酐弱,但也有刺激作用。

5. 监测分析方法

监测分析方法见表1-47。

表 1-47　监测分析方法

监测方法类别	监测方法	检测范围
现场应急监测方法	—	—
实验室监测方法	电位法	—

6. 环境标准

美国车间卫生标准 2 mg/m^3。

1.1.3.8　硝酸铵

1. 物质基本信息

硝酸铵是一种无色无臭的透明结晶或呈白色小颗粒状固体,有潮解性,有强氧化性,遇可燃物着火时,能助长火势,与可燃物粉末混合能发生激烈反应而爆炸;受强烈震动也会起爆,急剧加热时可发生爆炸;与还原剂、有机物、易燃物(如硫、磷或金属粉末)等混合可形成爆炸性混合物;易溶于水、乙醇、丙酮、氨水,不溶于乙醚。

2. 主要来源与用途

用作分析试剂、氧化剂、制冷剂、烟火和炸药原料。

3. 危险特性与感官信息

1)危险特性

对呼吸道、眼及皮肤有刺激性。接触后可引起恶心、呕吐、头痛、虚弱、无力和虚脱等。大量接触可引起高铁血红蛋白血症,影响血液的携氧能力,出现发绀、头痛、头晕、虚脱,甚至死亡。口服引起剧烈腹痛、呕吐、血便、休克、全身抽搐、昏迷,甚至死亡。

2)毒理学资料

急性毒性 LD_{50}:4 820 mg/kg(大鼠经口)。

4. 环境行为

燃烧(分解)产物:氮氧化物。

5. 监测分析方法

监测分析方法见表 1-48。

表 1-48　监测分析方法

监测方法类别	监测方法	检测范围
现场应急监测方法	水质快速比色管法	依仪器性能而定
实验室监测方法	比色法(EPA 方法 9200)	—

6. 环境标准

暂无。

1.1.3.9　碳酸氢铵

1. 物质基本信息

碳酸氢铵是一种有刺激性氨臭的无色或白色棱柱形结晶;在约 60 ℃时很快挥发,分解为氨、二氧化碳和水汽,分解速度随温度升高而增加,也能在热水中分解;溶于水和甘油，不溶于乙醇和丙酮。

2. 主要来源与用途

用于制氨盐、灭火剂、除脂剂、药物、发酵粉。

3. 危险特性与感官信息

对眼睛、皮肤、黏膜和上呼吸道有刺激作用。

4. 环境行为

有害燃烧产物：氨、二氧化碳。

5. 监测分析方法

监测分析方法见表1-49。

表1-49 监测分析方法

监测方法类别	监测方法	检测范围
现场应急监测方法	暂无	—
实验室监测方法	酸碱滴定法（GB/T 6276.5—2010）	—

6. 环境标准

暂无。

1.1.3.10 硫酸镍

1. 物质基本信息

硫酸镍有无水物、六水物和七水物三种。商品多为六水物，有α-型和β-型两种变体，前者为蓝色四方结晶，后者为绿色单斜结晶。加热至103 ℃时失去六个结晶水。易溶于水，微溶于乙醇、甲醇，其水溶液呈酸性，微溶于酸、氨水，有毒。

2. 主要来源与用途

主要用于电镀工业，是电镀镍和化学镍的主要镍盐，也是金属镍离子的来源，能在电镀过程中，离解镍离子和硫酸根离子。硬化油生产中，是油脂加氢的催化剂。医药工业用于生产维生素C中氧化反应的催化剂。无机工业用作生产其他镍盐如硫酸镍铵、氧化镍、碳酸镍等的主要原料。印染工业用于生产酞菁艳蓝络合剂，用作还原染料的煤染剂。另外，还可用于生产镍镉电池等。

3. 危险特性及感官信息

1）燃爆危险

本品不燃，具刺激性。

2）毒理学资料

（1）侵入途径。

吸入、食入、皮肤接触、眼睛接触。

（2）急性中毒。

吸入后对呼吸道有刺激性。可引起哮喘和肺嗜酸细胞增多症，可致支气管炎。对眼有刺激性。皮肤接触可引起皮炎和湿疹，常伴有剧烈瘙痒，称之为“镍痒症”。大量口服引起恶心、呕吐和眩晕。

4. 环境行为

对环境有危害，对大气可造成污染。

5. 监测分析方法

监测分析方法见表 1-50。

表 1-50 监测分析方法

监测方法类别	监测方法	检测范围
现场应急监测方法	试纸法	依仪器性能而定
	便携式比色法	
实验室监测方法	火焰原子吸收分光光度法(GB/T 11912—1989)	0.05 ~5 mg/L
	丁二酮肟分光光度法(GB/T 11910—1989)	0.25 ~10 mg/L

6. 环境标准

环境标准见表 1-51。

表 1-51 环境标准

标准		限值			
中国(GBZ 1—2010)	工业企业设计卫生标准	0.5 mg/m³(按 Ni 计)(TWA)			
中国(GB 16297—1996)	大气污染物综合排放标准(mg/m³)	①最高允许排放浓度:5.0(现有),4.3(新建);②无组织排放监控浓度限值:0.050(现有),0.040(新建)			
中国(GB 3097—1997)	海水水质标准(mg/L)	Ⅰ类	Ⅱ类	Ⅲ类	Ⅳ类
		0.005	0.010	0.020	0.050
中国(GB 11607—1989)	渔业水质标准	0.05 mg/L			
中国(GB 8978—1996)	污水综合排放标准	1.0 mg/L			
中国(GB 4284—1984)	农用污泥污染物控制标准(mg/kg 干污泥)	酸性土壤:100;中性和碱性土壤:200			
中国(GB 5085.3—2007)	固体废弃物浸出毒性鉴别标准值	5 mg/L(以总镍计)			
中国(GB 15618—2018)	土壤环境质量标准(mg/kg)	pH≤5.5,60　5.5 < pH≤6.5,70　6.5 < pH≤7.5,100　pH > 7.5,190			

1.1.4 其他

1.1.4.1 三氧化铬

1. 物质基本信息

分子式为 CrO_3,化学名称为三氧化铬,暗红色或紫色斜方结晶,易潮解,能产生有害的毒性烟雾。具有强氧化性、强腐蚀性,助燃,高毒,为致癌物,具刺激性,可致人体灼伤。溶于水、硫酸、硝酸。高毒性。与水反应生成铬酸、重铬酸。

2. 主要来源与用途

用于电镀、医药、印刷等工业,以及鞣革和织物媒染。

3. 危险特性及感官信息

1)燃爆危险

与易燃物(如苯)和可燃物接触会发生剧烈反应,甚至引起燃烧。与还原性物质如镁粉、铝粉、硫、磷等混合后,经摩擦或撞击,能引起燃烧或爆炸。

2)毒理学资料

(1)侵入途径。

吸入、口服。

(2)急性中毒。

吸入后可引起急性呼吸道刺激症状、鼻出血、声音嘶哑、鼻黏膜萎缩,有时出现哮喘和发绀,重者可发生化学性肺炎。口服可刺激和腐蚀消化道,引起恶心、呕吐、腹痛、血便等,重者出现呼吸困难、发绀、休克、肝损害及急性肾功能衰竭等。

4. 环境行为

燃烧(分解)产物:可能产生有害的毒性烟雾。

5. 监测分析方法

监测分析方法见表 1-52。

表 1-52 监测分析方法

监测方法类别	监测方法	检测范围
现场应急监测方法	速测管法(六价铬)	依仪器性能而定
实验室监测方法	原子吸收法	—
	等离子体光谱法	—

6. 环境标准

环境标准见表 1-53。

表 1-53 环境标准

标准		限值
中国(GBZ 1—2010)	工业企业设计卫生标准(按 Cr 计)	0.05 mg/m^3(TWA)

1.1.4.2 氧化钠

1. 物质基本信息

氧化钠是白色无定形片状或粉末，对湿敏感。在暗红炽热时熔融，到400 ℃以上时分解成过氧化钠和金属钠。遇水起剧烈化合反应，形成氢氧化钠。相对密度 2.27。不燃，具腐蚀性、强刺激性，可致人体灼伤。对人体有强烈刺激性和腐蚀性。遇水发生剧烈反应并放热。与酸类物质能发生剧烈反应。与铵盐反应放出氨气。

2. 主要来源与用途

在潮湿条件下能腐蚀某些金属。用作聚合、缩合剂及脱氢剂。

3. 危险特性与感官信息

氧化钠对人体有强烈刺激性和腐蚀性。对眼睛、皮肤、黏膜能造成严重灼伤。接触后可引起灼伤、头痛、恶心、呕吐、咳嗽、喉炎、气短。

4. 环境行为

危险特性：遇水发生剧烈反应并放热。与酸类物质能发生剧烈反应。与铵盐反应放出氨气。在潮湿条件下能腐蚀某些金属。

有害燃烧产物：自然分解产物未知。

5. 环境标准

暂无。

1.1.4.3 氧化铝

1. 物质基本信息

氧化铝是一种白色无味固体，能溶于无机酸和碱性溶液中，几乎不溶于水及非极性有机溶剂。

2. 主要来源与用途

用于制镶牙水泥、瓷器、油漆的填料、媒染剂、金属铝等。

3. 危险特性与感官信息

对机体一般不易引起毒害，对黏膜和上呼吸道有刺激作用。经呼吸道吸入其粉尘可引起肺部轻度纤维化，肺部和肺淋巴结有大量的铝沉积。

4. 环境行为

危险特性：未有特殊的燃烧爆炸特性。

有害燃烧产物：自然分解产物未知。

5. 环境标准

环境标准见表 1-54。

表 1-54 环境标准

标准		限值
工业企业设计卫生标准(GBZ 1—2010)	工业企业设计卫生标准	4 mg/m^3(粉尘)(TWA)

1.1.4.4 五氧化二磷

1. 物质基本信息

五氧化二磷又称磷酸酐，分子式为 P_2O_5，CAS 号为 1314－56－3。白色粉末，不纯品为黄色粉末，易吸潮。助燃，具有强腐蚀性，酸性，不溶于丙酮、氨水，溶于硫酸。

2. 主要来源与用途

用作干燥剂、脱水剂，用于制造高纯度磷酸、磷酸盐及农药等。

3. 危险特性及感官信息

1）燃爆危险

接触有机物有引起燃烧的危险。受热或遇水分解放热，放出有毒的腐蚀性烟气。

2）毒理学资料

（1）侵入途径。

口服、吸入。

（2）急性中毒。

中毒表现与黄磷相同。若口服中毒，毒物进入数小时内，发生恶心、呕吐、腹痛、腹泻，数日内出现黄疸及肝肿大，或出现急性重型肝炎，最严重的病例，数小时内患者由兴奋转入抑制、发生昏迷，循环衰竭，以致死亡。若是吸入中毒，轻症患者有头痛、头晕、呕吐、全身无力，中度患者上述症状较重，上腹疼痛，脉快、血压偏低等；重度中毒引起急性重型肝炎及昏迷。

4. 环境行为

（1）在自然界中的降解和转归。

（2）在生物体内的代谢和蓄积。

5. 监测分析方法

监测分析方法见表 1-55。

表 1-55　监测分析方法

监测方法类别	监测方法	来源
现场应急监测方法	暂无	—
实验室监测方法	钼酸铵分光光度法（GB/T 11893—1989）	0.01～0.6 mg/L

6. 环境标准

环境标准见表 1-56。

表 1-56　环境标准

标准		限值
中国（GBZ 1—2010）	工业企业设计卫生标准	1 mg/m³（MAC）

1.1.4.5 三氯化磷

1. 物质基本信息

三氯化磷又称氯化磷,分子式为 PCl_3。无色澄清液体,在潮湿空气中发烟。具有强腐蚀性、强刺激性,可致人体灼伤。可溶于水及乙醇,并伴有分解和解离。可溶于苯、氯仿、乙醚、二硫化碳等。本品是磷的不完全氯化物,毒性比五氯化磷大。蒸气在潮湿空气中易分解产生爆炸性混合物,遇水降解为亚磷酸和盐酸。

2. 主要来源与用途

用于制造有机磷化合物,也用作试剂等。

3. 危险特性及感官信息

1)燃爆危险

遇水猛烈分解,产生大量的热和浓烟,甚至爆炸。

2)毒理学资料

(1)侵入途径。

接触、吸入。

(2)急性中毒。

三氯化磷在空气中可生成盐酸雾。对皮肤、黏膜有刺激腐蚀作用。短期内吸入大量蒸气可引起上呼吸道刺激症状,出现咽喉炎、支气管炎,严重者可发生喉头水肿以致窒息、肺炎或肺水肿。皮肤及眼接触,可引起刺激症状或灼伤,严重眼灼伤可致失明。

4. 环境行为

三氯化磷的燃烧(分解)产物为氯化氢、氧化磷、磷烷。

5. 监测分析方法

监测分析方法见表1-57。

表1-57 监测分析方法

监测方法类别	监测方法	检测范围
现场应急监测方法	暂无	—
实验室监测方法	钼酸铵分光光度法(GB/T 11893—1989)	0.001 ~0.6 mg/L

6. 环境标准

中国《工业企业设计卫生标准》(GBZ 1—2010)工作场所有害因素职业接触限值:1 mg/m³(TMA),2 mg/m³(STEL)。

1.1.4.6 磷烷

1. 物质基本信息

磷烷属于易燃气体,具有高毒性,不溶于热水,微溶于冷水,溶于乙醇、乙醚。

2. 主要来源与用途

用于缩合催化剂、聚合引发剂及制备磷的有机化合物等。

3. 危险特性及感官信息

1)燃爆危险

极易燃,具有强还原性。遇热源和明火有燃烧爆炸的危险。暴露在空气中能自燃。

与氧接触会爆炸,与卤素接触激烈反应。与氧化剂能发生强烈反应。

2)毒理学资料

(1)侵入途径。

接触、吸入。

(2)急性中毒。

磷化氢作用于细胞酶,影响细胞代谢,发生内窒息。其主要损害神经系统、呼吸系统、心脏、肾脏及肝脏。磷化氢经呼吸道吸入或磷化物在胃肠道发生气体后吸收,主要作用于神经系统、心脏、肝脏及肾脏。人接触时在1.4~4.2 mg/m^3 即闻到其烂鱼气味,10 mg/m^3 接触6 h,有中毒症状;409~846 mg/m^3 时,0.5 h至1 h发生死亡。对于轻度中毒,病人有头痛、乏力、恶心、失眠、口渴、鼻咽发干、胸闷、咳嗽和低热等症状;当发生中度中毒,病人出现轻度意识障碍、呼吸困难、心肌损伤;重度中毒则出现昏迷、抽搐、肺水肿及明显的心肌、肝脏及肾脏损害。

4.环境行为

燃烧(分解)产物:氧化磷。

5.监测分析方法

钼酸铵比色法。

6.环境标准

《工业企业设计卫生标准》(GBZ 1—2010)工作场所有害因素职业接触限值:0.3 mg/m^3(以 PH_3 计)(MAC)。

1.1.4.7 黄磷、白磷

1.物质基本信息

黄磷、白磷属于自燃物,具有高毒性、刺激性。不溶于水,微溶于苯、氯仿,易溶于二硫化碳。

2.主要来源与用途

用作特种火柴原料,以及用于磷酸、磷酸盐及农药、信号弹等的制造。

3.危险特性及感官信息

1)燃爆危险

白磷接触空气能自燃并引起燃烧和爆炸。在潮湿空气中的自燃点低于在干燥空气中的自燃点。与氯酸盐等氧化剂混合发生爆炸。其碎片和碎屑接触皮肤干燥后即着火,可引起严重的皮肤灼伤。

2)毒理学资料

(1)侵入途径。

接触、吸入、口服。

(2)急性中毒。

急性吸入中毒表现有呼吸道刺激症状、头痛、头晕、全身无力、呕吐、心动过缓、上腹疼痛、黄疸、肝肿大。重症出现急性重型肝炎、中毒性肺水肿等。口服中毒出现口腔糜烂、急性胃肠炎,甚至发生食道、胃穿孔,数天后出现肝、肾损害,重者发生肝、肾功能衰竭等。本品可致皮肤灼伤,磷经灼伤皮肤吸收引起中毒,重者发生中毒性肝病、肾损害、急性溶血等，以致死亡。

(3)慢性中毒。

神经衰弱综合征、消化功能紊乱、中毒性肝病。引起骨骼损害，尤以下颌骨显著，后期出现下颌骨坏死及齿槽萎缩。

4. 环境行为

(1)代谢和降解。

磷的化学性质不稳定，在环境中与空气氧接触即将被氧化成 P_2O_5，P_2O_5 遇水形成 H_3PO_4、H_5PO_5 和 PH_5(大部分是 P_2O_5)，毒性下降。磷进入哺乳动物体内后大部分仍以元素磷状态存在，小部分被氧化为磷的低级氧化物循环于血液中，并逐渐代谢为有机磷和无机磷酸盐。

(2)残留与蓄积。

进入人体的元素磷大部分仍以原状储存于骨骼和肝脏中，干扰细胞内酸性磷酸酶和碱性磷酸酶的功能。磷中毒后，人体内磷的含量增大，而造成钙、磷酸盐与乳酸的排出量增加，从而导致骨骼缺钙。中毒的动物病理解剖可见肝、肾和骨骼中的元素磷含量偏高，残留于人体的元素磷排出缓慢，小部分以代谢物磷酸盐形式随尿、粪便、汗液排出，也可能以元素磷形式由呼吸与粪便中排出。但大部分仍残留在人体内。水生生物能富集水体中的元素磷，鱼对元素磷的富集系数至少为 20 倍以上，甲壳类水生生物的富集倍数甚至高达 100 倍以上。而鱼体内元素磷的排出速率据报道为 50%/5.3 h。

(3)迁移转化。

据《国际常见有毒化学品资料简明手册》引用瑞典《生态学通报》的资料，地球上磷的总体的环境转化情况大致为：全世界从空气转移到土壤中的量是 360 万 ~ 390 万 t/年，土壤到淡水 250 万 ~ 1 230 万 t/年，底泥到淡水 100 万 t/年，淡水到底泥 100 万 t/年，淡水到生物体 1 000 万 t/年，生物体到淡水 1 000 万 t/年，淡水到海水 1 740 万 t/年。大量磷进入海洋后被海洋生物吸收，通过食物链回归。该资料未对元素磷进行单独统计，只提出元素磷主要通过大气和废水进入环境。废气中的黄磷大部分被氧化，小部分随降尘降到地面，经大气降水冲刷后进入水体，废水中的黄磷则直接进入地面水，黄磷进入水体后，大部分吸附在颗粒物上深入水底，与底泥混合，其中少量黄磷慢慢向水体释放，并被水中的溶解氧氧化。底泥中的黄磷则可残留很长时间不变。

5. 监测分析方法

监测分析方法见表 1-58。

表 1-58　监测分析方法

监测方法类别	监测方法	检测范围
现场应急监测方法	暂无	—
实验室监测方法	磷钼蓝分光光度法(HJ 593—2010)	0.01 ~ 0.17 mg/L

6. 环境标准

环境标准见表 1-59。

表 1-59 环境标准

标准		限值
中国(GBZ 1—2010)	工业企业设计卫生标准	0.05 mg/m^3(TWA),0.1 mg/m^3(STEL)
中国(GB 18918—1996)	污水综合排放标准	元素磷 0.1 mg/L(一级、二级),0.3 mg/L(三级)

1.1.4.8 硫

1. 物质基本信息

硫,分子式 S。通常单质硫是黄色的晶体,又称作硫黄。硫单质的同素异形体有很多种,有斜方硫、单斜硫和弹性硫等。硫元素在自然界中通常以硫化物、硫酸盐或单质的形式存在。硫单质难溶于水,微溶于乙醇,易溶于二硫化碳。

2. 主要来源与用途

硫在自然界中分布较广,在地壳中含量为0.048%(按质量计)。在自然界中,硫的存在形式有游离态和化合态。单质硫主要存在于火山周围的地域中。以化合态存在的硫多为矿物,可分为硫化物矿和硫酸盐矿。在制造硫酸、亚硫酸、金属硫化物、二硫化碳、硫化染料、火柴、焰火、杀虫剂及硫化橡胶的生产过程中有可能接触到。还可用于植物杀虫剂以及酒类处理,医药上用作防腐剂、轻泻剂。

3. 危险特性及感官信息

1)燃爆危险

硫黄在常温下比较迟钝,但在高温下反应非常活跃,几乎能与金、铂以外的所有金属及氢化合生成硫化物。此外,还能与氧、碳、卤素等化合。

硫蒸气与空气或氧化剂混合形成爆炸性混合物;热、明火及强氧化剂易引起燃烧,硫黄为不良导体,在运输和储存时易产生静电荷,而导致硫尘起火;与卤素、金属粉末等接触剧烈反应;与氯酸钾、过氧化钠等接触易立即发生燃烧爆炸。硫堆场所的意外火灾,是常见的隐患,或被扑灭后还可复燃,因此易造成烧伤事故。

2)毒理学资料

(1)侵入途径。

吸入、食入、皮肤接触、眼睛接触。

(2)急性中毒。

硫的毒性甚微,属微毒类。在生产中不致引起急性中毒。

4. 环境行为

在生产过程中,高温硫黄由于汽化罐、高温阀门及管道的泄漏可能会发生燃烧事故而造成人员伤亡和财产损失。燃烧时产生的二氧化硫等有害物质对环境造成破坏和污染。

5. 监测分析方法

暂无。

6. 环境标准

暂无。

1.1.4.9 电石

1. 物质基本信息

电石又称碳化钙、石英晶体，分子式为 CaC_2，CAS 号为 75－20－7。是无机化合物，白色晶体，工业品为灰黑色块状物，断面为紫色或灰色。遇水立即发生激烈反应，生成乙炔，并放出热量。基本无毒性，属于遇湿易燃物品，与酸类物质能发生剧烈反应。

2. 主要来源与用途

电石是重要的基本化工原料，主要用于产生乙炔气，也用于有机合成、氧炔焊接等。

3. 危险特性及感官信息

1）燃爆危险

干燥时不燃，遇水或湿气能迅速产生高度易燃的乙炔气体，在空气中达到一定的浓度时，可发生爆炸性灾害。

2）毒理学资料

损害皮肤，引起皮肤瘙痒、炎症、"鸟眼"样溃疡、黑皮病。皮肤灼伤表现为创面长期不愈及慢性溃疡型。接触工人出现汗少、牙釉质损害、龋齿发病率增高。

4. 环境行为

该物质对环境有危害，应特别注意对水体的污染。燃烧（分解）产物为乙炔、一氧化碳、二氧化碳。

5. 监测分析方法

监测分析方法见表 1-60。

表 1-60 监测分析方法

监测方法类别	监测方法	检测范围
现场应急监测方法	暂无	—
实验室监测方法	酸碱滴定法测定碳化钙	—

1.1.4.10 二硫化碳

1. 物质基本信息

二硫化碳，分子式为 CS_2。清澈无色带有芳香甜味的液体，工业品呈微黄色，并有烂萝卜气味。易溶于酒精、苯和醚中，微溶于水。

2. 主要来源与用途

二硫化碳主要作为磺化剂用于制造黏胶纤维和玻璃纸，也用于硫化橡胶的轧制，以及制造橡胶加速剂、四氯化碳、黄原酸盐等，作为油脂、蜡、漆、树脂、樟脑、橡胶等溶剂，羊毛去脂剂，衣服去渍剂等。

3. 危险特性及感官信息

1）燃爆危险

在室温下易于挥发，其蒸气比空气重 2.62 倍，能与空气形成易爆混合物，爆炸上限及下限为 50% 和 1%。CS_2 液体属于易燃、易爆化学品，能产生静电引起爆炸，于 130～140 ℃时可以自燃。接触热、火星、火焰或氧化剂易燃烧爆炸。受热分解产生有毒的硫化物烟气。与铝、锌、钾、氟、氯、叠氮化物等反应剧烈,有燃烧爆炸危险。高速冲击、流动、激荡后可因产生静电火花放电引起燃烧爆炸。其蒸气比空气重,能在较低处扩散到相当远的地方,遇明火会引着回燃。燃烧(分解)产物:一氧化碳、二氧化碳、氧化硫。

2)毒理学资料

(1)侵入途径。

吸入、食入、皮肤接触、眼睛接触。

(2)急性中毒。

因生产条件下意外接触高浓度 CS_2 后,主要表现为急性中毒性脑病的症状与体征。皮肤接触者,局部皮肤可出现红肿或类似烧伤的改变。

轻度中毒患者感头痛、头晕、恶心及眼、鼻刺激症状,或出现酒醉样感、步态不稳,可出现轻度意识障碍,无其他异常体征。重度中毒患者出现意识混浊、谵妄、精神运动性兴奋、抽搐以致昏迷。脑水肿严重者可出现颅内压增高的表现,瞳孔缩小、脑干反射存在或迟钝、病理反射阳性,甚至发生呼吸抑制。少数患者可发展为植物人状态。

4. 环境行为

二硫化碳主要通过大气扩散时进入空间,也有部分随工业废水排入水体中,部分被动植物吸收。

5. 监测分析方法

监测分析方法见表 1-61。

表 1-61　监测分析方法

监测方法类别	监测方法	检测范围
现场应急监测方法	检气管法	0.2 mg/m³
	多功能气体测定仪	依仪器性能而定
实验室监测方法	气相色谱法(GB/T 14678—1993)	最低检出浓度:0.002 mg/m³
	亚甲基蓝分光光度法(GB/T 16489—1996)	100 ~ 30 000 mg/m³ 检出限(以 S^{2-} 计):0.005 mg/L
	碘量法(HJ/T 60—2000)	最低检出浓度:0.40 mg/L
	二乙胺醋酸铜分光光度法(GB/T 15504—1995)	0.045 ~ 1.46 mg/L
	色谱/质谱法(《固体废弃物实验分析评价手册》)	最低检出浓度:0.003 mg/m³
	气相色谱法(《农药残留量气相色谱法》)	最低检出浓度:5.5 μg/L

6. 环境标准

环境标准见表 1-62。

表 1-62　环境标准

标准		限值
恶臭污染物排放标准（GB 14554—1993）	恶臭污染物厂界标准值	2.0 mg/m^3（一级）； 3.0 mg/m^3 新、5.0 mg/m^3 现（二级）； 8.0 mg/m^3 新、10.0 mg/m^3 现（三级）
工业企业设计卫生标准（GBZ 1—2010）	时间加权平均	5 mg/m^3（TWA） 10 mg/m^3（STEL）

1.1.4.11　过氧化氢

1. 物质基本信息

过氧化氢，分子式为 H_2O_2。无色透明液体，有微弱的特殊气味。能与水混溶，溶于醇类、酸类。

2. 主要来源与用途

主要用于氧化剂、漂白剂、杀菌剂、消毒剂、发色剂、化学分析试剂，还用于制造丙酮、过氧化苯、纽扣、药物、毡帽、塑料泡沫、农药等。3% 过氧化氢溶液又称双氧水，在医疗上应用广泛。高浓度的过氧化氢用作火箭动力燃料。

3. 危险特性及感官信息

1）燃爆危险

不燃，浓度高于 65% 的溶液结冰时体积收缩。高浓度溶液中一般加入少量安定剂，如磷酸及其盐类等。爆炸性强氧化剂。与可燃物反应放出大量热量和氧气而引起着火爆炸。遇强光特别是短波射线照射时发生分解。当加热到 100 ℃ 以上时剧烈分解，在 140 ℃ 以上会迅速爆炸。与许多有机物如糖、淀粉、醇类、石油产品等形成爆炸性混合物，在撞击、受热或电火花作用下能发生爆炸。与许多有机化合物或杂质接触后会迅速分解而导致爆炸。大多数金属（铁、铜、银、铅、汞、镍等）及其氧化物和盐类都是活性催化剂，尘土、香烟灰、碳粉、铁锈也能加速分解。浓度超过 74% 的过氧化氢在具有适当的点火源或温度的密闭容器中会产生气相爆炸。

2）毒理学资料

（1）侵入途径。

食入、皮肤接触。

（2）急性中毒。

过氧化氢为强氧化剂，对眼睛、皮肤和黏膜有化学刺激或灼伤作用，工人在生产过程中，接触过氧化氢可引起眼及上呼吸道刺激症状，出现流泪、流涕、咽痛、异物感、咳嗽、咳痰等，一次大剂量吸入可引起化学性肺炎、肺水肿；液体溅入眼内可引起结膜炎，有明显的眼部刺激症状，如眼痛、灼热感、流泪、畏光、眼睑痉挛、角膜上皮脱落等。

4. 环境行为

不能让残液流入环境，特别是水体。用大量水将溢漏液冲净，然后设法回收。不要用锯末或可燃吸附剂吸附。

5. 监测分析方法

监测分析方法见表 1-63。

表 1-63 监测分析方法

监测方法类别	监测方法	检测范围
现场应急监测方法	便携式气体检测仪	1 ~ 1 000 mg/m^3
实验室监测方法	分光光度法(GBZ/T 160.32—2004,作业场所空气)	0.06 ~ 2 μg/mL
	电化学法(《食品中添加剂的分析方法》)	0.2 ~ 1.4 mmol/L

6. 环境标准

环境标准见表 1-64。

表 1-64 环境标准

标准		限值
中国(GBZ 1—2010)	工业企业设计卫生标准	1.5 mg/m^3(TWA)

1.1.4.12 二氧化硅

1. 物质基本信息

二氧化硅,分子式为 SiO_2。不溶于水。不溶于酸,但溶于氢氟酸及热浓磷酸,能与熔融碱类起作用。自然界中存在结晶二氧化硅和无定形二氧化硅两种。

2. 主要来源与用途

橡胶工业中用作补强剂及动物饲料添加剂,也用于制造玻璃、陶器、耐火材料、硅铁、元素硅等。

3. 危险特性及感官信息

1)燃爆危险

不燃。

2)毒理学资料

(1)侵入途径。

吸入。

(2)急性中毒。

二氧化硅的粉尘极细,比表面积达到 100 m^2/g 以上可以悬浮在空气中,如果人长期吸入含有二氧化硅的粉尘,就会患硅肺病(因硅旧称为矽,硅肺旧称为矽肺)。

4. 环境行为

二氧化硅广泛存在于自然界中,但在呼吸环境中,容易患上硅肺病。

5. 监测分析方法

监测分析方法见表 1-65。

表 1-65 监测分析方法

监测方法类别	监测方法	检测范围
现场应急监测方法	二氧化硅测定仪	依仪器性能而定
实验室监测方法	硅钼蓝比色法	0.04 ~ 2 mg/L
	硅钼黄比色法	0.4 ~ 25 mg/L
	X 射线衍射法（GBZ/T 192.4—2007）	依仪器性能而定

6. 环境标准

暂无。

1.2 有机污染物及其性质

1.2.1 脂肪族及其化合物

1.2.1.1 脂肪烃类物质及其卤代物

1. 环己烷

1）物质基本信息

环己烷，别名六氢化苯，分子式为 C_6H_{12}。高纯度环己烷为带有甜味的无色液体，一般为无色有刺鼻恶臭的刺激性液体。不溶于水，溶于乙醇、乙醚、苯、丙酮等多数有机溶剂。

2）主要来源与用途

环己烷用作橡胶、涂料、清漆的溶剂，胶黏剂的稀释剂，油脂萃取剂。因本品的毒性小，故常代替苯用于脱油脂、脱润滑脂和脱漆。本品主要用于制造尼龙的单体己二酸、己二胺和己内酰胺，也用作制造环己醇、环己酮的原料。

3）危险特性及感官信息

a. 燃爆危险

极易燃，闪点 -18 ℃（闭杯），自燃点 245 ℃。受热或遇明火有着火、爆炸危险。蒸气能与空气形成爆炸性混合物，遇火星等明火能引起着火、爆炸，爆炸极限为 1.3% ~8.4%（体积分数）。与氧化剂接触能发生化学反应或引起燃烧的危险，燃烧（分解）产物为一氧化碳、二氧化碳。在火场中，受热的容器有爆炸的危险。其蒸气比空气重，可沿地面流动，可能造成远处着火，由于流动、搅动等可产生静电。无聚合危险。

b. 毒理学资料

（1）侵入途径。

吸入、食入、经皮吸收。

（2）急性中毒。

环己烷能刺激眼与皮肤，能使接触部位发红疼痛；皮肤长期接触可脱脂、角质层变硬、表皮细胞损伤。吸入高浓度环己烷可刺激呼吸道。

环己烷的毒性：

LD_{50}(mg/kg):大鼠口服 12 705,小鼠口服 813。小鼠吸入最低致死浓度(LCL_0):70 g/(m^3 · 2 h)。

兔吸入 2.75 g/m^3,6 h/d,10 周,肝与肾有轻度病理组织学改善。而吸入 11.5 g/m^3,6 h/d,7 周,无任何损伤。

大肠杆菌致突变实验阳性。

4)环境行为

环己烷对环境可能有危害,在环境中能被生物降解。

5)监测分析方法

监测分析方法见表 1-66。

表 1-66　监测分析方法

监测方法类别	监测方法	检测范围
现场应急监测方法	检测管法	依仪器性能而定
	便携式气相色谱法	
实验室监测方法	《工作场所空气有毒物质测定 脂环烃类化合物》(GBZ/T 160.41—2004) 1. 环己烷、甲基环己烷和松节油的溶剂解吸 - 气相色谱法 2. 环己烷和甲基环己烷的热解吸 - 气相色谱法	1. 检出限:8 μg/mL 或 5.3 mg/m^3(以采集 1.5 L 空气样品计) 2. 检出限:0.04 μg/mL 或 2.7 mg/m^3(以采集 1.5 L 空气样品计)

6)环境标准

环境标准见表 1-67。

表 1-67　环境标准

标准		限值(mg/m^3)
工业企业设计卫生标准(GBZ 1—2010)	工业企业设计卫生标准	250(TWA)

2. 四氯化碳

1)物质基本信息

四氯化碳,别名四氯甲烷,分子式为 CCl_4。无色、易挥发、不易燃的液体。具氯仿的微甜气味。1 mL 四氯化碳可溶于 2 000 mL 水中,可与醇、苯、氯仿、醚、二硫化碳、石油醚、油烟混溶。

2)主要来源与用途

四氯化碳用途广泛,以往曾用作驱虫剂、干洗剂。目前主要作为化工原料,用于制造氯氟甲烷、氯仿和多种药物;作为有机溶剂,性能良好,用于油、脂肪、蜡、橡胶、油漆、沥青及树脂的溶剂;也用作灭火剂、熏蒸剂,以及机器部件、电子零件的清洗剂等。在其生产制造及使用过程中,均可有四氯化碳的接触。

3)危险特性及感官信息

a. 燃爆危险

不燃，遇火或炽热物可分解为二氧化碳、氯化氢、高毒的光气和氯气等。

b. 毒理学资料

(1)侵入途径。

吸入、食入。

(2)急性中毒。

根据短期较高浓度的四氯化碳接触史，较快地出现中枢神经系统麻醉和(或)肝、肾损害的临床表现，结合实验室检查，经综合分析，排除其他类似疾病后方可诊断。我国颁布的《职业性急性四氯化碳中毒诊断标准及处理原则》(GB 11509—1989)，其分级标准为：

观察对象：接触四氯化碳后，出现头晕、头痛、乏力等神经系统症状，或伴有眼、上呼吸道黏膜等刺激症状。脱离接触后，在短期内恢复者。

轻度中毒：除上述症状外，有恶心、呕吐、食欲不振及出现步态蹒跚或短暂意识障碍，肝脏增大、肝功能异常，蛋白尿或管型尿者。

重度中毒：除轻度中毒临床表现外，并出现昏迷、严重肝功能异常或急性肾功能衰竭之一者。急性中毒出现昏迷时，应注意与流行性脑脊髓膜炎、流行性乙型脑炎等感染疾患相鉴别。出现肝、肾损害时，应与病毒性肝炎、药物性肝病、肾内科疾患及其他中毒性肝、肾病相鉴别。

4)环境行为

在常温干燥时，在空气中比较稳定；湿气存在时，逐渐分解成光气和氯化氢。

5)监测分析方法

监测分析方法见表1-68。

表1-68　监测分析方法

监测方法类别	监测方法	检测范围
现场应急监测方法	检气管法	依仪器性能而定
	便携式气相色谱法	
	多功能气体测定仪	
实验室监测方法	《顶空气相色谱法》(GB/T 17130—1997)	最低检出浓度：0.000 05 mg/L

6)环境标准

环境标准见表1-69。

3. 二氯甲烷

1)物质基本信息

二氯甲烷简称DCM，又称为亚甲基氯、甲撑氯、甲叉二氯，分子式为 CH_2Cl_2 或 H_2CCl_2，CAS号为75-09-2。无色透明易挥发液体，带芳香气味，具有毒性、刺激性，微溶于水，溶于乙醇、乙醚，该物质较为稳定。

表 1-69　环境标准

标准		限值
生活饮用水卫生标准（GB 5749—2006）	生活饮用水水质标准	0.002 mg/L
污水综合排放标准（GB 8978—1996）	第二类污染物最高允许排放浓度	一级 0.03 mg/L 二级 0.06 mg/L 三级 0.5 mg/L
地表水环境质量标准（GB 3838—2002）	集中式生活饮用水地表水源地特定项目标准限值	0.002 mg/L
工业企业设计卫生标准（GBZ 1—2010）	工业企业设计卫生标准	15 mg/m^3（TWA） 25 mg/m^3（STEL）

2）主要来源与用途

二氯甲烷是一种以高溶解性能著称的多功能和强力的氯化物溶剂。作为溶剂常用于脱除涂料、金属清洗和抛光；也可在药物、聚碳酸酯、纤维素酯和照相软片生产中作为加工溶剂，还可用作气雾推进剂和食品加工的萃取介质，其他用途包括胶黏剂、化妆品、塑料加工以及发泡等。二氯甲烷具有超强溶解力、低可燃性、高成本效益、可回收性和快速蒸发多种特性。因此，长期以来一直是多种应用的首选溶剂，主要应用在聚氨酯泡沫吹塑、金属清洁剂、黏合剂、油漆剥离剂以及制药等方面。

3）危险特性及感官信息

a. 燃爆危险

该物质遇明火高热可燃，受热分解后能发出剧毒的光气。若遇高热，其容器内压增大，有开裂和爆炸的危险。

b. 毒理学资料

（1）侵入途径。

呼吸吸入、食物摄入、经皮肤吸收。

（2）急性中毒。

本品有麻醉作用，主要损害中枢神经和呼吸系统。轻者可有眩晕、头痛、呕吐以及眼和上呼吸道黏膜刺激症状；较重者则出现易激动、步态不稳、共济失调、嗜睡，可引起化学性支气管炎。重者昏迷，可出现肺水肿、血中碳氧血红蛋白含量增高。

4）环境行为

a. 在自然界中的降解和转归

二氯甲烷是编造、金属制品行业排放最多的化学品，一旦泄漏至地上，通过蒸发很快从土壤表面消失，剩余部分经土壤渗入地下水，在天然水系中生物降解是有可能的，但比蒸发慢得多，关于水生物浓集和淤泥吸附，了解不多，在正常环境条件下，水解不是重要的途径。排放至大气中的二氯甲烷通过与别的气体接触而降解，小部分扩散至同温层，经紫外线照射和接触氯离子迅速降解，估计有小部分随雨水回到地球上。

释放到大气中的二氯甲烷，其光解速率很快，很少在大气中蓄积，其初始降解产物为光气和一氧化碳,进而再转变成二氧化碳和盐酸。二氯甲烷的燃烧(分解)产物有一氧化碳、二氧化碳、氯化氢、光气。

b. 在生物体内的代谢和蓄积

二氯甲烷(DCM)在人体内的代谢机制仍在不断研究中,二氯甲烷在人体中存在两种竞争性的代谢途径:混合功能氧化酶(MFO)、氧化和谷胱甘肽 - S - 转移酶 T1(GSTT1)途径。二氯甲烷在体内的代谢过程(包括肝、肺中的代谢)中发现二氯甲烷的致癌性与两种代谢途径均密切相关。甲酸是二氯甲烷在体内代谢的最终产物。因此,尿甲酸可作为接触二氯甲烷的参考指标。当大鼠和豚鼠吸入高浓度的二氯甲烷时,两种动物的鸟氨酸氨基甲酰转移酶(OCT)、尿素氮(BUN)和碳氧血红蛋白(COHb)均有显著改变,说明长期接触较高浓度的二氯甲烷对机体肝、肾有一定的损伤。吸入后大部分以原形经肺排出,小部分在体内去卤转化,生成 CO。二氯甲烷全身分布,在体内无蓄积,经呼吸道和肾排出。

5)监测分析方法

监测分析方法见表 1-70。

表 1-70 监测分析方法

监测方法类别	监测方法	检测范围
现场应急监测方法	便携式气相色谱法	依仪器性能而定
	水质检测管法	
	气体速测管	
实验室监测方法	吹扫捕集 - 气相色谱法	最低检出限:1.0 μg/L

6)环境标准

环境标准见表 1-71。

表 1-71 环境标准

标准		限值
中国(GB 3838—2002)	地表水环境质量标准	0.02 mg/L
日本(1993 年)	环境标准	地表水:0.002 mg/L; 废水:0.02 mg/L; 土壤浸出液:0.002 mg/L

4. 二氯丁烯

1)物质基本信息

二氯丁烯,分子式为 $C_4H_6Cl_2$。无色液体,不溶于水。

2)主要来源与用途

本品是制备氯丁二烯过程的副产品,从事氯丁二烯的生产可有机会接触。

3)危险特性及感官信息

a. 燃爆危险

易燃。其蒸气密度比空气重，因而有可能沿地面流到远处，引起远处火灾。燃烧时可分解成多种有毒物质。闪点：80 °F。

b. 毒理学资料

(1)侵入途径。

吸入、食入，经皮吸入。

(2)急性中毒。

二氯丁烯毒性属中等急毒类。二氯丁烯的混合异构体(37.3%3,4 二氯丁烯 - [1]，17%顺1,4 - 二氯丁烯 - [2]，45.7%反1,4 - 二氯丁烯 - [2])，对动物的毒性是：大鼠吸入0.092 g/m^3，每天6 h，共计8天，出现流泪、昏睡、呼吸困难，进行性体重下降、消瘦，血和尿化验未见异常，尸解发现胸腺萎缩，肺弃血、气肿和灶性出血；吸入0.031 m/m^3，每天6 h，共计15天，实验开始时体重下降，嗜睡，以后恢复正常，尸解发现胸腺轻度萎缩；吸入0.01 ~ 0.015 g/m^3，每天6 h，共计15天，无异常发现。

4)环境行为

对环境造成危害，对水体和大气可造成污染，对大气臭氧层具有极强破坏力。

5)监测分析方法

监测分析方法见表1-72。

表1-72　监测分析方法

监测方法类别	监测方法	检测范围
现场应急监测方法	检测管法	依仪器性能而定
	便携式气相色谱法	
	多功能气体测定仪	
实验室监测方法	《顶空气相色谱法》(HJ 620—2011)	0.002 ~ 0.4 mg/L
	《气相色谱法》《空气废气监测分析方法》	—

6)环境标准

环境标准见表1-73。

表1-73　环境标准

标准名称	限值范围	浓度限值
恶臭污染物排放标准(GB 14554—1993)	恶臭污染物厂界标准值，臭气浓度(无量纲)	一级:10 二级:30(现有);20(新建) 三级:70(现有);60(新建)

5. 氯丁二烯

1)物质基本信息

氯丁二烯，别名2 - 氯 - 1,3 丁二烯；β - 氯丁二烯；2 - 氯丁二烯 - [1,3]，分子式为

C_4H_5Cl。无色液体,有刺鼻气味。20 ℃时0.026 g/100 mL 辛醇 - 水分配系数对数值:2.1。

2)主要来源与用途

工业上氯丁二烯是用乙烯基乙炔反应而制得。氯丁二烯主要用于制造氯丁橡胶。在氯丁二烯的合成、提纯、单体聚合和氯丁橡胶的水洗、烘干、硫化等加工工序以及使用氯丁胶乳与氯丁胶沥青时,均有机会接触到本品。氯丁二烯生产设备泄漏事故、聚合釜投料,以及聚合釜、断链槽或凝聚槽的清洗和维修时,可接触到较高浓度的氯丁二烯蒸气。

3)危险特性及感官信息

a.燃爆危险

高度易燃。许多反应可能引起着火和爆炸。在火焰中释放出刺激性或有毒烟雾(或气体)。蒸气 - 空气混合物有爆炸性。蒸气较空气重,可沿地面移动,造成远处着火。由于流动、搅动等,可能产生静电。与氧化剂、碱金属和某些金属粉末发生反应,有着火和爆炸危险。燃烧时,分解生成氯化氢和光气等有毒和腐蚀性烟雾。

在特定环境下,易生成过氧化物,发生爆炸性聚合。闪点: - 22 ℃,自燃温度:320 ℃,爆炸极限:在空气中2.1% ~11.5%(全积)。

b.毒理学资料

(1)侵入途径。

吸入、食入,经皮吸入。

(2)急性中毒。

氯丁二烯具有刺激和麻醉作用,但急性中毒少见。浓度为0.9 mg/m^3时即可嗅出,5.4 ~6.3 g/m^3时可引起急性中毒。接触氯丁二烯对生殖系统有一定影响,氯丁二烯作业女工的自然流产率和低体重儿出生率增高。此外,还发现接触者有性功能下降、精子形成减少现象。鞋厂氯丁二烯作业工人的患癌死亡率高于非接触者,其靶器官主要是肺、肝及淋巴系统,特别是肝癌的死亡率明显增高,提示氯丁二烯可能有致癌作用。

4)环境行为

环境中氯丁二烯的主要来源是某些生产过程中废水或废气的排放。进入土壤中的氯丁二烯会通过快速的蒸发或渗透进入大气或地下水中。不会发生化学水解。进入水体中的氯丁二烯会快速蒸发进入大气中,在水体中氯丁二烯不会发生显著的化学水解、生物富集以及吸附于底泥或悬浮物上。如果进入大气中,氯丁二烯会发生光化学反应,半衰期仅有1.6 h。人体暴露的最可能途径是在生产和使用该物质的工厂的呼吸吸入。

5)监测分析方法

监测分析方法见表1-74。

表1-74　监测分析方法

监测方法类别	监测方法	检测范围
现场应急监测方法	检测管法	依仪器性能而定
	便携式气相色谱法	
	多功能气体测定仪	

续表 1-74

监测方法类别	监测方法	检测范围
实验室监测方法	《顶空气相色谱法》(HJ 620—2011)	最低检出浓度:0.36 μg/L
	《气相色谱法》《空气废气监测分析方法》	最低检出浓度:0.05 mg/m³(采样体积为 6 L)

6)环境标准

环境标准见表 1-75。

表 1-75　环境标准

标准名称	限值范围	浓度限值
工业企业设计卫生标准(GBZ 1—2010)	工作场所空气中有害物质的时间加权平均容许浓度	4 mg/m³(TWA)
恶臭污染物排放标准(GB 14554—1993)	恶臭污染物厂界标准值,臭气浓度(无量纲)	一级:10 二级:30(现有);20(新建) 三级:70(现有);60(新建)

1.2.1.2　醇类物质

1. 甲醇

1)物质基本信息

甲醇具有一定的刺激性,属于易燃液体。可溶于水,与水反应生成爆炸性混合物,也可混溶于醇、醚等多数有机溶剂。

2)主要来源与用途

主要用于制甲醛、香精、染料、医药、火药、防冻剂等。

3)危险特性及感官信息

a. 燃爆危险

易燃,其蒸气与空气可形成爆炸性混合物。遇明火、高热能引起燃烧爆炸。

b. 毒理学资料

(1)侵入途径。

吸入、接触等。

(2)急性中毒。

对中枢神经系统有麻醉作用;对视神经和视网膜有特殊选择作用,引起病变;可致代谢性酸中毒。短时大量吸入可导致急性中毒,出现轻度上呼吸道刺激症状(口服有胃肠道刺激症状);经一段时间潜伏期后出现头痛、头晕、乏力、眩晕、酒醉感、意识蒙眬、谵妄,甚至昏迷。视神经及视网膜病变,可有视物模糊、复视等,重者失明。代谢性酸中毒时出现二氧化碳结合力下降、呼吸加速等。

4)环境行为

遇明火、高热能引起燃烧爆炸。与氧化剂接触发生化学反应或引起燃烧。在火场中,受热的容器有爆炸危险。

燃烧分解产物:一氧化碳、二氧化碳。

5)监测分析方法

监测分析方法见表1-76。

表1-76 监测分析方法

监测方法类别	监测方法	检测范围
现场应急监测方法	便携式气相色谱法	依仪器性能而定
	气体速测管	
实验室监测方法	水质 甲醇和丙酮的测定(HJ 895—2017)	最低检出限:0.02 mg/L
	溶剂解吸气相色谱法(作业场所空气)	最低检出限:2.0 μg/mL
	变色酸比色法(空气)	0.07 ~ 7.0 mg/L
	品红亚硫酸法	0.2 g/L

6)环境标准

《工业企业设计卫生标准》(GBZ 1—2010)工作场所职业接触限值:25 mg/m^3(TWA),50 mg/m^3(STEL)。

大气污染物综合排放标准最高允许排放浓度:190 mg/m^3。

最高允许排放速率:二级 5.1 ~ 100 kg/h,三级 7.8 ~ 170 kg/h。

无组织排放监控浓度限值:12 mg/m^3。

2. 乙醇

1)物质基本信息

具有一定的刺激性,属于易燃液体,与水混溶,可混溶于醚、氯仿、甘油等多数有机溶剂。

2)主要来源与用途

用于制酒工业、有机合成、消毒以及用作溶剂。

3)危险特性及感官信息

a. 燃爆危险

易燃,其蒸气与空气可形成爆炸性混合物。遇明火、高热能引起燃烧爆炸。

b. 毒理学资料

(1)侵入途径。

急性中毒多发生于口服,也可由接触引发中毒。

(2)急性中毒。

本品为中枢神经系统抑制剂。首先引起兴奋,随后抑制。发生中毒后一般可分为兴奋、催眠、麻醉、窒息四个阶段。患者进入第三或第四阶段,出现意识丧失、瞳孔扩大、呼吸不规律、休克、心力循环衰竭及呼吸停止。在生产中长期接触高浓度本品可产生慢性影响,引起鼻、眼、黏膜刺激症状,以及头痛、头晕、疲乏、易激动、震颤、恶心等。长期酗酒可引起多发性神经病、慢性胃炎、脂肪肝、肝硬化、心肌损害及器质性精神病等。皮肤长期接触可引起干燥、脱屑、皲裂和皮炎。

4）环境行为

蒸气与空气混合成爆炸性气体。遇到高热、明火能燃烧或爆炸，与氧化剂铬酸、次氯酸钙、过氧化氢、硝酸、硝酸银、过氯酸盐等反应剧烈，有发生燃烧爆炸的危险。在火场中，受热的容器有爆炸的危险。其蒸气比空气重，能在较低处扩散到相当远的地方，遇明火会引着自燃。

燃烧（分解）产物：一氧化碳、二氧化碳。

5）监测分析方法

监测分析方法见表1-77。

表1-77　监测分析方法

监测方法类别	监测方法	检测范围
现场应急监测方法	气体检测管法	依仪器性能而定
	便携式气相色谱法	
	气体速测管	
实验室监测方法	气相色谱法	0.79～31.6 mg/L
	密度瓶法	0.1%
	酒精计法	—
	折射计测定法	—
	重铬酸钾比色法	最低检出限：50 mg/kg
	莫尔氏盐法	—
	碘量滴定法	—

6）环境标准

嗅觉阈浓度为50 mg/L。

3. 丙二醇

1）物质基本信息

丙二醇是一种无色吸湿黏稠液体，无味无臭，遇高热、明火可燃；可与水、乙醇及多种有机溶剂混溶。

2）主要来源与用途

用于生产防冻剂、热交换剂树脂和二醇衍生物，还用作溶剂、增塑剂和湿润剂等。

3）危险特性与感官信息

a. 危险特性

对皮肤有原发性刺激作用；对眼无刺激和损害，未见生产性中毒报道。

b. 毒理学资料

（1）中毒。

大鼠经口 LD_{50}:20 mg/kg。小鼠经口 LD_{50}:22 mg/kg。兔经皮 LD_{50}:20 800 mg/kg。属微毒类。

(2)中毒临床表现。

皮肤接触本品可引起脱水和刺激症状。静脉内快速注射引起溶血,出现血红蛋白尿,并有中枢神经系统抑制症状。

4)环境行为

侵入途径:可从消化道吸收。

有害燃烧产物:一氧化碳、二氧化碳。

5)监测分析方法

监测分析方法见表1-78。

表1-78 监测分析方法

监测方法类别	监测方法	检测范围
现场应急监测方法	暂无	—
实验室监测方法	气相色谱法(GB 5009.251—2016)	最低检出限:0.01 g/kg
	气相色谱-质谱联用	最低检出限:0.002 g/kg

6)环境标准

暂无。

4. 甲醇钠

1)物质基本信息

别名甲氧基钠,分子式为 CH_3ONa,该物质为白色、无定形易流动粉末,无臭。甲醇钠具有一定的毒性及强腐蚀性,属于碱性腐蚀品。可溶于甲醇、乙醇。可发生自燃现象。

2)主要来源与用途

主要用于医药工业,有机合成中用作缩合剂、化学试剂、食用油脂处理的催化剂等。

3)危险特性及感官信息

a. 燃爆危险

遇水、潮湿空气、酸类、氧化剂、高热及明火能引起燃烧。

b. 毒理学资料

(1)侵入途径。

吸入、接触、口服。

(2)急性中毒。

本品蒸气、雾或粉尘对呼吸道有强烈刺激和腐蚀性。吸入后,可引起昏睡、中枢神经抑制和麻醉。对眼有强烈刺激和腐蚀性,可致失明。若发生皮肤接触,可致灼伤。口服会腐蚀消化道,引起腹痛、恶心、呕吐;大量口服可致失明和死亡。

4)环境行为

燃烧(分解)产物:一氧化碳、二氧化碳、氧化钠。

5)监测分析方法

监测分析方法见表1-79。

表1-79　监测分析方法

监测方法类别	监测方法	检测范围
现场应急监测方法	暂无	—
实验室监测方法	气相色谱法	

1.2.1.3　醛类物质

1. 甲醛

1)物质基本信息

甲醛是一种有干草麦秸味的无色液体;有毒;其蒸气与空气形成爆炸性混合物,遇明火、高热能引起燃烧爆炸;易溶于水、醇和醚,能与水、乙醇、丙酮任意混溶。

2)主要来源与用途

甲醛是一种重要的有机原料,也是炸药、染料、医药、农药的原料,也作杀菌剂、消毒剂等。

3)危险特性与感官信息

a. 危险特性

本品对黏膜、上呼吸道、眼睛和皮肤有强烈刺激性。接触其蒸气,可引起结膜炎、角膜炎、鼻炎、支气管炎;重者发生喉痉挛、声门水肿和肺炎等。肺水肿较少见。对皮肤有原发性刺激和致敏作用,可致皮炎;浓溶液可引起皮肤凝固性坏死。口服灼伤口腔和消化道,可发生胃肠道穿孔、休克、肾和肝脏损害。

b. 毒理学资料

(1)中毒。

急性毒性:LD_{50} 800 mg/kg(大鼠经口),2 700 mg/kg(兔经皮);C50 590 mg/m^3(大鼠吸入);人吸入60~120 mg/m^3,发生支气管炎、肺部严重损害;人吸入12~24 mg/m^3,鼻、咽黏膜严重灼伤、流泪、咳嗽;人经口10~20 mL,致死。

亚急性和慢性毒性:大鼠吸入50~70 mg/m^3,1 h/天,3天/周,35周,发现气管及支气管基底细胞增生及生化改变;人吸入20~70 mg/m加长时间接触,食欲丧失、体重减轻、无力、头痛、失眠;人吸入12 mg/m^3 加长期接触,嗜睡、无力、头痛、手指震颤、视力减退。

致突变性。微生物致突变:鼠伤寒沙门氏菌4 mg/L。哺乳动物体细胞突变:人淋巴细胞130 μmol/L。姊妹染色体交换:人淋巴细胞37 pph。

生殖毒性。大鼠经口最低中毒剂量(TDL0):200 mg/kg(1天,雄性),对精子生存有影响。大鼠吸入最低中毒浓度(TCL_0):12 $\mu g/m^3$,24 h(孕1~22天),引起新生鼠生化和代谢改变。

(2)中毒临床表现。

职业性急性中毒：短期接触高浓度甲醛蒸汽引起的以眼、呼吸系统损害为主的全身性疾病。轻度中毒有实物模糊、头晕、头痛、乏力等症状，检查可见结膜、咽部明显出血，胸部听诊呼吸音粗糙或闻及干性罗音。X 射线检查无重要阳性发现。

中度中毒持续咳嗽、声音嘶哑、胸痛、呼吸困难，胸部听诊有散在的干、湿罗音。可伴有体温增高和白细胞增多。胸部 X 射线检查有散在的点状或斑片状阴影。

重度中毒时可出现喉水肿及窒息、肺水肿、昏迷、休克。

急性经口中毒：口服甲醛后，口、咽、食管和胃部立即有烧灼感，口腔黏膜糜烂、上腹剧痛，有血性呕吐物，有时伴腹泻、血便、里急后重及蛋白尿。严重者可发生胃肠道糜烂、溃疡、穿孔，以及呼吸困难、休克、昏迷、尿闭、尿毒症和肝脏损害，可死于呼吸衰竭。

皮肤接触本品后出现急性皮炎，表现为粟粒至米粒大小红色丘疹，周围皮肤潮红或轻度红肿，皲裂部位可见湿润现象，瘙痒明显。部分患者皮肤斑贴实验阳性、嗜酸粒细胞增多，可能与过敏有关。可引起支气管哮喘。

(3)致癌性。

IARC 致癌性评论：动物阳性，人类不明确。

4)环境行为

代谢和降解：环境中甲醛的主要污染来源是有机合成、化工、合成纤维、染料、木材加工及制漆等行业排放的废水、废气等。某些有机化合物在环境中降解也产生甲醛，如氯乙烯的降解产物也包含甲醛。由于甲醛有强的还原性，在有氧化性物质存在的条件下，能被氧化为甲酸。例如，进入水体环境中的甲醛可被腐生菌氧化分解，因而能消耗水中的溶解氧。甲酸进一步的分解产物为二氧化碳和水。进入环境中的甲醛在物理、化学和生物等的共同作用下，被逐渐稀释氧化和降解。甲醛的氧化降解过程如下：

$$2HCHO + O_2 = 2HCOOH$$

$$2HCOOH + O_2 = 2H_2O + 2CO_2$$

残留与蓄积：资料记载，工业企业区土壤中吸附的甲醛含量可达 180 ~ 720 mg/kg 干土。土壤的污染可导致地下水污染，水中甲醛含量可以比表层土高出 10 ~ 20 倍。

甲醛在环境中颇稳定，当水中甲醛浓度为 5 mg/L 时(20 ℃)，观察结果表明，5 天内可以保持恒定；水中甲醛浓度为 <20 mg/L 时，可以被曝气池中经驯化的微生物降解消化；而含量为 100 mg/L 时，能抑制微生物对有机物的氧化；当水中甲醛含量为 500 mg/L 时，生物耗氧过程全部中止，水中微生物被杀死。

迁移转化：甲醛由于沸点低又易溶于水，所以主要通过大气和水排放进入环境。生产甲醛的工厂其未处理的气体，当排放高度为 18 m 时，其距工厂 250 ~ 500 m 的大气样品中，甲醛含量均在 0.035 mg/m^3 以上；1 000 m 远在大气中甲醛浓度在嗅阈以下。以甲醛作鞣剂生产塑料的企业周围大气中的甲醛浓度在嗅阈以下，距厂区 100 m 内为 0.012 mg/m^3，200 m 处 36 个样品中有 15 个浓度低于 0.012 mg/m^3，400 m 处均低于 0.012 mg/m^3。

工业废水中排放的甲醛含量由于行业不同有很大差别，其中浓度最高的甲醛废水是生产酚醛树脂的上层焦油废水，含甲醛量高达 2.5%。

5)监测分析方法

监测分析方法见表1-80。

表1-80 监测分析方法

监测方法类别	监测方法	检测范围
现场应急监测方法	直接进水样气相色谱法	检测限0.01~40 ppm
实验室监测方法	乙酰丙酮分光光度法（GB/T 15516—1995）	最低检出限:0.5 mg/m^3
	乙酰丙酮分光光度法(GB/T 13197—1991)	最低检出限:0.05 mg/L
	示波极谱法	最低检出限:0.02 μg/10 mL
	荧光法	最低检出限:4.1 μg /L
	高效液相色谱法	最低检出限:0.3 μg/L
	变色酸光度法	最低检出限:20 μg/L

6)环境标准

环境标准见表1-81。

表1-81 环境标准

标准名称	限值范围	浓度限值
工业企业设计卫生标准（GBZ 1—2010）	工作场所职业接触有害物质的容许浓度	0.5 mg/m^3(MAC)
大气污染物综合排放标准（GB 16297—1996）（旧污染源:1997年1月1日前的污染源）	①最高允许排放浓度(mg/m^3): ②无组织排放监控浓度限值(mg/m^3):	①30(现有),25(新建) ②0.25(现有),0.20(新建) 二级0.3~6.4; 三级0.46~9.8
中国(待颁布)	饮用水源中有害物质的最高允许浓度	0.5 mg/L
污水综合排放标准（GB 8978—1996）	污水综合排放标准	一级1.0 mg/L 二级2.0 mg/L 三级5.0 mg/L
	嗅觉阈浓度	1 ppm
生活饮用水卫生标准（GB 5749—2006）	生活饮用水水质限值(mg/L)	0.9
室内空气质量标准（GB/T 18883—2002）	室内空气质量1 h均值	0.1 mg/m^3

2. 异戊醛

1) 物质基本信息

异戊醛又称3－甲基丁醛，分子式为 $C_5H_{10}O$，属于易燃物品，具有刺激性，有强烈的令人恶心的气息，稀释后具有令人愉快的水果香气。能与氧化剂发生强烈的反应。微溶于水，溶于醇、醚。

2) 主要来源与用途

可用作食品原料、香精、试剂等。

3) 危险特性及感官信息

(1)燃爆危险。

属于易燃物品，其蒸气与空气可形成爆炸性混合物，遇明火、高热能引起燃烧爆炸。其蒸气比空气重，能在较低处扩散到相当远的地方，遇火源会着火回燃。

(2)毒理学资料。

①侵入途径。

可由接触引起中毒事件。

②急性中毒。

接触本品蒸气后，可引起胸部压迫感、上呼吸道刺激、眩晕、头痛、恶心、呕吐、疲倦无力等现象。

4) 环境行为

燃烧(分解)产物：一氧化碳、二氧化碳。

5) 监测分析方法

监测分析方法见表1-82。

表1-82　监测分析方法

监测方法类别	监测方法	检测范围
现场应急监测方法	检测试剂盒法	依仪器性能而定
实验室监测方法	液－液萃取气相色谱法	—

1.2.1.4　酮类物质

1. 物质基本信息

丙酮又称二甲(基)酮、阿西通，分子式为 C_3H_6O 或 CH_3COCH_3，该物质为无色透明易流动液体，有芳香气味，极易挥发。极度易燃，具刺激性。与水混溶，可混溶于乙醇、乙醚、氯仿、油类、烃类等多数有机溶剂。

2. 主要来源与用途

丙酮是基本的有机原料和低沸点溶剂。

3. 危险特性及感官信息

1) 燃爆危险

其蒸气与空气可形成爆炸性混合物。遇明火、高热极易燃烧爆炸。与氧化剂能发生强烈反应。其蒸气比空气重，能在较低处扩散到相当远的地方，遇明火会引着回燃。若遇高热,容器内压增大,有开裂和爆炸的危险。

2)毒理学资料

(1)侵入途径。

口服、接触。

(2)中毒。

急性中毒主要表现为对中枢神经系统的麻醉作用,出现乏力、恶心、头痛、头晕、易激动。重者发生呕吐、气急、痉挛,甚至昏迷。对眼、鼻、喉有刺激性。口服后,口唇、咽喉先有烧灼感,后出现口干、呕吐、昏迷、酸中毒和酮症。慢性影响:长期接触该品出现眩晕、灼烧感、咽炎、支气管炎、乏力、易激动等。皮肤长期反复接触可致皮炎。

4. 环境行为

燃烧(分解)产物:一氧化碳、二氧化碳。

5. 监测分析方法

监测分析方法见表1-83。

表1-83 监测分析方法

监测方法类别	监测方法	检测范围
现场应急监测方法	气体检测管法	依仪器性能而定
	便携式气相色谱法	
	气体速测管	
	直接进水样气相色谱法	
	快速比色法	
实验室监测方法	《水质 甲醇和丙酮的测定 顶空/气相色谱法》(HJ 895—2017)	最低检出浓度:0.02 mg/L
		大气监测方法

6. 环境标准

环境标准见表1-84。

表1-84 环境标准

标准名称	限值范围	浓度限值
工业企业设计卫生标准(GBZ 1—2010)	工作场所职业接触有害物质的容许浓度	300 mg/m^3(TWA) 450 mg/m^3(STEL)

1.2.1.5 有机酸

1. 乙酸

1)物质基本信息

乙酸,也叫醋酸(36%~38%)、冰醋酸(98%),分子式为 CH_3COOH,是一种有机一元酸，为食醋的主要成分。纯的无水乙酸（冰醋酸）是无色的吸湿性固体，凝固点为 16.6 ℃（62 °F），凝固后为无色晶体，其水溶液呈弱酸性且蚀性强。

2）主要来源与用途

乙酸可用作酸度调节剂、酸化剂、腌渍剂、增味剂、香料等。它也是很好的抗微生物剂，这主要归因于其可使 pH 降低至低于微生物最适生长所需的 pH。乙酸是我国应用最早、使用最多的酸味剂，主要用于复合调味料，配制蜡、罐头、干酪、果冻等。用于调味料时，可将乙酸加水稀释至 4% ~5% 溶液后，添加到各种调味料中应用。

3）危险特性及感官信息

（1）燃爆危险。

乙酸能与氧化剂发生强烈反应，与氢氧化钠、与氢氧化钾等反应剧烈。稀释后对金属有腐蚀性。浓缩乙酸在实验室中燃烧比较困难，但是当环境温度达到 39 ℃（102 °F）的时候，它便具有可燃的威胁，在此温度以上，乙酸可与空气混合爆炸[爆炸极限为 4% ~17%（体积浓度）]。

（2）毒理学资料。

①侵入途径。

吸入、食入、皮肤接触、眼睛接触。

②急性中毒。

LD_{50}：3.3 g/kg（大鼠经口）；1 060 mg/kg（兔经皮）。LC_{50}：5 620 ppm，1 h（小鼠吸入）；12.3 g/m^3，1 h（大鼠吸入）。人经口 1.47 mg/kg，最低中毒量，出现消化道症状；人经口 20 ~50 g，致死剂量。80% 浓度的醋酸能导致豚鼠皮肤的严重灼伤，50% ~80% 产生中度至严重灼伤，小于 50% 浓度的醋酸则很轻微，5% ~16% 浓度的醋酸从未有过灼伤。人不能在 2 ~3 g/m^3 浓度中耐受 3 min 以上。人的口服致死量为 20 ~50 g。

4）环境行为

环境中乙酸蒸气与空气形成爆炸性混合物，遇明火、高热能引起燃烧爆炸。与强氧化剂可发生反应。

5）监测分析方法

监测分析方法见表 1-85。

表 1-85　监测分析方法

监测方法类别	监测方法	检测范围
现场应急监测方法	检测管法	依仪器性能而定
	气体速测管	
	水质检测管	
实验室监测方法	中和滴定法	—
	气相色谱法[《空气中有害物质的测定方法》（GBZ/T 210.4—2008）]	最低检出浓度：0.06 mg/m^3

6）环境标准

环境标准见表 1-86。

表 1-86　环境标准

标准名称	限值范围	浓度限值
工业企业设计卫生标准（GBZ 1—2010）	工作场所中有害物质的容许浓度	10 mg/m^3（TWA） 20 mg/m^3（STEL）

2. 氯乙酸

1）物质基本信息

氯乙酸是一种有强烈刺激性气味的无色或白色易潮解晶体，可溶于水、乙醇、乙醚、氯仿、二硫化碳。遇明火时，氯乙酸高热可燃；可与强氧化剂发生反应；受高热分解产生有毒的腐蚀性气体；遇潮时对大多数金属、橡胶和软木塞有强腐蚀性。

2）主要来源与用途

氯乙酸一般用于制农药和作有机合成中间体。

3）危险特性与感官信息

（1）危险特性。

吸入高浓度本品蒸气或皮肤接触其溶液后，可迅速大量吸收，造成急性中毒。吸入初期为上呼吸道刺激症状。中毒后数小时即可出现心、肺、肝、肾及中枢神经损害，重者呈现严重酸中毒。患者可有抽搐、昏迷、休克、血尿和肾功能衰竭。酸雾可致眼部刺激症状和角膜灼伤。皮肤灼伤可出现水疱，1 ~2 周后水疱吸收。慢性影响：经常接触低浓度本品酸雾，可有头痛、头晕现象。

（2）毒理学资料。

①中毒。

大鼠经口 LD_{50}：55 mg/kg；吸入 LC_{50}：180 mg/m^3。

不同动物的中毒表现也有所差别，主要表现为反应迟钝，体重减轻，1 ~3 天内死亡。大鼠饲料中含 1% 的氯乙酸时，经 200 天实验期后发现肝糖原增加，体重下降。其中毒作用机制可能与重要酶类（如磷酸丙糖脱氢酶）的—SH 基反应有关。

在豚鼠的 5% ~10% 的体表上涂擦本品，动物在 5 h 后相继死亡。死亡前有血尿、抽搐及昏迷现象。尸检发现皮肤涂擦处有深达皮下组织及肌肉层的组织坏死，主要脏器充血、出血、颗粒变性等病理改变。

②中毒临床表现。

急性中毒的轻重程度取决于现场氯乙酸（雾或粉尘）浓度和接触时间；皮肤侵入是否引起中毒与皮肤受害面积有关。无明显潜伏期。

刺激症状：雾或粉尘可引起上呼吸道轻、中度刺激症状。

吸入后轻度中毒：可有上呼吸道炎症的表现。经休息后和对症处理数小时至数日内即可恢复。吸入高浓度的酸雾或粉尘迅速发生严重中毒，出现嗜睡、呼吸深、咳嗽、恶心、呕吐，数小时后出现严重的肺水肿。

皮肤：氯乙酸液或粉尘直接接触皮肤可出现红肿、水疮，伴有剧痛，水疱吸收后出现过度角化，经数次脱皮后痊愈。如受侵皮肤面积在10%左右，应注意观察经皮肤吸收而中毒。

眼：氯乙酸酸雾或粉尘溅入眼内，可引起灼痛、流泪、结膜充血，严重时可引起角膜组织损害。

4）环境行为

氯乙酸的嗅阈为0.17 mg/m^3，空气中浓度为23.7 mg/m^3，有轻微刺激和兴奋作用，浓度极高时可引起较重的呼吸道刺激和消化道症状，鼻、口腔、咽喉烧灼感，咳嗽、恶心、呕吐及腹痛等；极高浓度时可出现呼吸深、嗜睡及肺水肿，甚至死亡。

5）监测分析方法

监测分析方法见表1-87。

表1-87　监测分析方法

监测方法类别	监测方法	检测范围
现场应急监测方法	暂无	—
实验室监测方法	气相色谱法	20～30 pg/L

6）环境标准

中国：工作场所职业接触限值MAC：2 mg/m^3。

俄罗斯：STEL 1 mg/m^3。

英国：TWA 0.3 ppm，STEL 1 ppm，Skin。

1.2.1.6　胺类物质

1. 甲酰胺

1）物质基本信息

甲酰胺又称氨基甲醛，化学式为CH_3NO，是一种化合物，无色透明液体，略有氨味，该物质具有刺激性、致敏性。可与水混溶，溶于甲醇、乙醇，不溶于乙醚、烃类。

2）主要来源与用途

主要用作中间体与溶剂，也用于制造甲酸和有机合成。

3）危险特性及感官信息

（1）燃爆危险。

遇明火、高热可燃。燃烧分解时，放出有毒的氮氧化物气体。

（2）健康危害。

对皮肤有轻微刺激性，偶尔可引起过敏。其蒸气或雾对眼睛、黏膜和上呼吸道有刺激作用。

4）环境行为

（1）在自然界中的降解和转归。

（2）在生物体内的代谢和蓄积。

5）监测分析方法

监测分析方法见表1-88。

表 1-88　监测分析方法

监测方法类别	监测方法	检测范围
现场应急监测方法	暂无	—
实验室监测方法	气相色谱－质谱联用	最低检出限:4 ~400 mg/kg

6)环境标准

暂无。

2. 一甲胺

1)物质基本信息

该物质具有强烈的刺激性、腐蚀性,属于易燃气体。易溶于水,溶于乙醇、乙醚等。

2)主要来源与用途

用于橡胶硫化促进剂、染料、医药、杀虫剂、表面活性剂的合成等。

3)危险特性及感官信息

(1)侵入途径。

吸入、接触、口服。

(2)急性中毒。

吸入后,可引起咽喉炎、支气管炎,重者可因肺水肿、呼吸窘迫综合征而死亡;极高浓度吸入引起声门痉挛、喉水肿而很快窒息死亡,或致呼吸道灼伤。对眼和皮肤有强烈刺激和腐蚀性,可致严重灼伤。口服溶液可致口、咽、食道灼伤。

4)环境行为

易燃,与空气混合能形成爆炸性混合物。接触热、火星、火焰或氧化剂易燃烧爆炸,气体比空气重,能在较低处扩散到相当远的地方,遇明火会引着自燃。

5)监测分析方法

监测分析方法见表 1-89。

表 1-89　监测分析方法

监测方法类别	监测方法	检测范围
现场应急监测方法	暂无	—
实验室监测方法	离子色谱法	最低检出限:0.007 mg/m^3

6)环境标准

《工业企业设计卫生标准》(GBZ 1—2010)TWA 5 mg/m^3,STEL 10 mg/m^3。

3. 二乙胺

1)物质基本信息

二乙胺,分子式为 $C_4H_{11}N$。无色液体,具强碱性、腐蚀性,易挥发、易燃。与水或乙醇能任意混合。

2)主要来源与用途

二乙胺用于医药、农药、染料、橡胶硫化促进剂、纺织助剂、金属防腐剂、乳化剂、阻聚剂、蜡精制溶剂等。

3）危险特性及感官信息

（1）燃爆危险。

易燃，闪点 −26 ℃（闭杯），自燃点 310 ℃，爆炸极限 1.7% ~10.1%（体积分数）。遇高温、明火、强氧化剂有引起爆炸危险，在火焰中释放出刺激性或有毒烟雾（或气体）。其蒸气比空气重，能在较低处扩散到相当远的地方，遇明火会引着回燃。该物质是一种中强碱，与氧化剂反应，有着火和爆炸危险，与硝基氰基呋喃接触有自爆的危险。有腐蚀性，能腐蚀玻璃。无聚合危险。

（2）毒理学资料

①侵入途径。

吸入、食入、经皮吸收。

②急性中毒。

本品具有强烈刺激性和腐蚀性。吸入本品蒸气或雾，可引起喉头水肿、支气管炎、化学性肺炎、肺水肿；高浓度吸入可致死。蒸气对眼有刺激性，可致角膜水肿。液体或雾引起眼刺激或灼伤。长时间皮肤接触可致灼伤。口服灼伤消化道。

急性毒性。LD_{50} 540 mg/kg（大鼠经口）；820 mg/kg（兔经皮）；LC_{50} 11 960 mg/m^3（大鼠吸入 4 h）。

4）环境行为

二乙胺自然存在于食物中，也是一种代谢产物。释放到土壤中的二乙胺具有挥发性，且能渗滤至土壤中。这种化学物质在土壤中能进行生物降解，但土壤中的生物降解率未知。进入水体中的二乙胺易于生物降解，也能通过挥发散失。未知二乙胺被沉积物吸附和水生生物富集的程度。大气中的二乙胺通过光化学反应产生羟基，清洁大气中的降解半减期不详，但在受污染大气中，二乙胺在 2 h 内能够完全光化学降解。二乙胺能够被雨水清除。人类对二乙胺的职业暴露主要通过对气体的吸入和经皮接触，二乙胺对普通人群的暴露主要在于摄食天然含有二乙胺的各种食物。

5）监测分析方法

暂无。

6）环境标准

暂无。

4. 尿素

1）物质基本信息

尿素是一种无色或白色针状或棒状结晶体，工业或农业品为白色略带微红色固体颗粒，在一定条件下产生氨臭味；在酸、碱、酶作用下（酸、碱需加热）能水解生成有毒气体氨和二氧化碳，加热至 160 ℃分解产生氨气同时变为氰酸；易溶于水，在 20 ℃时 100 mL 水中可溶解 105 g，水溶液呈中性反应。

2）主要来源与用途

用作肥料、动物饲料、炸药、稳定剂和制脲醛树脂的原料等。

3)危险特性与感官信息

(1)危险特性。

遇明火、高热可燃。与次氯酸钠、次氯酸钙反应生成有爆炸性的三氯化氮。受高热分解放出有毒的气体。

(2)毒理学资料。

①中毒。

急性毒性。LD_{50}:14 300 mg/kg(大鼠经口),LC_{50}:无资料。

亚急性和慢性毒性。

刺激性。人经皮:22 mg/3 天,轻度刺激。

②中毒临床表现。

对眼睛、皮肤和黏膜有刺激作用。

4)环境行为

有害燃烧产物:一氧化碳、二氧化碳、氮氧化物。

5)环境标准

暂无。

《工业企业设计卫生标准》(GBZ 1—2010)工作场所有害物质的职业接触限值 TWA 5 mg/m^3;STEL 10 mg/m^3。

1.2.2 芳香烃及其化合物

1.2.2.1 苯

1.物质基本信息

苯在常温下为一种无色、有甜味的透明液体,其密度小于水,具有强烈的芳香气味。苯的沸点为80.1 ℃,熔点为5.5 ℃,苯比水密度低,密度为0.88 g/mL,但其相对分子质量比水大。苯难溶于水,1 L水中最多溶解1.7 g苯;但苯是一种良好的有机溶剂,溶解有机分子和一些非极性的无机分子的能力很强,除甘油、乙二醇等多元醇外,能与大多数有机溶剂混溶。除碘和硫稍溶解外,无机物在苯中不溶解。

2.主要来源与用途

苯通过焦炉气和煤焦油分馏、裂解石油等制取,也可用乙炔人工合成。苯广泛地应用在化工生产中;它作为溶剂,在医药工业中用作提取生药,制药工业中生产非那西丁、磺胺噻唑、合霉素等。橡胶加工中用作黏合剂的溶剂,印刷、油墨、照相制版等行业也常用苯作溶剂。

3.危险特性与感官信息

1)燃爆危险

蒸气能与空气混合形成爆炸性混合物,爆炸极限1.4% ~8%(与空气体积比)。遇高热、明火极易引起着火、爆炸。与氧化剂、卤素激烈反应,有着火和爆炸危险。其蒸气比空气重,能扩散相当远,遇火焰会回燃。苯易产生和积聚静电。无聚合危害。燃烧(分解)产物为二氧化碳。

2）毒理学资料

（1）侵入途径。

吸入、食入、经皮吸收。

（2）急性中毒。

急性毒性：LD_{50} 3 800 mg/kg（大鼠经口）；LC_{50} 51 g/m^3（大鼠吸入 4 h）；人吸入 64 g/m^3 5～10 min，头昏、呕吐、昏迷、抽搐、呼吸麻痹而死亡；人吸入 24 g/m^3 0.5～1 h，危及生命。成人摄入约 15 mL 的苯可引起虚脱、支气管炎及肺炎。

无论苯吸入染毒还是经口染毒，对多器官系统均有致癌作用，并可致多种类型癌症和肿瘤。根据流行病学调查证实，吸入苯与人类白血病发生具有因果关系。国际癌症研究机构（IARC，1982 年）将苯列为Ⅰ类，即人类确定致癌物。

（3）临床表现。

苯急性中毒主要为神经系统麻醉症状，轻者头晕、头痛、眩晕、意识模糊或兴奋、欣快感、步态蹒跚，进一步吸入可出现恶心、呕吐、躁动或淡漠，甚至抽搐、昏迷。严重者可因呼吸中枢麻痹而死亡。也可引起自主神经功能紊乱，如出现面红、手足发麻、多汗、心动过速或过缓、血压不稳等。急性中毒症状的严重程度与吸入空气中的苯蒸气浓度及接触时间的长短密切相关。高浓度的苯蒸气对黏膜有刺激作用，引起结膜充血、流泪、咽痛、胸闷、咳嗽，甚至出现化学性肺炎或肺水肿。皮肤接触可引起脱脂、干燥、皲裂、皮炎。

4．环境行为

1）苯在土壤中的降解和转归

苯在土壤中有较高的迁移率。当苯被释放到土壤中，大部分会在土壤表面快速挥发，没有挥发的苯会很快移动而渗滤到地下水中。据报道，在褐色土壤中初始浓度为 20 ppm 的苯经过 1 周和 10 周的时间，降解率分别为 24% 和 47%，说明苯在土壤中可以降解。苯在浅层的好氧地下水中可以降解，但在厌氧条件下则不会降解。

2）苯在水环境中的降解和转归

释放到水中的苯会快速挥发。在 7.09 m/s 的中等风速下，苯蒸发的半减期为 5.23 h；20 ℃、风速为 3 m/s 时，在模拟河水中 1 m 深的地方蒸发的半减期为 2.7 h；从海水中蒸发的半减期随季节变化，春季 23 天，夏季 3.1 天，冬季 13 天。苯可以生物降解。据报道，在好氧河流中，苯的半减期为 16 天；在海洋生态系统中，夏季经过 2 天、春季经过 2 周的适应期后，2 天内即生物降解，然而在冬天则不产生生物降解。根据实验，在冷水、缺乏营养以及不能导致生物降解的条件下，光解对苯的迁移有贡献，因此在上述条件下，苯的半减期是 17 天。苯与沉积物之间没有明显的吸附作用，在水生生物体或水解过程中也不存在明显的生物蓄积。

液态苯或溶解在环己胺中的苯不能吸收 290 nm 或高于 290 nm 的光，苯在这种介质中不可能直接产生感光降解。然而在特别有代表性的介质如水中，吸收波长的微小变化都会导致光解的发生。据报道，苯溶解在充满空气的去离子水中，如果日光充足，其光解的半减期为 16.9 天。

含苯浓度在 100 ppm 以上的工业污水和 50 ppm 以上的生活污水中，苯对水中的微生物有抑制作用。23 ℃时，含苯 50 ppm 的工业污水接种 6 h 后，有 90% 能被降解。在污水处理厂中,44% ~100%在苯可以通过生物降解被去除。

3)苯在大气中的降解和转归

释放到大气中的苯将主要以气态的形态存在。气相的苯不会直接发生光解而是与光化学反应产生的羟基反应,依据反应中的实验速率常数计算半减期为13.4天。在光化学烟雾中存在 NO_x 和 SO_2 等活性物质的情况下,苯感光降解的速率比在单独的空气中显著增加,半减期为4 ~6 h。光氧化的代谢产物包括苯酚、硝基苯、蚁酸以及硝酸过氧化乙酰。气态苯易溶于水,通过雨水在大气中迁移。苯没有明显的水解行为。

4)苯在生物体内的代谢和蓄积

苯主要由蒸气形式由呼吸道吸入进入机体,皮肤仅可吸收少量,消化道吸收则很完全。进入人体的苯可迅速排出,主要途径是通过呼吸与尿液排出。苯在人体中的排泄速度极快,吸入苯后最多在2 h以内,尿中就可发现苯的代谢物。在人体保留苯的研究中,Nomiyama等(1974)报道连续接触含苯浓度为180 ~215 mg/m^3的空气4 h,人体可保留30%的苯。Hunter和Blair(1972)报道连续接触含苯浓度为80 ~100 mg/m^3的空气6 h,人体可保留230 mg的苯。苯主要蓄积在骨髓、脂肪组织和肝脏内。已证明了3 - 氯基 - 1,2,4 - 三唑能抑制苯的代谢。

苯能积蓄于鱼的肌肉与肝中,但一旦脱离苯污染的水体,鱼肉内苯排出也比较快。

5. 监测分析方法

监测分析方法见表1-90。

表1-90　监测分析方法

监测方法类别	监测方法	检测范围
现场应急监测方法	检测管法	依仪器性能而定
	便携式气相色谱法	
实验室监测方法	《水质苯系物的测定 气相色谱法》(GB/T 11890—1989)	0.005 ~0.1 mg/L(液上);0.05 ~12 mg/L(二硫化碳萃取)
	《居住区大气中苯、甲苯和二甲苯卫生检验标准方法 气相色谱法》(GB/T 11737—1989)	0.005 ~10 mg/m^3(热解吸);0.025 ~20 mg/m^3(二硫化碳萃取)

6. 环境标准

环境标准见表1-91。

1.2.2.2　甲苯

1. 物质基本信息

甲苯是一种无色澄清液体,有苯样气味;有强折光性;能与乙醇、乙醚、丙酮、氯仿、二硫化碳和冰乙酸混溶,极微溶于水。

表 1-91　环境标准

标准名称	限值范围	浓度限值
工业企业设计卫生标准（GBZ 1—2010）	工作场所职业接触有害物质的容许浓度	6 mg/m^3（TWA） 10 mg/m^3（STEL）
大气污染物综合排放标准（GB 16297—1996）	无组织排放监控浓度限值	0.50 mg/m^3（现有） 0.40 mg/m^3（新建）
地表水环境质量标准（GB 3838—2002）	集中式生活饮用水地表水源地特定项目标准限值	0.01 mg/L
农田灌溉水质标准（GB 5084—2005）	农田灌溉水质标准	2.5 mg/L
污水综合排放标准（GB 8978—1996）	第二类污染物最高允许排放浓度（1998 年 1 月 1 日后建设的单位）	一级:0.1 mg/L 二级:0.2 mg/L 三级:0.5 mg/L
	嗅觉阈浓度	0.516 mg/m^3

2. 主要来源与用途

甲苯大量用作溶剂和高辛烷值汽油添加剂，也是有机化工的重要原料。甲苯衍生的一系列中间体，广泛用于染料、医药、农药、火炸药、助剂、香料等精细化学品的生产，也用于合成材料工业。

3. 危险特性与感官信息

1）燃爆危险

蒸气能与空气混合形成爆炸性混合物，爆炸极限 1.37% ~7.0%（与空气体积比）。遇高热、明火有引起着火、爆炸危险。与强氧化剂猛烈反应，有着火和爆炸危险。其蒸气比空气重，可沿地面流动，可能造成远处着火。由于流动、搅动等，可产生静电。无聚合危害。燃烧（分解）产物为二氧化碳。

2）毒理学资料

（1）侵入途径。

吸入、食入、经皮吸收。

（2）急性中毒。

甲苯属低急性毒类。急性毒性：LD_{50} 2.4 ~7.5 g/kg（大鼠经口）；LC_{50} 30 g/m^3（大鼠吸入4 h）；人吸入 375 mg/m^3 8 h，中度疲倦和轻度头痛；人吸入 750 mg/m^3 8 h，肌肉软弱、慌乱，感觉异常，头痛、恶心；人吸入 1 125 mg/m^3 8 h，严重疲倦、头痛、共济失调。

经吸入、经口或皮肤涂抹甲苯，进行动物致癌实验，一般未能发现甲苯的致癌性；目前也无流行病学调查资料能证实甲苯的致癌性。

（3）临床表现。

高浓度甲苯吸入时，临床主要以中枢神经系统麻醉及皮肤黏膜刺激症状为主。轻者眩晕、乏力、兴奋等，重者有恶心、呕吐、意识模糊、抽搐和昏迷，可因呼吸麻痹而死亡。滥用甲苯吸入者类似毒瘾，为追求欣快、精神兴奋和麻醉状态，多次高浓度吸入可导致急性脑病，病人出现欣快感、人格改变、幻觉、嗜睡、自杀倾向、语言不清、眼球震颤、视听力障碍、抽搐、巴彬斯基征阳性等精神及小脑共济失调症状。

由于甲苯有很强的脂溶性，污染皮肤时可引起接触性皮炎或皮肤灼伤，病变皮肤出现瘙痒或烧灼感，继而出现水肿、红斑甚至水疱。皮肤被大面积喷淋时可引起广泛的化学性皮肤灼伤，起初皮损不严重，但逐渐出现水疱及广泛坏死，伴有体液丢失，有发生急性肾功能衰竭及弥漫性血管内凝血而死亡的报道，应予以注意。甲苯对眼睛的刺激作用可表现为角膜上皮损伤、疱性角膜炎及结膜下出血。呼吸道吸入可致鼻出血、呛咳、胸闷等化学性支气管炎症状，直接吸入液体者可导致化学性肺炎、肺出血、肺水肿及麻醉症状。

急性中毒后部分患者临床有四肢麻木，末端呈手套、袜套样感觉减退、腱反应减弱，急性中毒是否可引起周围神经病有待研究。甲苯对血液系统影响不大，中毒时可有一过性白细胞增高。

工业用甲苯含有1.5%左右的苯，中毒时也应予以考虑。

4. 环境行为

1）甲苯在土壤中的降解和转归

释放到土壤中的甲苯，一部分从近地表层土壤蒸发，也有一部分渗滤到地下水中，发生生物降解。但如果甲苯的浓度很高，则降解缓慢，而且对微生物产生毒性，已经适应环境的微生物会加快甲苯的生物降解。正常环境条件下，甲苯在土壤或水中无显著的水解作用。

2）甲苯在水环境中的降解和转归

排放到水中的甲苯，由于蒸发和生物降解，浓度降低。这种迁移过程可以很快，也可以是几周的时间（半减期从几天到几周），主要取决于温度、混合条件以及微生物的适应情况。正常环境条件下，甲苯在水中无显著的水解和直接光解反应，底泥对甲苯无显著的吸附作用，水生有机体内也无明显的生物蓄积。

3）甲苯在大气中的降解和转归

释放到大气中的甲苯以气态形式存在，与光化学产生的羟基反应而降解，半减期为3 h～1 d的时间。甲苯在日光下不易发生直接的光解反应。

4）甲苯在生物体内的代谢和蓄积

据世界卫生组织1983年报道，甲苯约有80%的剂量从人和兔的尿中以马尿酸（苯甲酰甘氨酸）形式被排泄，而剩余物的绝大部分则被呼出，这些作者还报道，0.4%～1.1%的甲苯以邻甲酸被排泄。另一研究表明，甲苯在人体内的主要代谢产物马尿酸从尿中迅速排出，在通常职业性接触条件下，马尿酸在接触终止24 h后几乎全部被排出，但由于每天工作中要重复接触8 h，继以16 h的不接触间隙，在工作周中马尿酸可能有一定的蓄积，周末以后，马尿酸的浓度恢复至接触前的水平。正常人尿中马尿酸的含量因食物种类和摄入量不同而变化颇大（0.3～2.5 g），且有个体差异。因此，不能完全以尿中马尿酸含量来推断甲苯的吸收量，但在群体调查中，对正确判别有无甲苯吸收有一定准确度。甲苯对于脂肪及类脂质较多的组织有亲和力，故它在人体内的蓄积量是脂肪组织 > 肝 >

肾 > 脑 > 血清。甲苯在体内存留的时间女性比男性长，可能是女性脂肪组织较丰富之故。由于甲苯是脂溶性物质，可以直接扩散通过血脑屏障进入脑组织，它在脑中的半衰期比其他器官长，这与甲苯所引起的神经毒性有关。

大鼠用苯巴比妥作预处理，可增加甲苯从血中的消失率（Ikeda 和 Ohtsuji，1971），缩短注射甲苯后的睡眠时间，因此肝微粒酶系统的诱发作用可能刺激甲苯的代谢。

水生有机体对甲苯无明显的生物蓄积。

5. 监测分析方法

监测分析方法见表 1-92。

表 1-92　监测分析方法

监测方法类别	监测方法	检测范围
现场应急监测方法	检测管法	依仪器性能而定
	便携式气相色谱法	
实验室监测方法	《水质苯系物的测定 气相色谱法》（GB/T 11890—1989）	0.005 ~ 0.1 mg/L（液上）；0.05 ~ 12 mg/L（二硫化碳萃取）
	《居住区大气中苯、甲苯和二甲苯卫生检验标准方法 气相色谱法》（GB/T 11737—1989）	0.01 ~ 10 mg/m^3（热解吸）；0.05 ~ 20 mg/m^3（二硫化碳萃取）
	《空气质量 甲苯二甲苯苯乙烯的测量 气相色谱法》（GB/T 14677—1993）	最低检出浓度：1×10^{-3} mg/m^3（依仪器性能而定，采样体积为 1 L）

6. 环境标准

环境标准见表 1-93。

表 1-93　环境标准

标准名称	限值范围	浓度限值
工业企业设计卫生标准（GBZ 1—2010）	工作场所职业接触有害物质的容许浓度	50 mg/m^3（TWA） 100 mg/m^3（STEL）
大气污染物综合排放标准（GB 16297—1996）	无组织排放监控浓度限值	3.0 mg/m^3（现有） 2.4 mg/m^3（新建）
地表水环境质量标准（GB 3838—2002）	集中式生活饮用水地表水源地特定项目标准限值	0.7 mg/L
污水综合排放标准（GB 8978—1996）	第二类污染物最高允许排放浓度（1998 年 1 月 1 日后建设的单位）	一级：0.1 mg/L 二级：0.2 mg/L 三级：0.5 mg/L
	嗅觉阈浓度	140 mg/m^3

1.2.2.3 乙苯

1. 物质基本信息

乙苯是一种芳烃,分子式为 $C_6H_5C_2H_5$。存在于煤焦油和某些柴油中。易燃,其蒸气与空气可形成爆炸性混合物。遇明火、高热或与氧化剂接触,有燃烧爆炸的危险。

2. 主要来源与用途

主要用于生产苯乙烯,进而生产苯乙烯均聚物以及以苯乙烯为主要成分的共聚物(ABS、AS 等)。乙苯少量用于有机合成工业,例如生产苯乙酮、乙基蒽醌、对硝基苯乙酮、甲基苯基甲酮等中间体。在医药上用作合霉素和氯霉素的中间体。也用于香料。此外,还可作溶剂使用。

3. 危险特性与感官信息

1)燃爆危险

乙苯蒸气能与空气混合形成爆炸性混合物,爆炸极限 1.0% ~6.7%(与空气体积比)。遇高热、明火、氧化剂有着火、爆炸危险。其蒸气比空气重,能扩散相当远,遇火源就会引着回燃。乙苯能侵蚀塑料和橡胶。无聚合危害。燃烧(分解)产物为二氧化碳。

2)毒理学资料

(1)侵入途径。

吸入、食入、经皮吸收。

(2)急性中毒。

乙苯属低急性毒类。急性毒性:LD_{50} 3 500 mg/kg(大鼠经口);LC_{50} 16.4 g/m^3(大鼠吸入 4 h);LD_{50} 17 800 mg/kg(兔经皮);人接触 4.35 g/m^3,眼睛、皮肤有强烈的刺激作用。

未曾有关于乙苯致癌的报道。

(3)临床表现。

乙苯急性吸入数小时后出现眼部灼痛、流泪、鼻咽部刺激症状,继而感到乏力、头晕、胸闷,严重者可有恶心、呕吐、步态不稳、昏迷直至死亡。也有中毒性肝损害。直接吸入本品至肺部可致化学性肺炎、肺水肿。摄入时可有眩晕、迟钝、头痛、恶心、腹部痉挛等症状。

与苯相似,乙苯亦具有亲脂性,可以吸附于神经细胞表面,引起细胞氧化还原系统功能抑制,继而影响整个神经细胞,使细胞活性降低,表现为 ATP 合成减少,因而不能形成乙酰胆碱,而导致麻醉作用。

4. 环境行为

1)乙苯在自然界中的降解和转归

乙苯主要通过工业废水和废气进入环境,在地表水体中的乙苯主要迁移过程是挥发和在空气中的光解。也有可能包括生物降解和化学降解及迁移转化过程。由于乙苯在水溶液中挥发趋势大,废水中的乙苯很快挥发至大气中,在水体中的残留也很少。但大量乙苯泄漏进入水中时,由于比水轻,漂浮在水面,可造成鱼类和水生生物死亡。被污染水体散发出异味。

2)乙苯在生物体内的代谢和蓄积

吸入人体内的乙苯,有 40% ~60% 未经转化即由呼气排出体外,经肾排出的不到 2%,约 40% 在体内被氧化,首先转化为苯乙醇,第二步转化为酚(主要是对乙基苯酚,少量邻乙基苯酚)。所形成的乙基苯酚与硫酸根和葡萄糖醛酸结合后排出体外。小部分乙苯直接与谷胱甘肽结合生成苯基硫醚氨酸,亦由尿排出;另一小部分被积蓄在体内含脂肪较多的组织内,以缓慢的速度同样转化为上述代谢物而排出。所以一次性吸入或接触乙苯后,大部分代谢物在2 h 内被排出,少部分代谢物约在48 h 后排出,反复多次吸入时,则随着蓄积量的增加,排出的时间也就更长。

乙苯在体内残留和蓄积较少,时间也不长,一般情况下一次性接触在两天左右几乎被全部排出体外。由于乙苯易溶于脂肪,而血液中脂肪含量不高,所以高浓度乙苯进入血液后,极易接近或达到平衡状态。乙苯在人体组织内的分布情况是:若以血液中含量为1,则骨髓为18,腹腔脂肪中为10,心脏为15,脑组织内为2.5,红细胞中的乙苯浓度比血浆中的含量高2倍。

5. 监测分析方法

监测分析方法见表1-94。

表1-94 监测分析方法

监测方法类别	监测方法	检测范围
现场应急监测方法	检测管法	依仪器性能而定
	便携式气相色谱法	
实验室监测方法	《水质苯系物的测定 气相色谱法》(GB/T 11890—1989)	0.005~0.1 mg/L(液上); 0.05~12 mg/L(二硫化碳萃取)

6. 环境标准

环境标准见表1-95。

表1-95 环境标准

标准名称	限值范围	浓度限值
工业企业设计卫生标准(GBZ 1—2010)	工作场所有毒物质接触的容许浓度	100 mg/m^3(TWA) 150 mg/m^3(STEL)
地表水环境质量标准(GB 3838—2002)	集中式生活饮用水地表水源地特定项目标准限值	0.3 mg/L
污水综合排放标准(GB 8978—1996)	第二类污染物最高允许排放浓度(1998年1月1日后建设的单位)	一级:0.4 mg/L 二级:0.6 mg/L 三级:1.0 mg/L
	嗅觉阈浓度	0.1~0.14 mg/m^3

1.2.2.4 苯乙烯

1. 物质基本信息

苯乙烯,分子式为C_8H_8,是用苯取代乙烯的一个氢原子形成的有机化合物,乙烯基的电子与苯环共轭,不溶于水,溶于乙醇、乙醚中,暴露于空气中逐渐发生聚合及氧化。

2. 主要来源与用途

最重要的用途是作为合成橡胶和塑料的单体，用来生产丁苯橡胶、聚苯乙烯、泡沫聚苯乙烯；也用于与其他单体共聚制造多种不同用途的工程塑料。苯乙烯主要用于生产苯乙烯系列树脂及丁苯橡胶，也是生产离子交换树脂及医药品的原料之一。此外，苯乙烯还可用于制药、染料、农药以及选矿等行业。

3. 危险特性与感官信息

1）燃爆危险

由于苯乙烯存在双键，所以反应性质活泼，极易自聚，受热、暴露在阳光下、接触空气或过氧化物时聚合加速，变成黏稠物或无色透明块状物。暴聚时，放出大量热，有爆炸危险。商品苯乙烯一般使用叔丁基儿茶酚、对苯二酚为阻聚剂。

苯乙烯蒸气与空气可形成爆炸性混合物，爆炸极限11% ~6.1%（与空气体积比）。遇明火、热或氧化剂易着火爆炸。蒸气比空气重，能扩散到相当远处，遇明火能回燃。由于流动、搅动等，可能产生静电。该物质能生成过氧化物，能侵蚀铜及其合金。燃烧时分解生成苯乙烯氧化物等有毒烟雾。

2）毒理学资料

（1）侵入途径。

吸入、食入、经皮吸收。

（2）急性中毒。

苯乙烯属中等急性毒类或低急性毒类。急性毒性：LD_{50} 5 000 mg/kg（大鼠经口）；LC_{50} 34.5 g/m^3（小鼠吸入 2 h）。

苯乙烯的毒性作用类似苯，但刺激作用比苯强。苯乙烯经呼吸道、皮肤和胃吸收。经皮吸收极快，每小时为 9 ~ 15 mg/cm^2，比苯（0.4 mg/cm^2）、苯胺（0.2 ~0.7 mg/cm^2）、硝基苯（0.2 ~0.3 mg/cm^2）、二硫化碳（9.7 mg/cm^2）要快。

苯乙烯经微粒体单氧化酶代谢活化为氧化苯乙烯，表现其致癌作用。据美国 NCI（美国国立癌症研究所）报道，分别给予 B6C3F1 小鼠和 F344 大鼠 150 mg/kg、300 mg/kg 和 500 mg/kg、1 000 mg/kg、2 000 mg/kg 苯乙烯（溶于玉米油）灌胃染毒，每周 5 天，染毒时间为低剂量 103 周和其他剂量 78 周，可见雄性小鼠肺腺癌发生率明显高于溶剂对照组。因此，NCI 认为苯乙烯仅对 B6C3F1 小鼠具有致癌作用。某些病例报告和人群流行病学调查显示，从事生产苯乙烯单体、聚苯乙烯和苯乙烯 - 丁二橡胶的工人，淋巴系统造血系统癌症发生率增高。

国际癌症组织（IARC，1987 年）将苯乙烯归为 2B 类，即人类可疑致癌物。

（3）临床表现。

急性影响主要为眼、皮肤、黏膜刺激症状。当浓度为 1.6 g/m^3时，接触 20 min 出现眼、上呼吸道和皮肤刺激症状，头晕、头痛；浓度为 3.59 g/m^3接触 4 h，除明显自觉症状外，倦怠、乏力、萎靡不振、共济失调、意识模糊。也有报道接触苯乙烯和其他溶剂的工人出现了急性精神病，表现为幻觉、视觉空间判断力及记忆力低下。

4. 环境行为

1) 苯乙烯在自然界中的降解和转归

苯乙烯可被空气中的氧所氧化形成苯甲醛、甲醛和少量苯乙醇。

在露天表层水中的苯乙烯含量降低很快，其原始浓度愈高，水温愈高，降解也愈快。当水温 15 ℃，原始苯乙烯浓度为 30 mg/L，水深 30 cm，在 2 天内苯乙烯浓度下降 3.3 倍。在水体中，高浓度苯乙烯的稳定性是微不足道的。这主要是由于其挥发性较强，挥发至空气中后被光解，这是主要的迁移转化过程。另外，也有生物降解和化学降解这样的迁移转化过程，它还能被一种特异的菌丛所破坏。倾倒在水中的苯乙烯可漂浮在水面上，对水生生物有毒。

2) 苯乙烯在生物体内的代谢和蓄积

苯乙烯可经呼吸道、皮肤和胃肠道吸收。经呼吸道吸入的苯乙烯蒸气，一部分立即被呼出，约 60% 暂时停留在肺部，5.5% ~6.2% 到达肺泡。但停止接触后，又能迅速排出，小部分在脂肪组织中有蓄积的可能。

人吸入苯乙烯的代谢产物为扁桃酸和苯酰甲酸，约占体内储留量的 85% 和 10%，两者皆由尿排出，因此测定尿中扁桃酸和苯酰甲酸含量可作为接触指标。与其他苯系物不同的是，接触苯乙烯人体尿中马尿酸的变化不明显，可能是人体内由扁桃酸转化为苯甲醇的能力较差的缘故。

家兔吸入苯乙烯蒸气时，经过 30 ~40 min 吸气和血液间达到动态平衡，苯乙烯蒸气在呼吸道吸收约 60%。当苯乙烯暴露的蒸气浓度为 1.7 ~16.5 mg/m^3 时，家兔在 1 h 后达到血液饱和量，暴露后 4 h，苯乙烯仍留在血液里，暴露后 22 h，血样中未检出（分光光度计法，灵敏度为 1 μg）。

给大鼠 1 次经胃苯乙烯剂量 940 mg/kg（约 1/10 LD_{50}），它在门静脉中浓度从 1 h 后的 46.4 μg/mL 下降到 4 h 后的 17 μg /mL。给药后 15 min ~2 h，肝静脉中苯乙烯浓度是相对稳定的，为 17.9 ~22.5 μg/mL。

空气苯乙烯浓度 1 000 mg/m^3 和 50 mg/m^3 时，用豚鼠作吸入实验，1 个月内吸收的苯乙烯约 30% 以苯乙醇酸自尿排出，以剂量为 20 mg/kg 给药，84% ~90% 的苯乙醇酸自体内排出。

给豚鼠吸入苯乙烯浓度为 5 000 mg/m^3、3 000 mg/m^3、1 000 mg/m^3、50 mg/m^3、5 mg/m^3，3 天内吸入 4 h，在第一、二天和第三天排出的苯乙醇酸量没有差别，说明苯乙烯在体内不蓄积。

苯乙烯在人体内也是没有蓄积的。

5. 监测分析方法

监测分析方法见表 1-96。

表 1-96　监测分析方法

监测方法类别	监测方法	检测范围
现场应急监测方法	检测管法	依仪器性能而定
	便携式气相色谱法	
实验室监测方法	《水质 苯系物的测定 气相色谱法》(GB/T 11890—1989)	0.005 ~ 0.1 mg/L(液上); 0.05 ~ 12 mg/L(二硫化碳萃取)
	《空气质量 苯乙烯的测定 气相色谱法》(GB/T 16470—1993)	最低检出限:0.002 7 mg/m^3 (采样体积为 2 L)
	《空气质量 甲苯二甲苯苯乙烯的测量 气相色谱法》(GB/T 14677—1993)	最低检出限:1×10^{-3} mg/m^3 (依仪器性能而定, 采样体积为 1 L)

6. 环境标准

环境标准见表 1-97。

表 1-97　环境标准

标准名称	限值范围	浓度限值
工业企业设计卫生标准 (GBZ 1—2010)	工作场所有毒物质接触的容许浓度	50 mg/m^3(TWA) 100 mg/m^3(STEL)
恶臭污染物排放标准 (GB 14554—1993)	恶臭污染物厂界标准值	一级:3.0 mg/m^3 二级:7.0 mg/m^3(现有); 5.0 mg/m^3(新建) 三级:19 mg/m^3(现有); 14 mg/m^3(新建)
地表水环境质量标准 (GB 3838—2002)	集中式生活饮用水地表水源地特定项目标准限值	0.02 mg/L
	嗅觉阈浓度	0.47 ppm

1.2.2.5　苯酚

1. 物质基本信息

苯酚,分子式为 C_6H_5OH,是一种具有特殊气味的无色针状晶体;有毒,熔点 43 ℃;常温下微溶于水,易溶于有机溶剂;当温度高于 65 ℃时,能跟水以任意比例互溶。

2. 主要来源与用途

苯酚是生产某些树脂、杀菌剂、防腐剂以及药物(如阿司匹林)的重要原料;也可用于消毒外科器械和排泄物的处理,皮肤杀菌、止痒及中耳炎。

3. 危险特性与感官信息

1）燃爆危险

可燃，加热时能与空气形成爆炸性混合物，有刺激性和毒性，腐蚀性较强。能与丁二烯发生激烈反应，加热放出有毒的烟雾。能与氧化物发生反应。对环境有严重危害。

2）毒理学资料

（1）侵入途径。

吸入、食入、经皮吸收。

（2）急性中毒及致癌性。

毒性：属高毒类。

急性毒性：LD_{50} 317 mg/kg（大鼠经口）；850 mg/kg（兔经皮）；LC_{50} 316 mg/m^3（大鼠吸入）；人经口 1 000 mg/kg，致死剂量。

刺激性：家兔经眼：20 mg（24 h），中度刺激。家兔经皮：500 mg（24 h），中度刺激。

亚急性和慢性毒性：动物长期吸入酚蒸气（115.2 ~ 230.4 mg/m^3），可引起呼吸困难、肺损害、体重减轻和瘫痪。

致突变性。DNA 抑制：人 Hela 细胞 1 mmol/L。姊妹染色单体交换：人淋巴细胞 5 μmol/L。

生殖毒性。大鼠经口最低中毒剂量（TDL_0）：1 200 mg/kg（孕 6 ~ 15 天），引起胚胎毒性。

致癌性。小鼠经皮最低中毒剂量（TDL_0）：16 g/kg，40 周（间歇），致癌，皮肤肿瘤。

（3）临床表现。

苯酚属高毒物质。人体摄入一定量时，可出现急性中毒症状，长期饮用被酚污染的水，可引起头昏、出疹、瘙痒、贫血及各种神经系统症状。水中含低浓度（0.1 ~ 0.2 mg/L）酚类时，可使生长鱼的鱼肉有异味，高浓度（ >5 mg/L）时造成中毒死亡。含酚浓度高的废水不宜用于农业灌溉，否则会使农作物枯死或减产。水中含微量酚类，在加氯消毒时，会产生特异的氯酚臭。

4. 环境行为

酚类化合物在微生物和光解的作用下，在环境中分解较快。研究结果表明，在夏季 4 h 之内酚的浓度可以从 125 ppb 下降到 10 ppb 以下，而这种酚的降解速度随着河水中微生物数量的增加而增加，在冬季最冷的天气里，酚的降解速率则很弱。另外，酚的降解速率与水中溶解氧量成正比，酚的生物富集程度很低。

苯酚对人体任何组织都有显著的腐蚀作用。如接触眼，能引起角膜严重损害，甚至失明。接触皮肤后，不引起疼痛，但在暴露部位最初呈现白色，如不迅速冲洗清除，能引起严重灼伤或全身性中毒。苯酚为细腻原浆毒物，能使蛋白质发生变质和沉淀，故对各种细胞有直接损害。因此，任何暴露途径都可能产生全身性影响。通常酚中毒主要由皮肤吸收所引起，其腐蚀性随液体的 pH、溶解性及分解度和温度等条件而异。

5. 监测分析方法

监测分析方法见表 1-98。

表 1-98　监测分析方法

监测方法类别	监测方法	检测范围
现场应急监测方法	检气管法	0.5～25 ppm
	水质快速检测仪	依仪器性能而定
	便携式气相色谱法[《突发性环境污染事故应急监测与处理处置技术》]	
	直接进水样气相色谱法	
实验室监测方法	4－氨基安替比林分光光度法(GB/T 7490—1987)	最低检出限:0.002 mg/L
	4－氨基安替比林分光度法(气)(HJ/T 32—1999)	最低检出限:0.03 mg/m^3(60 L)
	气相色谱法(SL 463—2009)	最低检出限:0.53 μg/L(液液萃取法) 最低检出限:0.35 μg/L(固相萃取法)
	高效液相色谱法	最低检出限:0.5 μg/mL

6. 环境标准

环境标准见表 1-99。

表 1-99　环境标准

标准名称	限值范围	浓度限值
工业企业设计卫生标准(GBZ 1—2010)	工作场所职业接触有害物质的容许浓度	30 mg/m^3(TWA) (以邻仲丁基苯酚计)
大气污染物综合排放标准(GB 16297—1996)	无组织排放监控浓度限值	0.10 mg/m^3(现有) 0.08 mg/m^3(新建)
	最高允许排放浓度	115 mg/m^3(现有) 100 mg/m^3(新建)
地表水环境质量标准(GB 3838—2002)	地表水环境质量标准基本项目标准限值(mg/L)	0.002(Ⅰ、Ⅱ类), 0.005(Ⅲ类),0.01(Ⅳ类), 0.1(Ⅴ类)
污水综合排放标准(GB 8978—1996)	最高允许排放浓度	0.5 mg/L(一、二级), 2.0 mg/L(三级)
生活饮用水卫生标准(GB 5749—2006)	生活饮用水水质标准	0.002 mg/L
地下水质量标准(GB/T 14848—2017)	地下水质量分类指标(mg/L)	Ⅰ类 0.001;Ⅱ类 0.001; Ⅲ类 0.002;Ⅳ类 0.01; Ⅴ类 0.01 以上

1.2.2.6 邻二氯苯

1. 物质基本信息

邻二氯苯是一种无色、易挥发的液体，有芳香气味；具有可燃性、毒性、刺激性；不溶于水，溶于醇、醚等多数有机溶剂。

2. 主要来源与用途

广泛应用于医药、农药、工程塑料、溶剂、染料、颜料、防霉剂、防蛀剂、除臭剂等领域。

3. 危险特性与感官信息

1）燃爆危险

遇明火、高热可燃。闪点：66 ℃（闭杯）；爆炸极限：空气中 2.2% ~9.2%；辛醇－水分配系数对数值：3.38；高于 66 ℃，可能形成爆炸性蒸气－空气混合物。与氧化剂、酸、铝及其合金发生反应。燃烧（分解）产物：受热时，分解生成含氯化氢等有毒和腐蚀性气体及烟雾。聚合危害：不聚合。燃烧（分解）产物：一氧化碳、二氧化碳、氯化氢。

2）毒理学资料

（1）侵入途径。

吸入、食入、经皮吸收。

（2）中毒。

急性中毒：接触高浓度邻二氯苯的工人，可出现上呼吸道、眼、咽部刺激症状，如咳嗽、流泪、咽干、黏膜充血，同时伴有头痛、头晕、乏力及嗜睡等轻度麻醉症状。皮肤接触本品可引起红斑及水肿。

慢性中毒：由于对人体造成的损害缺乏特异性，且目前也无本品慢性中毒的诊断标准，因此关于慢性中毒诊断还需慎重。但长期接触对健康的危害是肯定的。

（3）临床表现。

长期经呼吸道吸入或消化道吸收邻二氯苯的工人可产生眼、咽及上呼吸道刺激症状，同时可出现头痛、头晕、消瘦、轻度麻醉症状、重度贫血等。有报道接触含本品及其他成分的溶剂发生骨髓细胞及慢性淋巴细胞白血病的个别病例，但尚不足以作为邻二氯苯对人致癌的根据。

4. 环境行为

由于1,2－二氯苯具有很强的挥发作用，通常在水和土壤中的1,2－二氯苯会很快挥发到空气中，1,2－二氯苯在河水中的挥发速率经6 h下降50%，1,2－二氯苯在空气中的光解速度在 20 h 之内会降低一半，在水中的 1,2－二氯苯将产生水解作用。因此，受1,2－二氯苯污染的水和土壤能较快地得到恢复。

该物质对环境的危害：对水体和大气可造成污染，在对人类重要的食物链中，特别是在水生生物中可发生生物蓄积。

由于邻二氯苯与脂溶性物质亲和力较大，并且其蒸气压相对较低，因此在环境温度下水中溶解度也较低。可以紧密地吸附于土壤中。邻二氯苯首先会以蒸气形式存在于大气中，通过光化学反应大概需要 24 天才能从大气中消失。邻二氯苯在自然水环境中的降解较缓慢，同时，邻二氯苯在水环境中抗氧化作用较强，也很难通过非生物降解途径降解。

5. 监测分析方法

监测分析方法见表1-100。

表1-100　监测分析方法

监测方法类别	监测方法	检测范围
现场应急监测方法	便携式气相色谱-光离子检测器法	依仪器性能而定
实验室监测方法	气相色谱法(GB/T 17131—1997,水质)	最低检出限:2 μg/L
	顶空气相色谱法	最低检出限:0.02 μg/L

6. 环境标准

环境标准见表1-101。

表1-101　环境标准

标准名称	限值范围	浓度限值
地表水环境质量标准(GB 3838—2002)	集中式生活饮用水地表水源地特定项目标准	1.0 mg/L
污水综合排放标准(GB 8978—1996)	最高允许排放浓度	一级:0.4 mg/L 二级:0.6 mg/L 三级:1.0 mg/L
	嗅觉阈浓度	0.47 ppm

1.2.2.7　苯胺

1. 物质基本信息

苯胺又称阿尼林、阿尼林油、氨基苯,分子式为 C_6H_7N。无色油状液体。熔点 -6.3 ℃,沸点184 ℃,加热至370 ℃分解。稍溶于水,易溶于乙醇、乙醚等有机溶剂。

2. 主要来源与用途

主要用于制造染料、药物、树脂,还可以用作橡胶硫化促进剂等。它本身也可作为黑色染料使用。其衍生物甲基橙可作为酸碱滴定用的指示剂。

3. 危险特性与感官信息

1)燃爆危险

闪点70 ℃(闭杯)。自燃点615 ℃。蒸气与空气混合物可燃限1.3%~11%。腐蚀铜和铜合金。遇热、明火可燃。与氧化物发生剧烈反应。不能与硝酸、硝基苯+甘油、发烟硫酸、臭氧、过氯酸+甲醛、过氧化钾、过氧化钠等许多物质共存。

2)毒理学资料

(1)侵入途径。

皮肤、呼吸道和消化道。

(2)中毒。

毒性:中等毒性。

急性毒性:LD_{50} 442 mg/kg(大鼠经口);820 mg/kg(兔经皮);LC_{50} 175 ppm,7 h(小鼠吸入)。

亚急性和慢性毒性:大鼠吸入 19 mg/m^3,6 h/d,23 周时高铁血蛋白升高至 600 mg/mL。

致突变性:微粒体诱变实验:鼠伤寒沙门氏菌 100 μg/皿。姊妹染色单体交换:小鼠腹腔内 210 mg/kg。

(3)临床表现。

苯胺的毒作用,主要因形成的高铁血红蛋白所致,造成组织缺氧,引起中枢神经系统、心血管系统和其他脏器损害。

急性中毒:中毒者的口唇、指端、耳廓发绀,病人有恶心、呕吐、手指发麻、精神恍惚等症状;重度中毒者,皮肤、黏膜严重青紫,出现心悸、呼吸困难、抽搐甚至昏迷、休克;重者可出现溶血性黄疸、中毒性肝炎、中毒性肾损伤。

慢性中毒:患者有神经衰弱综合征表现,伴有轻度发绀、贫血和肝、脾肿大。皮肤接触可发生湿疹。

4. 环境行为

在生产和使用苯胺的行业中以及在储运过程中的意外事故均会造成对环境的污染、对人体危害。

5. 监测分析方法

监测分析方法见表 1-102。

表 1-102 监测分析方法

监测方法类别	监测方法	检测范围
现场应急监测方法	检气管法	1 ~ 30 ppm
	直接进水样气相色谱法	依仪器性能而定
	便携式气相色谱法	
	气体速测管	
实验室监测方法	高效液相色谱法	最低检出限:0.01 ~ 0.001 mg/m^3(采样体积为 80 L)
	N-(1-萘基)乙二胺偶氮分光光度法	最低检出限:0.03 mg/L
	溶剂解吸气相色谱法(WS/T 142—1999)	最低检出限:1.0 μg/mL
	溶剂解吸高效液相色谱法(WS/T 170—1999)	最低检出限:0.90 mg/m^3(采样体积为 10 L)
	N-(1-萘基)-乙二胺偶氮分光光度法(GB/T 11889—1989)	最低检出限:0.007 mg/m^3(采样体积为 30 L)
	气相色谱法	0.056 ~ 0.093 mg/L

6. 环境标准

环境标准见表 1-103。

表 1-103 环境标准

标准名称	限值范围	浓度限值
工业企业设计卫生标准（GBZ 1—2010）	工作场所有害物质的容许浓度	3 mg/m^3（TWA）
大气污染物综合排放标准（GB 16297—1996）	最高容许浓度	25 mg/m^3（现有） 20 mg/m^3（新建）
	无组织排放监控浓度限值	0.5 mg/m^3（现有 0.4 mg/m^3（新建）
地表水环境质量标准（GB 3838—2002）	集中式生活饮用水地表水源地特定项目标准限值	0.1 mg/L
污水综合排放标准（GB 8978—1996）	第二类污染物最高允许排放浓度（1998 年 1 月 1 日后建设的单位）	一级:1.0 mg/L 二级:2.0 mg/L 三级:5.0 mg/L
	嗅觉阈浓度	0.37 ~ 4.15 mg/m^3

1.2.2.8 硝基苯

1. 物质基本信息

硝基苯，有机化合物，又名密斑油、苦杏仁油，无色或微黄色、具苦杏仁味的油状液体。难溶于水，密度比水大；易溶于乙醇、乙醚、苯和油。遇明火、高热会燃烧、爆炸。与硝酸反应剧烈。

2. 主要来源与用途

可作为有机合成中间体及用作生产苯胺的原料。用于生产染料、香料、炸药等有机合成工业。

3. 危险特性与感官信息

1）燃爆危险

闪点 87.78 ℃。自燃点 482.22 ℃。稳定，不聚合。危险性：可燃。遇热、明火或氧化剂易着火、爆炸。能与（苯胺 + 甘油）、N_2O_4、$AgClO_4$、HNO_3 发生激烈反应，放出大量热。有毒。能通过皮肤、呼吸道或消化道吸收。

2）毒理学资料

（1）侵入途径。

经肺吸收，也可经皮肤缓慢吸收。液体易经皮肤吸收。

（2）急性中毒。

人（男性）LDL_0：35 mg/kg。

大鼠吸入 LC_{50}：556 ppm/4H。小鼠经口 LD_{50}：590 mg/kg。兔经皮 LDL_0：600 mg/kg。

硝基苯污染皮肤后的吸收率为 2 mg/(cm^2 · h)，其蒸气可同时经皮肤和呼吸道吸收，在体内总滞留率可达 80%。硝基苯的转化物主要为对氨基酚，还有少量间硝基酚与对硝基酚，以及邻氨基酚与间氨基酚。生物转化所产生的中间物质，其毒性常比其母体为强。硝基苯在体内经转化后，水溶性较高的转化物即可经肾脏排出体外，完成其解毒过程。

硝基苯的主要毒性作用如下：

①形成高铁血红蛋白的作用：主要是硝基苯在体内生物转化所产生的中间产物对氨基酚、间硝基酚等的作用。

②溶血作用：发生机制与形成高铁血红蛋白的毒性有密切关系。硝基苯进入人体后，经过转化产生的中间物质，可使维持细胞膜正常功能的还原型谷胱甘肽减少，从而引起红细胞破裂，发生溶血。

③肝脏损害：硝基苯可直接作用于肝细胞导致肝实质病变。引起中毒性肝病、肝脏脂肪变性。严重者可发生亚急性重型肝炎。

④急性中毒者还有肾脏损害的表现，此种损害也可继发于溶血。

(3)临床表现。

硝基苯中毒可在工作接触时或工作后经几小时的潜伏期发病。高铁血红蛋白达 10% ~15% 时，患者黏膜和皮肤开始出现发绀。最初，口唇、指(趾)甲、面颊、耳壳等处呈蓝褐色；舌部的变化最明显。高铁血红蛋白达 30% 以上时，其他神经系统症状随之发生，头部沉重感、头晕、头痛、耳鸣、手指麻木、全身无力等相继出现。高铁血红蛋白升至 50% 时，可出现心悸、胸闷、气急、步态蹒跚、恶心、呕吐，甚至昏厥等。如高铁血红蛋白进一步增加到 60% ~70% 时，患者可发生休克、心律失常、惊厥，以致昏迷。经及时抢救，一般可在 24 h 内意识恢复，脉搏和呼吸逐渐好转，但头昏、头痛等可持续数天。高铁血红蛋白的致死浓度在 85% ~90%。

肾脏受到损害时，出现少尿、蛋白尿、血尿等症状，严重者可无尿。

血红细胞出现赫恩滋小体的百分比高者，可出现溶血性贫血，红细胞计数可于 3 ~4 天内迅速降低，但经积极治疗，在 1 ~2 周后逐渐回升。

急性肝病常在中毒后 2 ~3 天左右出现肝脏肿大、压痛、消化障碍、黄疸、肝功能异常。

急性硝基苯中毒的神经系统症状较明显，中枢神经兴奋症状出现较早，严重者可有高热，并有多汗、缓脉、初期血压升高、瞳孔扩大等自主神经系统紊乱症状。硝基苯对眼有轻度刺激性。对皮肤由于刺激或过敏可产生皮炎。

4. 环境行为

硝基苯在水中具有极高的稳定性。由于其密度大于水，进入水体的硝基苯会沉入水底，长时间保持不变。又由于其在水中有一定的溶解度，所以造成的水体污染会持续相当长的时间。硝基苯的沸点较高，自然条件下的蒸发速度较慢，与强氧化剂反应生成对机械震动很敏感的化合物，能与空气形成爆炸性混合物。倾翻在环境中的硝基苯，会散发出刺鼻的苦杏仁味。80 ℃以上其蒸气与空气的混合物具爆炸性，倾倒在水中的硝基苯，以黄绿色油状物沉在水底。当浓度为 5 mg/L 时，被污染水体呈黄色，有苦杏仁味。当浓度达

100 mg/L 时，水几乎是黑色的，并分离出黑色沉淀。当浓度超过 33 mg/L 时，可造成鱼类及水生生物死亡。吸入、摄入或经皮肤吸收均可引起人员中毒。中毒的典型症状是气短、眩晕、恶心、昏厥、神志不清、皮肤发蓝，最后会因呼吸衰竭而死亡。

5. 监测分析方法

监测分析方法见表 1-104。

表 1-104　监测分析方法

监测方法类别	监测方法	检测范围
现场应急监测方法	检气管法	依仪器性能而定
	水质快速测定仪	
	多功能气体测定仪	
	便携式气相色谱法	
实验室监测方法	苯吸收填充柱气相色谱法（GB/T 13194—1991）	最低检出限：0.005 mg/m^3
	锌还原—盐酸萘乙二胺分光光度计（GB/T 15501—1995）	最低检出限：6 ~ 1 000 mg/m^3
	固体吸附气相色谱法	最低检出限：0.000 6 mg/m^3
	气相色谱法	最低检出限：0.000 2 mg/L

6. 环境标准

环境标准见表 1-105。

表 1-105　环境标准

标准名称	限值范围	浓度限值
大气污染物综合排放标准（GB 16297—1996）	最高容许浓度	20 mg/m^3（现有） 16 mg/m^3（新建）
	无组织排放监控浓度限值	0.050 mg/m^3（现有） 0.040 mg/m^3（新建）
地表水环境质量标准（GB 3838—2002）	集中式生活饮用水地表水源地特定项目标准限值	0.017 mg/L
污水综合排放标准（GB 8978—1996）	第二类污染物最高允许排放浓度（1998 年 1 月 1 日后建设的单位）	一级：2.0 mg/L 二级：3.0 mg/L 三级：5.0 mg/L
工业企业设计卫生标准（GBZ 1—2010）	工作场所有毒物质接触的容许浓度	2 mg/m^3（TWA）
	嗅觉阈浓度	5.12 mg/m^3

1.2.2.9 三硝基甲苯

1. 物质基本信息

三硝基甲苯(TNT)为白色或苋色淡黄色针状结晶,无臭,有吸湿性。溶于乙醚、丙酮、苯和脂肪,不溶于水。

2. 主要来源与用途

用作炸药,在生产、运输、保管及使用中可接触到三硝基甲苯。

3. 危险特性与感官信息

1)燃爆危险

遇碱则生成不安定的爆炸物。对机械作用敏感(敏感度较苦味酸低)。在65%相对湿度下吸湿0.05%。为安全起见,常加水(10%~30%)作稳定剂。爆燃点:300 ℃;爆轰气体体积:620 L/kg;爆热:5 066 kJ/J;氧平衡:-73.9%;蒸气压:6.13 Pa(82 ℃);生成能:-185 kJ/kg;撞击感度:15 kJ/J N·m。撞击、摩擦,接触明火、高温,以及突然受热,都能引起燃烧、爆炸。

2)毒理学资料

(1)侵入途径。

可经无损皮肤吸收,有TNT污染皮肤引起严重中毒甚至死亡的病例报道。蒸气或粉尘可经呼吸道吸入,粉尘可经口摄入。

(2)急性中毒。

主要的急性毒作用为肝脏、造血系统损害。

TNT可引起中毒性肝病、亚急性重型肝炎。造成肝脏损害的机制,有人认为是TNT直接作用于肝细胞,由于肝细胞变性和毛细血管闭锁而导致明显的黄疸。另外,肝细胞产生自体溶解和破坏。

TNT对血液的最大毒作用是抑制骨髓内红细胞生成和形成高铁血红蛋白。TNT可使G6PD缺乏者发生溶血性贫血,溶血最后导致骨髓造血功能衰竭。TNT或其代谢产物对骨髓造血组织可产生直接抑制而发生再生障碍性贫血。再生障碍性贫血多发生于年龄较大者。TNT可使高铁血红蛋白形成,使血红蛋白失去携氧能力。

(3)临床表现。

急性中毒的一般症状:头昏、头痛、发绀、恶心、呕吐、上腹痛、无力、食欲不振、口苦。呼吸道和皮肤等的刺激症状:鼻痒、打嚏、咽干、流泪。短期大量皮肤接触可出现皮肤、毛发、指甲黄染及皮炎。TNT及其代谢产物对泌尿道黏膜有刺激作用,可产生尿急、尿频、排尿灼痛等症状。

4. 环境行为

三硝基甲苯燃烧会产生一氧化碳、二氧化碳、氧化氮,对大气环境造成一定影响。

5. 监测分析方法

监测分析方法见表1-106。

表 1-106 监测分析方法

监测方法类别	监测方法	检测范围
现场应急监测方法	废水中 2,4,6-三硝基甲苯的离子交换树脂现场检测	依仪器性能而定
实验室监测方法	气相色谱法(GB/T 13904—1992,水质)	最低检出限:0.02 mg/L
	亚硫酸钠分光光度法(GB/T 13905—1992,水质)	0.2~10 mg/L
	乙醇—碱比色法[《空气中有害物质的测定方法(第二版)》]	—

6. 环境标准

环境标准见表 1-107。

表 1-107 环境标准

标准名称	限值范围	浓度限值
工业企业设计卫生标准(GBZ 1—2010)	工作场所职业接触有害物质的容许浓度	0.2 mg/m^3(TWA) 0.5 mg/m^3(STEL)
中国(GB 4274—84)	梯恩梯工业水污染物排放标准	0.5~30.0 mg/L(总硝基化合物,以 2,4-DNT 和 α-DNT 计)

1.2.2.10 对苯二甲酸

1. 物质基本信息

对苯二甲酸又称松油苯二甲酸、1,4-苯二甲酸,分子式为 $C_8H_6O_4$ 或 $HOOCC_6H_4COOH$,白色结晶或粉末,常温下为固体,加热不熔化,300 ℃以上升华。若在密闭容器中加热,可于 425 ℃熔化。常温下难溶于水。对酞酸具有刺激性、低毒性。不溶于水,不溶于四氯化碳、醚、乙酸,微溶于乙醇,溶于碱液。

2. 主要来源与用途

用于制造合成树脂、合成纤维和增塑剂等。

3. 危险特性及感官信息

1)燃爆危险

遇高热、明火或与氧化剂接触,有引起燃烧的危险。

2)毒理学资料

对眼睛、皮肤、黏膜和上呼吸道有刺激作用,未见职业中毒的报道。

4. 环境行为

燃烧(分解)产物为一氧化碳、二氧化碳。

5. 监测分析方法

监测分析方法见表 1-108。

表 1-108 监测分析方法

监测方法类别	监测方法	检测范围
现场应急监测方法	暂无	—
实验室监测方法	紫外分光光度法	最低检出限:0.04 mg/L

6. 环境标准

环境标准见表 1-109。

表 1-109 环境标准

标准名称	限值范围	浓度限值
工业企业设计卫生标准(GBZ 1—2010)	工作场所职业接触有害物质的容许浓度	8 mg/m^3(TWA)
		15 mg/m^3(STEL)

1.2.2.11 二甲苯

二甲苯包括邻二甲苯、间二甲苯、对二甲苯、二甲苯异构体混合物。

1. 物质基本信息

物质基本信息见表 1-110。

表 1-110 物质基本信息

类型	邻二甲苯(1,2 - Xylene)	间二甲苯(1,3 - Xylene)	对二甲苯(1,4 - Xylene)	二甲苯异构体混合物(Xylene mixed isomers)
CAS 号	95 - 47 - 6	108 - 38 - 3	106 - 42 - 3	—
分子式	$C_6H_4(CH_3)_2$			
分子量	106.18			
外观与性状	无色透明液体,有类似甲苯的气味			
闪点(闭杯)(℃)	32	25	27	25
蒸气压	1.33 kPa(28.3 ℃)	1.33 kPa(32.1 ℃)	1.33 kPa(27.3 ℃)	1.33 kPa(28 ℃)
熔点(℃)	-25.0	-47.4	13.2	25
沸点(℃)	144.4	139.7	138.5	140.5
相对密度(20 ℃)	0.88(水=1);3.66(空气=1)	0.86(水=1);3.66(空气=1)	0.86(水=1);3.66(空气=1)	0.86(水=1);3.66(空气=1)
溶解性	不溶于水,可混溶于乙醇、乙醚、氯仿等多数有机溶剂			
主要用途	用于制造染料和合成纤维等,也作为溶剂使用于油漆、喷漆和橡胶等工业生产中			
危险分类及编号	易燃液体,3.3 类(GB 6944—2012)			

2. 危险特性及感官信息

1)燃爆危险

二甲苯蒸气能与空气混合形成爆炸性混合物。遇高热、明火、氧化剂有引起燃烧的危险。其蒸气比空气重,能扩散相当远,遇火源会回燃。由于流动、搅动等,可产生静电。无聚合危害。燃烧(分解)产物为二氧化碳。二甲苯爆炸极限(与空气体积比)见表1-111。

表1-111　二甲苯爆炸极限(与空气体积比)

名称	邻二甲苯	间二甲苯	对二甲苯	二甲苯异构体混合物
爆炸极限(%)	1.1~6.4	1.1~6.4	1.1~6.6	1.1~6.4

2)毒理学资料

(1)侵入途径。

吸入、食入、经皮吸收。

(2)急性中毒。

二甲苯的三种异构体毒性稍有差异,但均属低急性毒类。其毒性主要是对中枢神经和自主神经系统的麻醉作用,对皮肤黏膜有较强的刺激作用。二甲苯毒性见表1-112。

表1-112　二甲苯毒性

毒性	邻二甲苯	间二甲苯	对二甲苯	二甲苯异构体混合物
LD_{50}(大鼠经口)	2.5 mL/kg	2.5 mL/kg	2.5 mL/kg	4 300 mg/kg
LC_{50}(小鼠吸入1 h)(mg/m^3)	30	50	25	25.17(2 h)
LDL_0(人吸入18 h)(mg/m^3)	—	—	—	44

没有迹象说明二甲苯对动物有致癌性,虽然在皮肤肿瘤形成中,它可以是一种助癌剂。在家兔研究中,如果使用于皮肤并继以皮下注射乌拉坦(Urethanc 氨甲酸乙酯),则皮肤肿瘤的发生率大大增加。

临床表现与甲苯中毒类似。大量吸入后可有明显的中枢神经系统的麻醉作用,如眩晕、无力、步态不稳,重者恶心、呕吐、定向力障碍、意识模糊,甚至抽搐、昏迷。同时可出现自主神经功能紊乱,如面色潮红或苍白、血压偏低、四肢发麻等。较高浓度的二甲苯还有明显的眼及上呼吸道黏膜及皮肤刺激症状,出现结膜及咽部充血、疱性角膜炎、接触性皮炎或皮肤灼伤。急性二甲苯中毒也可能引起心、肝、肾多器官损害,严重者可因多器官衰竭死亡。非职业性误吸或滥用,其临床表现与职业中毒类似,但肝、肾损害更明显些。

工业用二甲苯还含有苯、乙苯、硫酚、吡啶、甲苯等,其混合毒性作用应予以注意。

3.环境行为

1)二甲苯在自然界中的降解和转归

二甲苯能相当持久地存在于饮水中。自来水中二甲苯的浓度为5 mg/L时,其气味强度相当于5级,二甲苯的特有气味则要过7~8天才能消失;气味强度为3级时则需4~5天。河水中二甲苯的气味保持的时间较短,这与起始浓度的高低有关,一般可保留3~5天。由于二甲苯在水溶液中挥发的趋势较强,因此可以认为其在地表水中不是持久性的污染物,但倾泻入水中的二甲苯可漂浮在水面上,或呈油状物分布在水面,可造成鱼类和水生生物的死亡。

二甲苯在环境中也可以生物降解,但这种过程的速度比挥发过程的速率低得多。挥发到空气中的二甲苯也可能被光解,这是它的主要迁移转化过程。

2)二甲苯在生物体内的代谢和蓄积

二甲苯主要经呼吸道进入身体。对全部二甲苯的异构体而言,由肺吸收其蒸气的情况相同,总量达60% ~70%,在整个接触时期中,这个吸收量比较恒定。二甲苯溶液可经完整皮肤以平均吸收率2.25 g/(cm^3 · min)[范围0.7 ~4.3 g/(cm^3 · min)]被吸收,二甲苯蒸气的经皮吸收与直接接触液体相比是微不足道的。

在人和动物体内,吸入的二甲苯除3% ~6%被直接呼出外,二甲苯的三种异构体都有代谢为相应的苯甲酸(60%的邻二甲苯,80% ~90%的间、对二甲苯),然后这些酸与葡萄糖醛酸和甘氨酸起反应。在这个过程中,大量邻苯甲酸与葡萄糖醛酸结合,而对苯甲酸几乎完全与甘氨酸结合生成相应的甲基马尿酸而排出体外。与此同时,可能少量形成相应的二甲苯酚(酚类)与氢化2-甲基-3-羟基苯甲酸(2%以下)。

二甲苯的残留和蓄积并不严重。进入人体的二甲苯,可以在人体的NADP(转酶Ⅱ)和NAD(转酶Ⅰ)存在下生成甲基苯甲酸,然后与甘氨酸结合形成甲基马尿酸,在18 h内几乎全部排出体外。即使是吸入后残留在肺部的3% ~6%的二甲苯,也在接触后的3 h内(半衰期为0.5 ~1 h)全部被呼出体外。

4.环境监测方法

环境监测方法见表1-113。

表1-113　环境监测方法

监测方法类别	监测方法	检测范围
现场应急监测方法	检测管法;便携式气相色谱法	依仪器性能而定
实验室监测方法	《水质苯系物的测定气相色谱法》(GB/T 11890—1989)	检测范围:0.005 ~0.1 mg/L(液上);0.05 ~12 mg/L(二硫化碳萃取)
	《居住区大气中苯、甲苯和二甲苯卫生检验标准方法 气相色谱法》(GB/T 11737—1989)	检测范围:0.02 ~10 mg/m^3(热解吸);0.1 ~20 mg/m^3(二硫化碳萃取)
	《空气质量 甲苯 二甲苯 苯乙烯的测量 气相色谱法》(GB/T 14677—1993)	最低检出浓度:$1\times10^{-3}mg/m^3$(依仪器性能而定,采样体积为1 L)

5.环境标准

环境标准见表1-114。

1.2.3　金属有机物

1.2.3.1　有机汞

1.物质基本信息

有机汞化合物结构式为R—Hg—X,R为有机基团,常为烷基(甲基或乙基)、芳(苯)基或烷氧基。X基团是阴离子,通常为卤素、醋酸根、磷酸根等。有机汞常见的分为烷基汞、苯(芳)基汞和烷氧基汞三类。苯基汞及烷氧基汞在体内迅速降解为无机汞,烷基汞在体内不易分解，无机汞通过自然界生物转化，也可形成有机汞。

表 1-114　环境标准

标准名称	限值范围	浓度限值
工业企业设计卫生标准（GBZ 1—2010）	工作场所空气中有害物质的容许浓度	50 mg/m^3（TWA） 100 mg/m^3（STEL）
大气污染物综合排放标准（GB 16297—1996）	无组织排放监控浓度限值	1.5 mg/m^3（现有） 1.2 mg/m^3（新建）
地表水环境质量标准（GB 3838—2002）	集中式生活饮用水地表水源地特定项目标准限值	0.5 mg/L
污水综合排放标准（GB 8978—1996）	第二类污染物最高允许排放浓度（1998 年 1 月 1 日后建设的单位）	一级：0.4 mg/L 二级：0.6 mg/L 三级：1.0 mg/L （邻、间、对二甲苯）

2. 主要来源与用途

有机汞主要用作农药，如作为杀虫剂拌种、浸种和田间撒布。我国已停止生产有机汞农药，并下令停止使用。国外尚用于园林业、造纸、纺织及皮革业等。上述操作过程中均可有机会接触有机汞。

有机汞的制造生产、运输和储存过程中，船底漆和油漆防霉制作工，亦有接触机会。

生活性中毒，常因误食被有机汞污染的粮食，误食被汞（通过细菌甲基作用成有机汞）污染的水中鱼及甲壳类所致，如日本水俣病即为典型例子。

3. 危险特性及感官信息

1）燃爆危险

不燃。

2）毒理学资料

（1）侵入途径。

吸入、食入、经皮吸收。

（2）急性中毒。

有机汞中毒的临床表现与有机汞的种类、剂量大小、进入途径等不同因素有关，烷基汞类中毒较苯基和烷氧基类汞中毒严重。此外，烷基汞可通过胎盘使胎儿中毒，胎儿血汞及脑中汞的含量比母体高。急性、亚急性中毒，多因口服引起，职业性中毒很少见，口服大量有机汞后，多发生典型的有机汞中毒，主要表现在以下几个方面：

①消化道刺激症状。服后半小时到数小时出现，表现口腔炎、上腹灼痛、恶心、呕吐、食欲缺乏、腹泻，甚至血便。

②神经精神症状。是有机汞中毒最突出的症状，表现神经衰弱综合症、精神障碍、中毒性脊髓及多发性神经病，重者神志障碍、谵妄、昏迷。

在神经症的基础上，可发展为脑-脊髓-周围神经病，初感舌、口唇麻木，明显四肢无力，尤其双下肢，行走困难，严重时出现完全性瘫痪。检查初期肌张力增强，腱反射亢进，后期有肌张力减低、腱反射消失、四肢末梢痛觉减退。脑部受损时表现表情淡漠、言语缓慢、重复言语、遗忘、多疑、幻觉、妄想，随着病情加重，可出现不同程度意识障碍、抽搐谵妄以致昏迷。同时可出现椎体外系受损，表现为肢体、舌、下颌部粗大、静止性震颤、步态异常、假面具样表情。小脑受损表现构音不全、谈吐不清、书写困难等共济失调症状。颅神经受损可出现向心性视野缩小（管状视野）、眼肌不全麻痹、自发性水平性眼球震颤、咀嚼无力、张口困难、听力减退。肌电图检查显示运动神经元障碍，头颅 CT 检查可见大、小脑萎缩。

③可伴有肝、肾、心脏、皮肤损害，出现肝肿大，肝区痛，黄疸，肝功能测定异常；肾脏损害，早期多尿，后期少尿，无尿，甚至出现急性肾功能衰竭；有机汞可侵及心脏，出现心律不齐、电力图异常；皮肤改变，发生接触性皮炎、汞毒性皮炎，甚至剥脱性皮炎，危及生活。检查尿汞，尿汞增高，血钾偏低。

4. 环境行为

水体中只有甲基汞和二甲基汞才在自然条件下出现，它们可由二价汞通过各种机制产生。除甲基汞外，其他有机汞化合物在环境中可迅速分解，往往分解成有机化合物。二甲基汞和二酚基汞化合物均易于挥发，非极性，难溶于水。

5. 监测分析方法

监测分析方法见表 1-115。

表 1-115　监测分析方法

监测方法类别	监测方法	检测范围
现场应急监测方法	暂无	—
实验室监测方法	气相色谱法（GB/T 17132—1997）	检出限：1×10^{-8} mg/L

6. 环境标准

环境标准见表 1-116。

表 1-116　环境标准

标准名称	限值范围	浓度限值
工业企业设计卫生标准（GBZ 1—2010）	工作场所职业接触有害物质的最高容许浓度（以 Hg 计）	0.01 mg/m^3（TWA） 0.03 mg/m^3（STEL）
地表水环境质量标准（GB 3838—2002）	集中式生活饮用水地表水源地特定项目标准限值	1.0×10^{-6} mg/L

1.2.3.2　四乙基铅

1. 物质基本信息

四乙基铅，分子式为 $Pb(C_2H_5)_4$。为略带水果香甜味的无色透明油状液体，约含铅 64%。常温下极易挥发，即使 0 ℃时也可产生大量蒸气，其比重较空气稍大。遇光可分解产生三乙基铅。有高度脂溶性，不溶于水，易溶于有机溶剂。

2. 主要来源与用途

四乙基铅用于汽油抗震添加剂,提高辛烷值,以及用于有机合成。

3. 危险特性及感官信息

1)燃爆危险

高于 77 ℃时,可能形成爆炸性蒸气-空气混合物。与强氧化剂剧烈反应,有着火和爆炸危险。与酸、卤素、油和脂肪发生反应。侵蚀橡胶、某些塑料和涂料。当加热到 110 ℃以上时,在光作用下分解生成一氧化碳和铅有毒烟雾。无聚合危害。

2)毒理学资料

(1)侵入途径。

吸入、食入、经皮吸收。

(2)急性中毒。

人吸收四乙基铅 8.9 mg/kg 大约可生存 4 天;吸收 30.1 mg/kg 只能生存 4 h。在生产环境空气中四乙基铅浓度达 100 mg Pb/m^3 时,人吸入 1 h 即可造成中毒,浓度为 1.0 mg Pb/m^3、0.6 mg Pb/m^3、0.4 mg Pb/m^3 或 0.28 mg Pb/m^3 时分别容许接触 1 h、2 h、3 h、4 h。如浓度降至 75 μg Pb/m^3,可安全接触 8 h。

国际癌症研究机构(IARC)致癌性评论:动物不明确。四乙基铅的动物实验表明可能引发癌症。Epstem 和 Mcntc 给出生 21 天小鼠皮下注射 0.6 mg 四乙基铅(分 4 次等剂量),发现恶性淋巴癌发生明显增加,在第一次注射后的 36~51 周就观察到 3 个肿瘤。

4. 环境行为

在环境中的四乙基铅可产生感光降解,其感光降解主要是与羟基分子反应,降解速率比较缓慢。经光和热的作用,其逐步降解为三乙基铅,再进一步降解为无机铅。

生物体内的四乙基铅不甚稳定,四乙基铅蒸气压在 20 ℃时为 3.3×10^{-2} kPa,但被肺吸收的速度很快,所以,经肺是四乙基铅的主要入侵途径。其次因四乙基铅是脂溶性化合物,所以也比较容易被皮肤及黏膜所吸收。所以,如果皮肤长期接触四乙基铅汽油,则有中毒的危险,被吸收的四乙基铅,容易通过血脑屏障,大量转移到脑内。人体组织中的四乙基铅,经 14 天后就全部代谢变成无机铅,而作为加铅汽油中与四乙基铅混合使用的四甲基铅,其降解速度则慢得多。

5. 监测分析方法

监测分析方法见表 1-117。

表 1-117 监测分析方法

监测方法类别	监测方法	检测范围
现场应急监测方法	四羧酲试纸比色法	依仪器性能而定
	速测仪法	
	分光光度法	
	阳极溶出伏安法	

续表 1-117

监测方法类别	监测方法	检测范围
实验室监测方法	《双硫腙分光光度法》(GB/T 7470—1987)	0.01～0.3 mg/L
	《火焰原子吸收法》(GB/T 7475—1987)	0.2～10 mg/L
	APDC—MIBK 萃取火焰原子吸收法[《水和废水监测分析方法》(第四版)]	10～200 μg/L
	在线富集流动注射火焰原子吸收法[《水和废水监测分析方法》(第四版)]	最低检出浓度:5 μg/L
	石墨炉原子吸收法(《水和废水监测分析方法》(第四版))	1～5 μg/L
	阳极溶出伏安法[《水和废水监测分析方法》(第四版)]	最低检出浓度:0.5 μg/L
	示波极谱法[《水和废水监测分析方法》(第四版)]	最低检出浓度:10^{-6} mol/L
	火焰原子吸收分光光度法(GB/T 15264—1994)	最低检出浓度:2.5×10^{-4} mg/m^3(采样体积为 100 m^3)
	石墨炉原子吸收分光光度法[《空气和废气监测分析方法》(第四版)]	最低检出浓度: 5×10^{-3} μg/m^3(采样体积为 10 m^3)
	火焰原子吸收分光光度法[《空气和废气监测分析方法》(第四版)]	0.05～50 mg/m^3
	石墨炉原子吸收分光光度法[《空气和废气监测分析方法》(第四版)]	当将采集 10 m^3气体的滤膜制备成 25 mL 样品时,最低检出限为 8×10^{-3} μg/m^3,测量范围 25×10^{-3}～250×10^{-3} μg/m^3
	络合滴定法[《空气和废气监测分析方法》(第四版)]	20 mg/m^3以上

6. 环境标准

环境标准见表 1-118。

1.2.4 有机硅化合物

1.2.4.1 **氯硅烷**

1. 物质基本信息

氯硅烷是一种有刺激性恶臭的无色透明液体,遇明火强烈燃烧;受高热分解产生有毒的氯化物气体;该物质能与氧化剂发生反应,有燃烧危险;同时极易挥发,在空气中发烟,遇水或水蒸气能产生热和有毒的腐蚀性烟雾,在碱液中分解放出氢气。当储有液态 $SiHCl_3$ 的容器受到强烈撞击时会着火;三氯硅烷有水分时腐蚀性极强;可溶解于苯、醚等。

表 1-118 环境标准

标准名称	限值范围	浓度限值
地表水环境质量标准(GB 3838—2002)	集中式生活饮用水地表水源地特定项目标准限值	0.000 1 mg/L
工业企业设计卫生标准(GBZ 1—2010)	工作场所有毒物质接触的容许浓度	0.02 mg/m^3(TWA)

2. 主要来源与用途

用于制造硅酮化合物。

3. 危险特性与感官信息

1)危险特性

对眼和呼吸道黏膜有强烈刺激作用。高浓度下,引起角膜混浊、呼吸道炎症,甚至肺水肿,并可伴有头昏、头痛、乏力、恶心、呕吐、心慌等症状。溅在皮肤上,可引起组织坏死,溃疡长期不愈。动物慢性中毒可见慢性卡他性气管炎、支气管炎及早期肺硬化。

2)毒理学资料

急性毒性:LD_{50} 1 030 mg/kg(大鼠经口);LC_{50} 1 500 mg/m^3,2 h(小鼠吸入)。

刺激性:家兔经眼:5 mg/m^3,引起刺激。对皮肤、黏膜有强烈的刺激和腐蚀作用。

亚急性和慢性毒性:可见卡他性气管炎、支气管炎及肺硬化表现。

4. 环境行为

三氯硅烷遇明火强烈燃烧。受高热分解产生有毒的氯化物气体。与氧化剂发生反应,有燃烧危险。极易挥发,在空气中发烟,遇水或水蒸气能产生热和有毒的腐蚀性烟雾。

燃烧(分解)产物:氯化氢、氧化硅。

5. 监测分析方法

监测分析方法见表 1-119。

表 1-119 监测分析方法

监测方法类别	监测方法	检测范围
现场应急监测方法	暂无	—
实验室监测方法	色谱-质谱鉴别和气相色谱法	检出限:1×10^{-8} mg/L

6. 环境标准

暂无。

1.2.4.2 四氯化硅

1. 物质基本信息

四氯化硅是一种有强烈刺激性气味的无色发烟液体，遇水或水蒸气能产生热和有毒的腐蚀性烟雾，不燃，有强腐蚀性、强刺激性，可致人体灼伤；受热或遇水分解放热，放出有毒的腐蚀性烟气；可混溶于苯、氯仿、石油醚等多数有机溶剂。

2. 主要来源与用途

四氯化硅广泛用于制造有机硅化合物，如硅酸酯、有机硅油、高温绝缘漆、有机硅树脂、硅橡胶和耐热垫衬材料。高纯度四氯化硅为制造多晶硅、高纯二氧化硅和无机硅化合物、石英纤维的材料。军事工业上用于制造烟幕剂。冶金工业上用于制造耐腐蚀硅铁。铸造工业上用作脱模剂。

3. 危险特性及感官信息

1）危险特性

受热或遇水分解放热，放出有毒的腐蚀性烟气。在潮湿空气存在下，对很多金属有腐蚀性。

2）毒理学资料

（1）中毒。

急性毒性：LD_{50} 1 030 mg/kg（大鼠经口）；LC_{50} 1 500 mg/m^3，2 h（小鼠吸入）。

刺激性：家兔经眼：5 mg/m^3，引起刺激。对皮肤、黏膜有强烈的刺激和腐蚀作用。

亚急性和慢性毒性：可见卡他性气管炎、支气管炎及早期肺硬化表现。

（2）中毒临床表现。

四氯化硅对眼睛及上呼吸道有强烈刺激作用。高浓度可引起角膜混浊、呼吸道炎症，甚至肺水肿。眼直接接触可致角膜及眼睑严重灼伤。皮肤接触后可引起组织坏死。本品可引起溶血反应而导致贫血。

4. 环境行为

燃烧（分解）产物：氯化氢、氧化硅。

5. 监测分析方法

监测分析方法见表 1-120。

表 1-120　监测分析方法

监测方法类别	监测方法	检测范围
现场应急监测方法	暂无	—
实验室监测方法	气相色谱法（GB/T 17132—1997）	

6. 环境标准

暂无。

1.3 油类及其性质

1.3.1 汽油

1.3.1.1 物质基本信息

汽油是有汽油味的无色或者淡黄色油状液体，易燃、易挥发，不溶于水，易溶于苯、二硫化碳、醇、脂肪。

1.3.1.2 主要来源与用途

主要用作汽油机的燃料，用于橡胶、制鞋、印刷、制革、颜料等行业，也可用作机械零件的去污剂。

1.3.1.3 危险特性与感官信息

1. 危险特性

对中枢神经系统有麻醉作用。轻度中毒症状有头晕、头痛、恶心、呕吐、步态不稳、共济失调等。高浓度吸入出现中毒性脑病。极高浓度吸入引起意识突然丧失、反射性呼吸停止。可伴有中毒性周围神经病及化学性肺炎。部分患者出现中毒性精神病。液体吸入呼吸道可引起吸入性肺炎。溅入眼内可致角膜溃疡、穿孔，甚至失明。皮肤接触致急性接触性皮炎，甚至灼伤。吞咽引起急性胃肠炎，重者出现类似急性吸入中毒症状，并可引起肝、肾损害。

2. 毒理学资料

1) 中毒

侵入途径：吸入、食入、经皮吸收。

急性中毒：汽油属低毒类。含四乙基铅汽油的毒性较一般直馏汽油强。吸入汽油蒸气能引起头痛、眩晕、恶心、心动过速等现象。吸入大量蒸气时，会引起严重的中枢神经障碍。空气中浓度为0.02%（体积分数）时，对敏感的人有轻度的症状。长期皮肤接触工业性汽油会产生脱脂作用。误饮汽油引起呕吐、消化道的黏膜刺激症状，进而出现抽搐、不安、心力衰弱、呼吸困难等。

2) 中毒临床表现

汽油为麻醉性毒物，急性汽油中毒主要引起中枢神经系统和呼吸系统损害，病变以中枢神经系统为主。病理上可见软脑膜出血及瘀血，大脑白质广泛水肿，基底核、视丘和下视丘部位神经细胞出现变性坏死；周围神经组织出现疏松、淋巴细胞浸润以及伴脱髓鞘现象。双肺下叶有散在性痰症和水肿，伴有大量巨噬细胞反应和少量嗜酸细胞浸润、肺间质内小血管出现急性纤维蛋白变性。此外，还伴有肾小球和肾小管细胞混浊肿胀、肝瘀血、肝细胞肿胀和脂肪变、脾瘀血及出血性胰腺炎等。吸入浓度极高的猝死者，病理改变主要在呼吸系统。

接触汽油蒸气致轻度急性中毒时，先有中枢神经受累和黏膜刺激症状，如头晕、头痛、乏力、恶心、视力模糊、复视、步态不稳、震颤、容易激动、酩酊感和短暂意识障碍，以及流泪、流涕、眼结膜充血和咳嗽等黏膜刺激表现。部分患者可有惊恐不安、欣快感、幻觉、抑郁或多语等精神症状。及时脱离接触和治疗后常于短时间内恢复。

重度急性中毒时,患者有中毒性脑病表现,如昏迷、腹壁和腱反射低下及强直性抽搐等。部分患者有急性颅内压增高表现,如血压和脉搏波动、呼吸浅快或深慢、发绀、颈项强直、视盘水肿、中枢性高热、病理反射、脑脊液压力增高等。

吸入极高浓度汽油蒸气者可猝死,死前可先有头昏、恶心、呕吐、昏迷和抽搐等急性颅内压增高表现,以及呼吸困难、心律失常和心衰。

液态汽油被吸入呼吸道可造成汽油吸入性肺炎,常见于司机用口吸油管或工人坠落油罐等事故。患者有剧烈呛咳、血痰、胸痛、呼吸困难、发绀和肺部罗音等。数小时后白细胞数可明显增高,血沉加快。X 射线检查可见肺纹理增粗、与肺门相连的浸润性炎症阴影,以及渗出性胸膜炎等。

口服汽油可引起口腔、咽及胸骨后烧灼感,恶心、频繁呕吐、腹痛、腹泻和消化道出血,并有肝大、压痛和肝酶活性异常。

皮肤接触汽油可发生脱脂和皮炎,出现红斑、水疱和瘙痒等,接触时间过长可造成皮肤灼伤。

急性汽油中毒诱发心律失常和心肌梗死的病例已屡有报道。

多数急性汽油中毒患者脱离现场及治疗后短期内会恢复,但个别病情较重的患者可有球后视神经炎、头痛、智力和记忆力减退等后遗症。

1.3.1.4 环境行为

汽油为麻醉性毒物,主要引起中枢神经系统功能障碍,低浓度引起条件反射的改变,高浓度引起呼吸中枢麻痹。汽油随着产地、品种,亦即成分之不同而毒性也有所不同,初馏点低的汽油,挥发性较大,因而增加吸入危害。气温升高时,汽油的危害作用加剧。汽油蒸汽与一氧化碳同时吸入,其毒性增强,汽油中不饱和烃、芳香烃、硫化物(硫醇、硫醚等),以及添加剂愈多,毒性愈大。

1.3.1.5 监测分析方法

可测总烃或非甲烷烃。监测分析方法见表 1-121。

表 1-121 监测分析方法

监测方法类别	监测方法	检测范围
实验室监测方法	《环境空气 总烃的测定 气相色谱法》(GB/T 15263—1994)	检出限:0.14 mg/m^3
	总烃和非甲烷烃测定方法一[《空气和废气监测分析方法》(第四版)]	检出限:0.2 ng(以甲烷计,仪器噪声的 2 倍,进样量 1 mL)
	气相色谱法测定非甲烷烃[《空气和废气监测分析方法》(第四版)]	检出限:0.02 mg/m^3(以正戊烷计)

1.3.1.6 环境标准

环境标准见表 1-122。

表 1-122 环境标准

标准名称	限值范围	浓度限值
大气污染物综合排放标准（GB 16297—1996）	无组织排放监控浓度限值	5.0 mg/m^3（现有）
		4.0 mg/m^3（新建）
	最高允许排放浓度	150 mg/m^3（现有）
		120 mg/m^3（新建）

1.3.2 柴油

1.3.2.1 物质基本信息

柴油是一种有柴油味的金黄色油状液体，易燃、易挥发；不溶于水，易溶于醇和其他有机溶剂。

1.3.2.2 主要来源与用途

用作柴油机的燃料。

1.3.2.3 危险特性与感官信息

1. 危险特性

皮肤接触可为主要吸收途径，可致急性肾脏损害。柴油可引起接触性皮炎、油性痤疮。吸入其雾滴或液体呛入可引起吸入性肺炎。能经胎盘进入胎儿血中。柴油废气可引起眼、鼻刺激症状，头晕及头痛。

2. 毒理学资料

1）中毒

侵入途径：吸入、食入、经皮吸收。

急性中毒：柴油的毒性近似煤油，由于添加剂的影响煤油略大。柴油沸点较高，蒸气吸入机会较少。皮肤为主要吸收途径，皮肤接触可引起接触性皮炎，主要是双手和前臂出现红斑、水肿、丘疹，反复接触可致局部皮肤浸润增厚，间有轻度糜烂、渗出、结痂、皲裂等。主要由所含杂质（如金属粉屑等）的机械化学刺激引起，个别为过敏所致。柴油可通过孕妇胎盘进入胎儿血中。

2）中毒临床表现

急性柴油中毒主要表现为神经系统抑制。曾报道工人进入装柴油的船舶内仅 2 min，即感头晕、胸闷和无力，5 min 后意识丧失。

短期内吸入大量柴油雾滴可导致化学性肺炎。曾有工人吸入柴油油雾 15 min 即发生严重的吸入性肺炎。

有报道皮肤接触柴油数周后出现急性肾小管坏死和急性肾功能衰竭，经治疗后恢复。

1.3.2.4 环境行为

因杂质及添加剂（如硫化酯类）不同而毒性可有差异。对皮肤和黏膜有刺激作用。也可有轻度麻醉作用。

1.3.2.5 监测分析方法

可测总烃或非甲烷烃。监测分析方法见表 1-123。

表 1-123　监测分析方法

监测方法类别	监测方法	检测范围
实验室监测方法	《环境空气 总烃的测定 气相色谱法》(GB/T 15263—1994)	检出限:0.14 mg/m³
	总烃和非甲烷烃测定方法一[《空气和废气监测分析方法》(第四版)]	检出限:0.2 ng(以甲烷计,仪器噪声的2倍,进样量1 mL)
	气相色谱法测定非甲烷烃[《空气和废气监测分析方法》(第四版)]	检出限:0.02 mg/m³(以正戊烷计)

1.3.2.6　环境标准

环境标准见表 1-124。

表 1-124　环境标准

标准名称	限值范围	浓度限值
大气污染物综合排放标准(GB 16297—1996)	无组织排放监控浓度限值	5.0 mg/m³(现有) 4.0 mg/m³(新建)
	最高允许排放浓度	150 mg/m³(现有) 120 mg/m³(新建)

1.3.3　煤油

1.3.3.1　物质基本信息

煤油,低黏性液体,有特殊气味。可与石油系溶剂混溶。对水的溶解度非常小,含有芳香烃的煤油对水的溶解度比脂肪烃煤油要大。煤油能溶解无水乙醇。

1.3.3.2　主要来源与用途

煤油用作点灯照明和燃料。还用于慢干性涂料、底漆、磁漆、醇酸树脂清漆和沥青漆的溶剂。

1.3.3.3　危险特性及感官信息

1. 燃爆危险

易燃。闪点 >40 ℃,自燃点 210 ℃。蒸气能与空气形成爆炸性混合物,爆炸极限 0.7% ~5%(体积分数)。遇高热、明火、氧化剂有燃烧的危险,燃烧(分解)产物为二氧化碳。由于流动、搅动等,可能产生静电,无聚合危险。

2. 毒理学资料

1)侵入途径

吸入、食入、经皮吸收。

2) 急性中毒

煤油属低毒和微毒类。主要有麻醉和刺激作用。大鼠、小鼠、豚鼠和家兔经口 LD_{50} 分别为 >28 mg/kg、74.07 mL/kg、20.4 mL/kg 和 28.1 mg/kg；大鼠急性吸入 LC_{50} 为 125 ~ 225 g/m^3(2 h)。除臭的精制煤油的毒性较小，含苯和烷基苯时可影响造血功能。吸入气溶胶和雾滴可引起黏膜刺激，完整皮肤不易吸收。口服大量煤油后经胃肠道吸收，再经肺排出可引起化学性肺炎。大鼠大剂量气管注入后可出现两个炎症过程：一是由于刺激肺泡和毛细血管引起急性渗出性肺炎，一周可消失；二是增生性肺炎，一个月后恢复。

小鼠吸入 1 g/m^3 含有 12% 芳烃的煤油蒸气，每天 2 h，连续 90 天，动物因弥漫性肺炎死亡；大鼠和家兔吸入 300 mg/m^3 煤油，每天 4 h，连续 3 个月，血红蛋白、红细胞和白细胞数均减少；家兔吸入 300 mg/m^3 航空煤油，每天 8 ~ 10 h，连续 3 个月，未见病变。

1.3.3.4 环境行为

煤油等石油类污染物的危害主要表现在对人类、动物、土壤和天然水体的危害与影响。煤油会影响土壤的通透性，土壤颗粒受煤油污染后不易被水所浸润，在土壤内不能形成有效的导水通路。煤油对水的色、味和溶解氧均有较大影响。

1.3.3.5 监测分析方法

可测总烃或非甲烷烃。监测分析方法见表 1-125。

表 1-125 监测分析方法

监测方法类别	监测方法	检测范围
实验室监测方法	《环境空气 总烃的测定 气相色谱法》(GB/T 15263—1994)	检出限：0.14 mg/m^3
	总烃和非甲烷烃测定方法一 [《空气和废气监测分析方法》(第四版)]	检出限：0.2 ng(以甲烷计，仪器噪声的 2 倍，进样量 1 mL)
	气相色谱法测定非甲烷烃 [《空气和废气监测分析方法》(第四版)]	检出限：0.02 mg/m^3(以正戊烷计)

1.3.3.6 环境标准

环境标准见表 1-126。

表 1-126 环境标准

标准名称	限值范围	浓度限值
大气污染物综合排放标准 (GB 16297—1996)	无组织排放监控浓度限值	5.0 mg/m^3(现有) 4.0 mg/m^3(新建)
	最高允许排放浓度	150 mg/m^3(现有) 120 mg/m^3(新建)

1.3.4 溶剂油

1.3.4.1 物质基本信息

溶剂油是一种有汽油味的无色或浅黄色液体，其蒸气与空气可形成爆炸性混合物，遇明火、高热能引起燃烧爆炸；与氧化剂能发生强烈反应；其蒸气比空气重，能在较低处扩散到相当远的地方，遇火源会着火回燃；不溶于水，溶于多数有机溶剂。

1.3.4.2 主要来源与用途

用作油漆工业溶剂和稀释剂等。

1.3.4.3 危险特性与感官信息

1. 危险特性

刺激眼睛、皮肤和呼吸道，影响中枢神经系统，皮肤接触引起脱脂、刺激、发红，可引起肾损害。

2. 毒理学资料

1）中毒

急性毒性：LD_{50}为1 580 mg/kg（大鼠经口）。

2）中毒临床表现

食入该物质可引起胃肠不适、恶心、腹痛、呕吐。刺激咽部、食管、胃和小肠，引起水肿和溃疡，症状包括口腔、喉部烧灼感，大量可引起恶心、呕吐、乏力、头昏、气短、腹胀、抽搐、昏迷。损害心肌可引起心律不齐、心房纤颤（可致死）和心电图改变，影响中枢神经系统，引起舌刺痛感并且感觉减退。液体对眼睛有强烈刺激性，能引起轻度、暂时性结膜充血。吸入蒸汽对上呼吸道有刺激性和毒性，一次急性长时间吸入可引起神志丧失。吸入高浓度气体（蒸汽）引起咳嗽、恶心等肺刺激性症状。头痛、头晕、反射迟钝、疲乏和共济失调等中枢神经抑制症状。

慢性健康危害：长期接触可引起末梢神经病，进行性四肢神经活动失调，长期吸入可引起神经系统障碍和肝脏、血液病变。皮肤长期或持续与该液体接触致皮肤干燥脱脂、皲裂、刺激和皮炎。

1.3.4.4 环境行为

对环境有危害，对水体、土壤和大气可造成污染。

1.3.4.5 监测分析方法

监测分析方法见表1-127。

表1-127 监测分析方法

监测方法类别	监测方法	检测范围
现场应急监测方法	暂无	—
实验室监测方法	气相色谱法 （GB/T 17132—1997）	—

1.3.4.6 环境标准

环境标准见表1-128。

表 1-128　环境标准

标准名称	限值范围	浓度限值
工业企业设计卫生标准（GBZ 1—2010）	工作场所职业接触有害物质的容许浓度	300 mg/m^3（TWA）

1.3.5　液化石油气

1.3.5.1　物质基本信息

液化石油气是一种有煤气味的无色气体或黄棕色油状液体；极易燃，与空气混合能形成爆炸性混合物；遇热源和明火有燃烧爆炸的危险；与氟、氯等接触会发生剧烈的化学反应；其蒸气比空气重，能在较低处扩散到相当远的地方，遇火源会着火回燃。

1.3.5.2　主要来源与用途

用作石油化工的原料，也可用作燃料。

1.3.5.3　危险特性与感官信息

1. 危险特性

本品有麻醉作用。急性中毒：有头晕、头痛、兴奋或嗜睡、恶心、呕吐、脉缓等症状；重症者可突然倒下，尿失禁，意识丧失，甚至呼吸停止。可致皮肤冻伤。慢性影响：长期接触低浓度者，可出现头痛、头晕、睡眠不佳、易疲劳、情绪不稳以及自主神经功能紊乱等。

2. 毒理学资料

1）中毒

急性毒性：LD_{50}为 19 000 ppm 立即致死。若气体浓度过高，会引起窒息，液体会引起皮肤及眼睛冻伤。LC_{50}为 658 $g/(m^3 \cdot 4\ h)$（大鼠，吸入），680 $g/(m^3 \cdot 2\ h)$（老鼠，吸入）。

2）中毒临床表现

大量吸入时可产生头昏、头痛、恶心、四肢无力、酒醉状态，可出现发绀、意识障碍、重症昏迷等。吸入高浓度时可立即有窒息感，并迅速昏迷。

1.3.5.4　环境行为

燃烧（分解）产物：一氧化碳、二氧化碳。

1.3.5.5　监测分析方法

监测分析方法见表 1-129。

表 1-129　监测分析方法

监测方法类别	监测方法	检测范围
现场应急监测方法	气体检测管法	依仪器性能而定
实验室监测方法	气相色谱法（GBZ/T 300.62—2017）	8 ~ 1 000 mg/m^3

1.3.5.6　环境标准

环境标准见表 1-130。

表 1-130 环境标准

标准名称	限值范围	浓度限值
工业企业设计卫生标准（GBZ 1—2010）	工作场所职业接触有害物质的容许浓度	1 000 mg/m^3（TWA）

1.3.6 润滑油

1.3.6.1 物质基本信息

润滑油是一种有机油味的浅黄色油状液体，易燃，危害水生生物。

1.3.6.2 主要来源与用途

急性吸入，可出现乏力、头晕、头痛、恶心，严重者可引起油脂性肺炎。慢接触者，暴露部位可发生油性痤疮和接触性皮炎。可引起神经衰弱综合征，呼吸道和眼刺激症状及慢性油脂性肺炎。有资料报道，接触石油润滑油类的工人，有致癌的病例报告。

1.3.6.3 危险特性与感官信息

1. 危险特性

遇明火、高热可燃。

2. 毒理学资料

不明。

1.3.6.4 环境行为

有害燃烧产物：一氧化碳、二氧化碳。

1.3.6.5 监测分析方法

监测分析方法见表 1-131。

表 1-131 监测分析方法

监测方法类别	监测方法	检测范围
现场应急监测方法	暂无	—
实验室监测方法	分光光度法	最低检出限：0.1 mg/L

1.3.6.6 环境标准

暂无。

第2章　水环境污染物应急处置

水污染事件发生后,污染物随着水流运动扩散至河流下游区域,对污染区域的治理非常困难。水污染事件突发时,应急决策者可根据模拟结果,大致地判断出事件的影响范围和发展趋势,从而相对准确地给出相应的应急决策。在对具体污染物制定处理措施时,应针对不同类型污染物采取不同的处理方法。首先需要对水体中污染物进行拦截,防止污染物随水体流动影响更大范围的水域,然后在拦截区域内对突发污染物进行应急处置。对突发性水环境污染物,分为有毒有机物、有毒无机物和油类物质等几大类;对累积性水环境污染物,本书主要介绍水华的应急处置和后续处理。

2.1　污染物拦截

根据污染物在水体中存在的状态,可以将突发性污染物分为下沉类、漂浮类、泄漏后凝固类和溶解类等四类。可采用不同的拦截方法结合工程措施对水环境污染物进行拦截。

2.1.1　拦截方法

2.1.1.1　重力沉降法

在重力作用下,使悬浮液中密度大于水的悬浮固体下沉,从而与水分离的水处理方法,称为重力沉降法。重力沉降法的去除对象,主要是悬浮液中粒径在10 μm以上的可沉固体,即在2 h左右的自然沉降时间内能从水中分离出去的悬浮固体。

根据水中不可溶污染物浓度的高低、絮凝性能(彼此黏结、团聚的能力)的强弱,沉降可分为以下四种类型。

1. 自由沉降

自由沉降也称为离散沉降,这是一种非絮凝性或弱絮凝性颗粒在稀悬浮液中的沉降。由于悬浮物浓度低,而且颗粒之间不发生聚集,因此在沉降过程中颗粒的形状、粒径和密度都保持不变,互不干扰地各自独立完成匀速沉降过程。污染物颗粒在沉沙池及初次沉淀池内的初期沉降就属于这种类型。

2. 絮凝沉降

絮凝沉降是一种絮凝性污染物颗粒在稀悬浮液中的沉降。虽然悬浮物浓度也不高,但颗粒在沉降过程中接触碰撞时能互相聚集为较大的絮体,因而颗粒粒径和沉降速度随沉降时间的延续而增大。颗粒在初次沉降池内的后期沉降及生化处理中污泥在二次沉淀池内的初期沉降,就属于这种类型。

3. 成层沉降

成层沉降也称集团沉降、区域沉降或拥挤沉降。这是一种污染物颗粒(特别是强絮凝性颗粒)在较高浓度悬浮液中的沉降。由于悬浮物浓度较高,颗粒彼此靠得很近,吸附力将促使所有颗粒聚集为一个整体,但各自保持不变的相对位置共同下沉。此时,水与颗粒群体之间形成一个清晰的泥水界面,沉降过程就是这个界面随沉降历时下移的过程。生化处理中污泥在二次沉淀池内的后期沉降和在浓缩池内的初期沉降就属于这种类型。

4. 压缩(沉降)

当悬浮液中的悬浮污染物浓度很高时,颗粒之间便互相接触,彼此上下支承。在上下颗粒的重力作用下,下层颗粒间隙中的水被挤出,颗粒相对位置不断靠近,颗粒群体被压缩。生化污泥在二次沉淀池和浓缩池内的浓缩过程就属于这种类型。

2.1.1.2 混凝澄清法

混凝澄清法是指在混凝剂的作用下,使废水中的胶体和细微悬浮物凝聚为絮凝体,然后予以分离除去的水处理法。

胶体粒子和细微悬浮物的粒径分别为 1 ~ 100 nm 和 100 ~ 10 000 nm。由于布朗运动、水合作用,尤其是微粒间的静电斥力等原因,胶体和细微悬浮物能在水中长期保持悬浮状态,静置而不沉。因此,胶体和细微悬浮物不能直接用重力沉降法分离,而必须首先投加混凝剂来破坏它们的稳定性,使其相互聚集为数百微米以至数毫米的絮凝体,才能用沉降、过滤和气浮等常规固液分离法予以去除。

混凝就是在混凝剂的离解和水解产物作用下,使水中的胶体物和细微悬浮物脱稳并聚集为具有可分离性的絮凝体的过程,其中包括凝聚和絮凝两个过程,统称为混凝。

混凝澄清法是给水和废水处理中应用得非常广泛的方法。它既可以降低原水的浊度、色度等感官指标,又可以去除多种有毒有害污染物;既可以自成独立的处理系统,又可以与其他单元过程组合,作为预处理、中间处理和最终处理过程,还经常用于污泥脱水前的浓缩过程。

2.1.1.3 浮力浮上法

借助于水的浮力,使水中不溶态污染物浮出水面,然后用机械加以刮除的水处理方法统称为浮力浮上法。根据分散相物质的亲水性强弱和密度大小,以及由此而产生的不同处理机制,浮力浮上法可分为自然浮上法、气泡浮升法和药剂浮选法三类。

如果水中的粗分散相物质是比重小于水的强疏水性物质,那么可以依靠水的浮力使其自发地浮升到水面,这就是自然浮上法。由于自然浮上法主要用于粒径大于 50 ~ 60 μm 的可浮油的分离,因而常称为隔油。如果分散相物质是乳化油或弱亲水性悬浮物,就需要在水中产生细微气泡,使分散相粒子黏附于气泡上一起浮升到水面,这就是气泡浮升法,简称气浮。如果分散相物质是强亲水性物质,就必须首先投加浮选药剂,将粒子的表面性质转变成为疏水性的,然后用气浮法加以除去,这就是药剂浮选法,简称浮选。

2.1.1.4 阻力截留法

阻力截留法是指利用处理设施对悬浮污染物形成的机械阻力,将悬浮物从水中截留下来的处理方法。它包括格栅截留、筛网阻隔和微孔过滤。

格栅是用一组平行的刚性栅条制成的框架,可以用它来拦截水中的大块漂浮物。格栅通常倾斜架设在其他处理构筑物之前或泵站集水池 - 进口处的渠道中,以防漂浮物阻塞构筑物的孔道、闸门和管道或损坏水泵等机械设备。因此,格栅起着净化水质和保护设备的双重作用。被拦截在栅条上的栅渣有人工和机械两种清除方式。小型水处理厂采用人工清渣时,格栅的面积应留有较大的裕量,以免操作过于频繁。在大型水处理厂中采用的大型格栅,则必须采用机械自动清渣。每日栅渣量大于 1 L 的格栅,还应附设破碎机,以便将栅渣就地粉碎。

筛网主要用于截留粒度在数毫米至数十毫米的细碎悬浮态杂物,尤其适用于分离和回收废水中的纤维类悬浮物和食品工业的动、植物残体碎屑。这类污染物容易堵塞管道、孔洞或缠绕于水泵叶轮上。用筛网分离则具有简单、高效、运行费用低廉等优点。筛网通常用金属丝或化学纤维编织而成,其形式有转鼓或转盘式、振动式、回转帘带式和固定式斜筛等多种。不论何种形式,其结构要既能截留污物,又便于卸料和清理筛面。筛孔尺寸可根据需要由 0.15 mm 至 1.0 mm 不等。

微滤是微孔介质过滤的简称。它是一种用多孔材料制成的整体型微孔管或微孔板来截留水中的固态细微悬浮物的水处理方法。目前,常用的微孔滤料有多孔陶瓷、多孔聚氯乙烯树脂及多孔泡沫塑料等。过滤机所使用的呢绒、帆布等也属于微孔滤料的范畴。微孔滤料适用于截留没有絮凝性的无机杂质。微孔过滤的方式有加压过滤和减压过滤两种。滤管和滤板一般按废水流量大小装配成组。废水可由里向外或由外向里流动,处理负荷一般在 1 ~ 2 $m^3/(m^2 \cdot h)$。滤饼用压缩空气吹脱,空气和反冲水压力为 196 ~ 294 kPa。

2.1.1.5　离心力分离法

物体高速旋转时,产生离心力场。利用离心力分离废水中密度与水不同的悬浮物的处理方法,就是离心力分离法。使废水作高速旋转时,密度大于水的悬浮固体被抛向外围,而密度小于水的悬浮物(如乳化油)则被推向内层。如将水和悬浮物从不同的出口分别引出,即可使二者得以分离。

按照产生离心力的方式不同,离心分离设备可分为水旋和器旋两类。前者如水力旋流器、旋流沉淀池,其特点是器体固定不动,而由沿切向高速进入器内的物料产生离心力;后者指各种离心机,其特点是由高速旋转的转鼓带动物料产生离心力。

水力旋流器具有体积小、结构简单、处理能力大、便于安装检修等优点,因而适用于各类小流量工业废水和高浊度河水中氧化铁皮、泥沙等比重较大的无机杂质的分离。

离心机的种类和型式很多。按分离速度的大小不同,可分为高速离心机($f>3\ 000$)、中速离心机($f=1\ 000 \sim 3\ 000$)和低速离心机($f<1\ 000$),中、低速离心机又统称常速离心机;按转鼓几何形状的不同,可分为转筒式、管式、盘式和板式离心机;按操作过程不同,可分为间歇式和连续式离心机;按转鼓的安装角度不同,则分为立式和卧式离心机。中、低速离心机多用于分离纤维类悬浮物和污泥脱水等液固分离,而高速离心机则适用于分离乳化油和蛋白质等密度较小的细微悬浮物。

2.1.1.6　磁力分离法

磁力分离,是借助外加非均匀磁场以磁力将水中的磁性悬浮物吸出而分离的水处理方法。与传统的液固分离方法相比,磁力分离具有处理能力大、效率高和设备紧凑等优点。它不但已成功地应用于钢铁工业废水中磁性悬浮物的分离,而且经过适当的辅助处理之后,还能用于其他工业废水、城市污水和地表水的处理。

磁体磁力作用的空间称为磁场。磁场的强弱用磁场强度 H(A/m)或磁感应强度 B(T)来衡量。磁场有均匀磁场和非均匀磁场之分。磁场的不均匀性用磁场梯度 $\mathrm{d}H/\mathrm{d}l$ 或 $\mathrm{d}B/\mathrm{d}l$ 表示,其意义是磁场强度或磁感应强度在单位长度上的变化率($\mathrm{A/m^2}$)。物质在外磁场的作用下会被磁化而产生附加磁场,其磁场强度 H' 与外磁场强度 H 之和即为磁介质内部的磁场强度或磁感应强度,H'的方向可以与 H 相同,也可以相反。H'与 H 方向相同的物质称为顺磁性物质,相反的称为反磁性物质。顺磁性物质中,铁、钴、镍等及其合金的 H'要比 H 大得多,且附加磁场不随外磁场的消失而立即消失,这类物质称为铁磁性物质。由于物质的磁化强度 J 与外磁场强度 H 和该物质的磁化率 K_m 之间有 $J=K_m \cdot H$ 的关系,因此可将磁化率作为衡量物质磁化难易程度的物理量。铁磁性物质的 K_m 都很大,它们不但很容易被磁化,而且能使原有磁场显著增强,因而在磁分离器中常作为磁化物质使用。如果废水中的悬浮物是铁磁性物质,最适宜用磁力分离法去除。其余顺磁性物质的 K_m 很小,在外磁场强度较弱时不能被明显磁化,只有采用高梯度磁分离法才能除去。反磁性物质本身的分子磁矩为零,附加磁矩又与外磁场反向,因此不能直接用磁力分离除去。

2.1.2 工程措施

对于下沉类或泄漏后凝固类物质,可以应用便捷淹没式拦污装置将水流从底部拦截,配合水力捕捞装置等进行捕捞回收。对于漂浮于水面的化学品,建议采用附着有吸附物质的简易跨河柔性拦污装置或底孔出流式拦污装置吸附水体中的污染物质,或者采用便捷式拦污栅格将固体漂浮物拦截。对于油污类,则可采用固体浮子式 PVC 围油栏,将油污拦截,为后续处理争取时间。对于溶解于水中的化学品,则可采用便捷壅水式拦污装置,暂时将污染物拦截。工程措施适用类型见图 2-1。

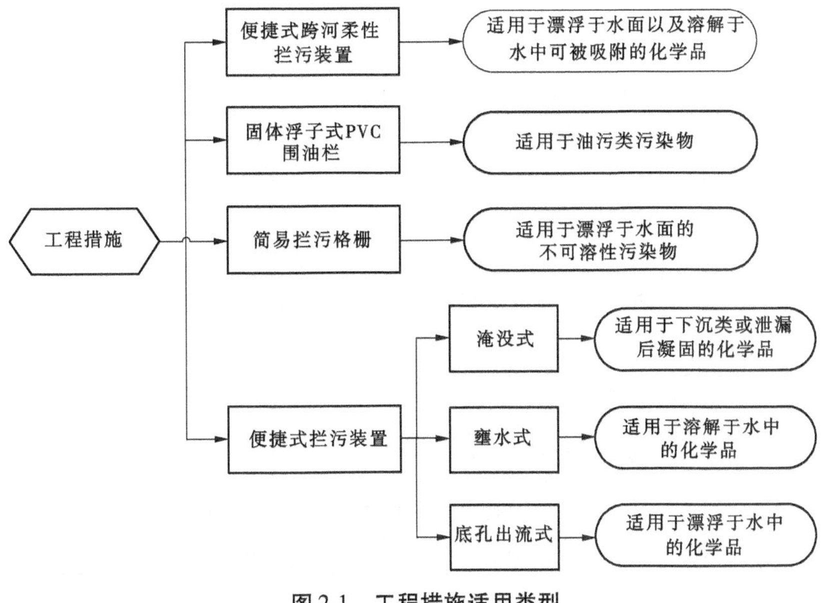

图 2-1　工程措施适用类型

2.1.2.1　**便捷式跨河柔性拦污装置**

在事故发生处下游河流左右岸浅水区选择一个跨距相对较小的地点,垂直布置两根钢支架。将柔性网布设在钢支架之间。对于不同污染物,可选择不同密度的柔性网,并在柔性网上附着活性炭、稻草、棉布等吸附水体中的污染物质。便捷式跨河柔性拦污装置示意见图2-2。

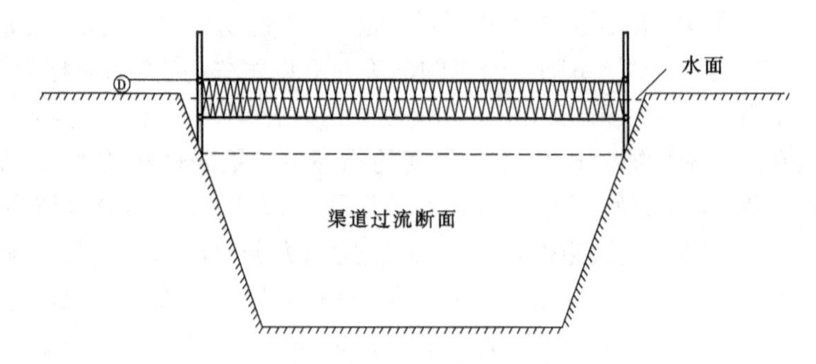

图2-2　便捷式跨河柔性拦污装置示意图

2.1.2.2　**固体浮子式PVC围油栏**

固体浮子式PVC围油栏是一种经济通用型围油栏,特别适用于布放在近岸平静水域,进行溢油围控及其他漂浮物的拦截控制。

栏体上、中、下各有拉绳、加强带和拉力配重链作为纵向受力构件,栏体抗拉性能高,整体强度大,每节围油栏有固定锚座,布放方便。双面涂覆PVC增强塑料布为栏体材料。横木型浮子,浮子间有柔性段,浮力储备大,滞油性能强。固体浮子式PVC围油栏见图2-3。

图2-3　固体浮子式PVC围油栏

围油栏一般为PVC(聚氯乙烯)材料制作的带状物,也可用其他诸如橡胶、泡沫塑料、稻草、木材、金属等材料制作。一般主要由浮体、裙体、张力带和配重等部分组成(见

图 2-4）。浮体主要起浮力作用，使围油栏浮在水面上；裙体在水下形成一道屏障，防止溢油从下面流走；张力带指一些能够承受施加在围油栏上的水平拉力的长带构件，主要用来承受风、波浪、潮流和拖曳产生的拉力；配重指一些能够使围油栏下垂，并改善围油栏性能的压载物，一般垂直于裙体之下，起保护垂直平衡作用。用于布放的围油栏必须具备一定的抗风、流和浪的能力。另外，其裙体还必须具备一定的抗拉强度。

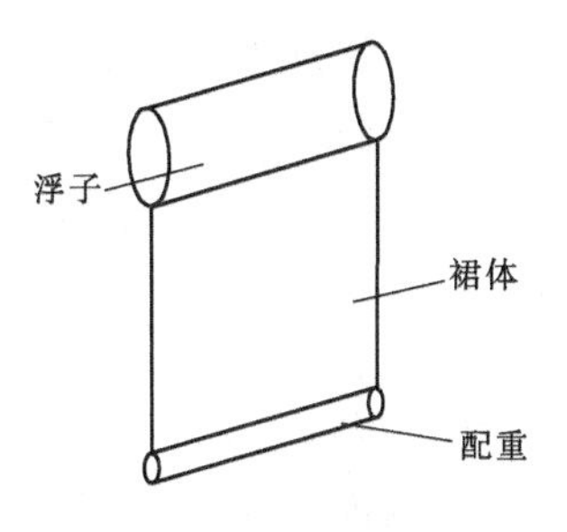

图 2-4　围油栏结构示意图

2.1.2.3　便捷式拦污装置

采用钢桩基结构形式，两边为桩基，中间为加水平梁的钢面板，两桩基使用由角钢做成的三角支撑进行结构支撑，三角支撑上面与两桩基焊接，下面与底钢板焊接。底板以下的桩基是被打入土内的。底面板一端是与两桩基焊接的，上面用四根钢管桩来固定它。挡水面由加水平梁的钢面板制成。

施工时，将钢面板插入两桩基之间。两桩基内侧有一定宽度的滑槽，中下部分焊有一定高度的钢板，一部分被打入土内，用来抗渗，而上面的部分作为一定高度的堰。钢桩上设置用于滑动的槽，并沿槽敷设橡胶止水，以利于挡水面板的滑动和防渗。桩基采用工本扣的形式，外侧有一个是凸的，一个是凹的，用于两块钢围堰的紧密接连。而整个钢结构挡水建筑是由上述的单一结构一个一个组合而成的。施工时，首先将一个结构架到河面上，将桩基打入土内，再将面板上的四根钢管桩分别打入土内。则第二块钢结构采用工本扣的形式扣接在第一块钢结构上，具体情况如图 2-5 所示。

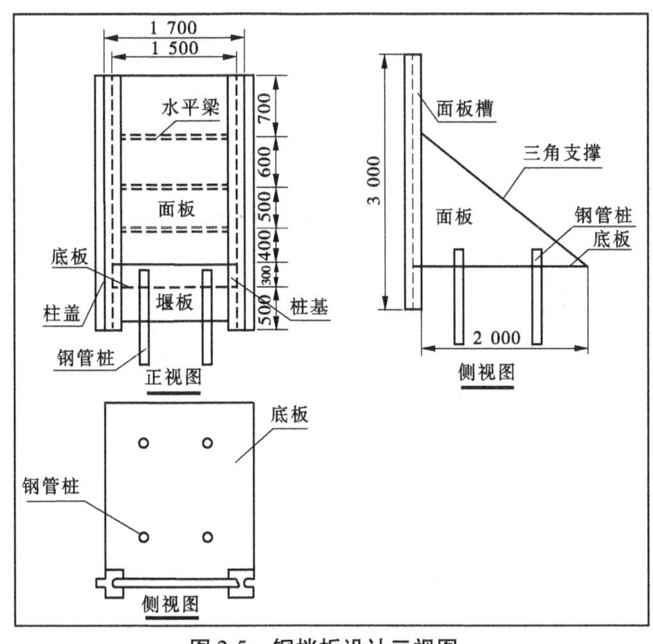

图 2-5　钢挡板设计三视图

2.1.2.4 简易拦污格栅

拦污格栅的长度可根据河道宽度决定,双层设置,靠外侧为钢管桩刚性围栏,钢管桩上外挂竹排用于消浪;内侧柔性围栏为聚乙烯泡沫浮子加无纺布。柔性围栏的结构设计见图 2-6。柔性围隔采用防紫外线无纺布制成,高 1 m。上端圆柱状聚乙烯泡沫浮体直径 30 cm,下端配以沙袋或者石笼。中间裙体部分缝制尼龙加强带,并设置绳扣,以尼龙绳固定,锚定在湖底,防止随风浪漂走。刚性围栏结构设计见图 2-7、图 2-8。以直径 48 mm、长 6.0 m 的钢管,间隔 1 m 打入湖底中 2.5 m,横向加两排同规格钢管。钢管排桩上挂竹排,高 2.5 m。

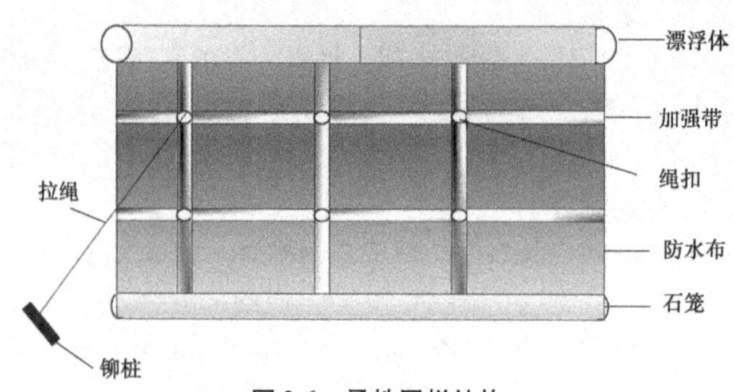

图 2-6 柔性围栏结构

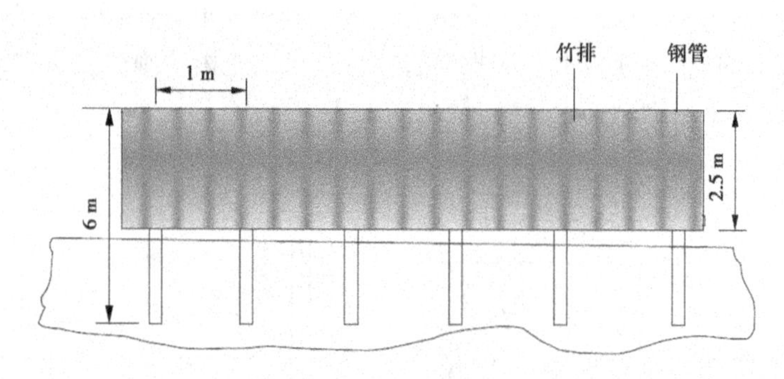

图 2-7 刚性围栏结构

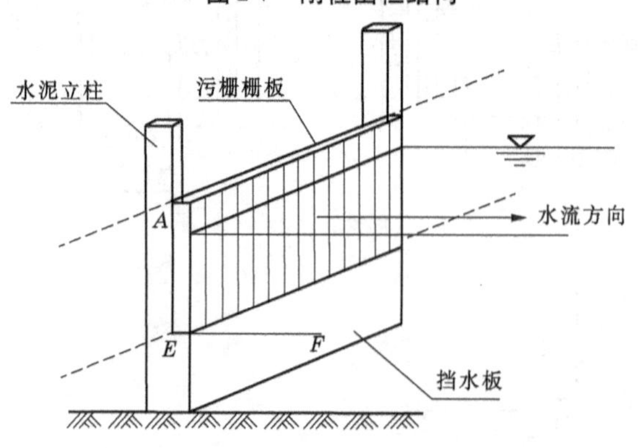

图 2-8 拦污格栅结构

2.2 无机物的应急处置

常见的无机物包括重金属、氰化物以及无机盐等，且在水体中溶解态居多，因此对水环境的危害不容忽视，需要根据无机物性质采用对应方法进行应急处置。

水体中突发性重金属如 Hg、Cd、Pb、Cr、Zn、Co、Ni、Sn 及类金属 As 等，以 Hg、Cd、Cr 及 As 的污染最为突出，这些重金属对水环境中生态平衡产生严重的危害，因此需要及时采取措施控制，避免造成不可挽回的损失。目前，针对突发性重金属污染事故的应急处理方法主要有化学沉淀法及吸附法。水体中氰化物处理的常用方法有碱性氯化法去除氰化物、络合吸收法去除氰化物及酸碱中和法去除氢氰酸等。

2.2.1 化学沉淀法

化学沉淀法是通过调节水厂混凝处理水的 pH，使重金属污染物生成金属氢氧化物或碳酸盐等沉淀形式，再通过铝盐、铁盐等絮凝沉淀去除。它是处理地表水源的常用方法，在应对金属突发性污染的处理过程中，调整水厂混凝处理水的 pH，选择合适的絮凝剂使污染物生成絮体，最后通过沉淀得以去除。针对不同的污染物类型，需要通过实验来选择絮凝剂和确定合适的投加量。

2.2.1.1 化学沉淀法去除镉

当发生突发性镉污染时，因为镉离子在碱性条件下可形成难溶的氢氧化镉和碳酸镉沉淀物，所以对镉污染的应急技术措施是在弱碱性条件下投加铁盐或铝盐混凝后可将镉沉淀物去除。

广东韶关北江镉污染突发性事件的成功应对经验是：先加碱把原水调成弱碱性，混凝反应的 pH 要求控制在 9 左右，使镉形成沉淀物。在弱碱性条件下进行混凝、沉淀、过滤的净水处理，以矾花絮体吸附去除水中的镉，最后将 pH 再调节至 7.5 ~ 7.8。反应过程如下：

$$Cd^{2+} + 2OH^{-} \longrightarrow Cd(OH)_2$$

2.2.1.2 化学沉淀法去除汞

当发生突发性汞污染时，在弱碱性条件下，汞离子可与硫化钠反应生成硫化汞沉淀，所以应对汞污染的应急技术措施就是投加适量石灰，调节 pH 至弱碱性，后加入硫化钠形成黑色硫化汞胶体颗粒，最后沉淀去除，过量硫化钠投加高锰酸钾去除。反应过程如下：

$$Hg^{2+} + Na_2S = HgS\downarrow + 2Na^{+}$$

2.2.1.3 化学沉淀法的优缺点

化学沉淀法适用于应急去除水处理厂水中的重金属，但针对自然水体调节 pH 不太合理，向水体中添加酸碱会造成水体二次污染，加剧了水污染的严重程度。混凝沉淀必须把污染水域隔离开来，混凝沉淀物的回收及混凝沉淀后水体的后续处理等都十分烦琐，因此对于流动水体，该方法的适用更加局限。

2.2.2 吸附法

多氨基生物质炭复合材料去除水中铅(Ⅱ)具体如下：

以蔗渣基生物质中孔炭为原料，通过硝酸氧化和乙二胺聚合法，制备多氨基生物质炭复合材料，这种材料能够高效地去除水中的铅(Ⅱ)。其中，硝酸浓度17.5%、氧化时间5 h，乙二胺用量125 mL、乙二胺改性时间48 h，在此最佳条件下制备的胺化改性中孔炭材料对铅(Ⅱ)的饱和吸附量高达185 mg/g。

2.2.2.1 多氨基生物质炭复合材料的制备

将甘蔗渣日晒、清洗、烘干后用粉碎机粉碎、过50目筛。取20 g甘蔗渣于1:1.5浸渍比(质量比)下在磷酸溶液中浸渍24 h，然后将上述浸渍后的料在105 ℃下烘干6 h，再放置于管式炉中，在氮气流保护下，以5 ℃/min升温至活化温度500 ℃，达到活化温度后恒温90 min。将活化后的样品用0.1 mol/L盐酸粗洗3 h，再用热蒸馏水洗至pH>7，烘干之后将活性炭研磨过筛，得蔗渣基中孔生物质炭。

将蔗渣基生物质炭置于10%盐酸溶液中，于60 ℃下加热搅拌5 h后，用去离子水洗至pH>7，在105 ℃的条件下烘干；然后称取5 g干燥后的活性炭加入150 mL质量分数为17.5%的硝酸溶液，于60 ℃下加热搅拌5 h，便得到氧化后的活性炭；准确称取5 g氧化后的蔗渣基生物质中孔炭，并将其分散于125 mL乙二胺中，待搅拌均匀后加入5 g DCC，回流搅拌48 h，并于油浴下保持恒温120 ℃，将产物依次用乙醇、乙醚过滤洗涤后，于80 ℃下干燥8 h，即得到多胺改性后的活性炭，即多氨基生物质炭复合材料。

2.2.2.2 实际应用

将多氨基生物质炭复合材料按制备比例扩大生产，装袋，投入突发性污染河流。

2.2.3 碱性氯化法去除氰化物

利用氰化物(CN^-)的高还原性，用具有强氧化性的漂白粉、次氯酸钠、氯气等与氰化物(CN^-)发生反应，最终使CN^-氧化生成CO_2和N_2，从而使氰化物(CN^-)失去生物毒性，达到消除的目的。

氯与氰化物的化学反应视氯加入量的不同有两种结果，当控制反应条件尤其是加氯量一定时，氰化物仅被氧化成氰酸盐，称为氰化物的局部氰化或不完全氧化：

$$CN^- + ClO^- + H_2O = CNCl + 2OH^-$$

生成的CNCl在碱性条件下水解：

$$CNCl + 2OH^- = CNO^- + Cl^- + H_2O$$

pH=10～11时，10～15 min CNCl即可水解完毕；pH=11时，只需1 min。

当加氯量增加时，氰化物首先被氧化为氰酸盐：

$$CN^- + ClO^- = CNO^- + Cl^- \quad 或 \quad CN^- + Cl_2 + 2OH^- = CNO^- + 2Cl^- + H_2O$$

生成的氰酸盐又被氧化为无毒的氮气和碳酸盐，称为氰化物的完全氧化，该反应是在局部氧化的基础上完成的：

$$2CNO^- + 3ClO^- + H_2O = 2HCO_3^- + N_2 + 3Cl^- \quad (pH<1 时，10～30 min)$$

生成的碳酸盐随反应pH不同，存在形式也不同，当pH低时，以CO_2形式逸入空气中；当pH高时，生成$CaCO_3$沉淀。氰化物可以通过足量的氯氧化而去除，如果反应时间不够长，可以增大加氯量，具体加氯量由现场工艺调试确定。同时，为防止氯化氰和氯逸入空气中，反应常在pH=10条件下进行，可投加熟石灰调节水的pH。

2.2.4 络合吸收法去除氰化物

利用氰化物(CN^-)与Ag^+、Cu^{2+}等发生络合反应,生成相应的银氰络合物和铜氰络合物,这些络合物均属于无毒性物质。在使用吸附剂活性炭吸附氰化银或氰化铜时,可充分利用活性炭的载体性。当活性炭表面附着的氰化银或氰化铜遇到氰化氢后,能迅速进行络合反应生成相应的银氰络合物和铜氰络合物,从而起到消除剧毒物质的作用。

主要化学反应式为:

$$FeSO_4 \cdot 7H_2O \rightleftharpoons SO_4^{2-} + 7H_2O$$

$$Fe^{2+} + 6CN^- \longrightarrow FeCN_6^{4-}$$

$$2Fe^{2+} + FeCN_6^{4-} \longrightarrow Fe_2[Fe(CN)]$$

最终转化成普鲁士蓝型不溶性化合物。该方法特点是操作简单、成本低,但废水处理后却达不到《污水综合排放标准》(GB 8978—1996)的要求。20 世纪 70 年代,国内有的企业曾采用过该方法,但现在均不采用。从环境安全防范的观点出发,这种方法可以作为氰化物产生突发性污染事故时而采用的快速补救的方法,硫酸亚铁溶液投入水中可以迅速降低水中含氰污染物所造成的危害程度,减小对环境的危害,特别是对水生生物的伤害。废水中CN^-质量浓度很低时,该方法处理效果不好。

2.2.5 酸碱中和法去除氢氰酸

酸碱中和法去除氢氰酸的原理是利用氢氰酸的弱酸性,用具有强碱性物质,如氨水、烧碱水溶液、石灰水等与其进行中和反应,生成不挥发的盐类。但一般情况下,生成的盐类物质水溶液仍然含有毒性,属于剧毒性物质,需进一步处理,使其生物毒性完全消失。

该方法的工艺过程及技术参数为:pH 控制在 2 ~ 3,HCN 的沸点是 25.6 ℃,用不挥发性的强酸H_2SO_4与废水混合后,加温 30 ~ 40 ℃,用压缩空气进行气提,或用锅炉剩余热蒸汽进行气提;HCN 极易挥发,挥发后的 HCN 用 NaOH 溶液吸收;吸收后氰化钠溶液可以重新利用。氰化物的吸收率一般在85% ~ 95%。控制好工艺条件时,残液氰的质量浓度最低可达到3 ~ 5 mg/L,一般质量浓度在10 ~ 20 mg/L;控制不好工艺条件,残液氰的质量浓度为30 ~ 50 mg/L。用酸碱中和法处理电镀含氰废水,影响因素主要是几种重金属离子,而处理金矿含氰废水,影响因素比较复杂,除 Fe、Cu、Zn、Ag、Au 外,还有一些酸性阴离子也发生反应。例如,许多氰化厂含氰废水含有大量的SCN^-,发生沉淀反应,生成白色的 CuSCN;Fe 含量较高时,还会生成铁盐沉淀。

该方法的特点是能够最大限度地回收氰化物,使资源循环利用,氰化物有效利用率较高,经济效益显著;酸化挥发—碱吸收方法适合含氰质量浓度较高的污水,与其他工艺联合应用效果比较好。酸化挥发—碱吸收法处理效果较好,资源利用率高,有较大的经济效益。

2.3 有机物的应急处置

有毒有机物主要有有机氯农药、多氯联苯、多环芳烃、含氮有机物、含磷有机物等。可以造成人体中毒或者引起环境污染的有机物质，当在水体中大量存在时，对水生态环境会造成严重的影响，因此需要立即采取有针对性措施进行处理，目前对突发性有机污染物的处理方法主要有吸附法和氧化分解等物理化学方法。

2.3.1 吸附法

吸附法是利用活性炭等吸附材料去除水中酚类、苯系物、农药等有机污染物。目前，活性炭应用广泛，可应对60多种有机污染物，活性炭分为粉末活性炭(PAC)及粒状活性炭(GAC)。

对于水源水农药类污染物，凹凸棒石复合滤料对0.002 mg/L苯酚吸附容量达到1.08 mg/kg。80 mg/L PAC最大可应急处理超标10倍的敌百虫、26倍的敌敌畏和42倍的百菌清，处理成本在0.1元/m^3左右。PAC应急处理挥发酚效率为20.5%～44%，一般投加量为20 mg/L，可使超标15倍的酚污染原水沉淀后达标。

2.3.1.1 粉末活性炭(PAC)去除敌敌畏

粉末活性炭可吸附水源水中出现的较高浓度的可吸附性污染物，可高效去除敌敌畏，以应对杀虫剂产生的次生污染。

1. 实践应用

原水敌敌畏浓度为10 μg/L时，先投加20 mg/L以上的粉末炭，吸附30 min，或吸附60 min再混凝，在此实验条件下处理后水中敌敌畏浓度均为0.73 μg/L。

对于水源水突发的敌敌畏污染，浓度在1～10 μg/L时，可采用强化吸附的应急处理工艺，取水口处粉末炭投加量在20 mg/L左右，接触时间30 min，厂内采用预氯化和强化混凝，可更加有效地去除敌敌畏，出厂水可达标。若采用20 mg/L投炭量，对于供水能力为60万m^3/d的水厂，则需要每3 min投1袋25 kg包装的粉末活性炭。当敌敌畏的浓度超过5 μg/L时，由于粉末活性炭对敌敌畏的吸附能力有限，投加量可提高到40 mg/L。

2. 优缺点

当水源水出现的敌敌畏浓度在1～10 μg/L时，投加粉末活性炭可高效去除大部分敌敌畏。但当水源水敌敌畏浓度大于10 μg/L时，即使采取取水口投加大量粉末活性炭的措施，敌敌畏仍会超标。

2.3.1.2 粉末活性炭(PAC)去除硝基苯

1. 粉末活性炭的投加量

应急事故中粉末活性炭的投加量用烧杯实验确定。实验用水样采用实际河水再配上目标污染物进行，因为水源水中含有多种有机物质，存在相互间竞争吸附现象，所以对实际水样所需的粉末活性炭投加量要大于纯水配水所得的实验结果。

根据吸附等温线公式得到的数据，计算各种去除要求下粉末活性炭的理论用量。如，对于水源水，硝基苯浓度为0.009 mg/L时，要求吸附后硝基苯浓度低于检出限(<0.000 5 mg/L)，计算投加量。当实验得到的吸附等温线$q=0.399\ 4C^{0.832\ 2}$(q为吸附容量，mg/mg炭；C为硝基苯浓度，mg/L)，代入平衡浓度条件，得到硝基苯浓度为0.000 5 mg/L时对应的吸附容量：

$$q=0.399\ 4\times0.000\ 5^{0.832\ 2}=0.000\ 715(\text{mg/mg 炭})$$

因此，所需的粉末活性炭投加量为：

$$\frac{C_0 - C_e}{q} = \frac{0.009 - 0.005}{0.000\ 715} = 11.5(\mathrm{mg/L})$$

由于受后续沉淀过滤对粉末活性炭去除能力的影响，粉末活性炭的投加量不能无限大，实际最大投加量应不超过 80 mg/L。

2. 粉末活性炭投加点和吸附所需时间

利用水源水从取水口到净水厂的输送距离，在取水口处投加粉末活性炭，在输水管道中即可完成吸附过程，把应对硝基苯污染的安全屏障前移。

根据粉末活性炭对硝基苯吸附过程的实验，快速吸附阶段大约需要 30 min，可以达到 70%～80% 的吸附容量；2 h 可以基本达到吸附平衡，达到最大吸附容量的 95% 以上；再继续延长吸附时间，吸附容量的增加很少。

2.3.1.3 吸附法的优缺点

吸附法的优点是使用灵活方便，可根据水质情况改变活性炭投加量，在应对突发污染时可以加大投加量。吸附法的缺点是在混凝沉淀中粉末活性炭的去除效果较差，使用粉末活性炭时，水厂后续滤池的过滤周期将会缩短。

2.3.2 氧化分解法

氧化分解法常采用高锰酸钾、臭氧等氧化剂氧化水中有机污染物，将之去除。

2.3.2.1 高锰酸钾氧化有机物

对于水中含有大量的硫醇、硫醚类及杂环与芳香类化合物的处理方法是：进行多个批次的烧杯实验。取水口水源水作为实验原水，先检测水源水的氨氮、浊度、耗氧量等指标，然后在水源水中加氧化剂氧化 2 h，再加混凝剂，同时立即加入粉末活性炭。根据实验可得出高锰酸钾和粉末活性炭处理水源水的最佳浓度。

应急处理工艺：投加高锰酸钾于取水口处，在输水过程中氧化致臭物质和污染物；再在净水厂絮凝池前投加粉末活性炭，吸附水中可吸附的其他臭味物质和污染物，并分解可能残余的高锰酸钾。高锰酸钾和粉末活性炭的投加量根据水源水质情况和运行工况进行调整，以逐步实现关键运行参数的在线实时检测和运行工况的动态调控。

2.3.2.2 臭氧预氧化除酚

在预氧化池投加不同量的臭氧，检测沉淀后水中苯酚的浓度随着臭氧投加量的变化，当臭氧投加量达 2.16 mg/L 时，苯酚去除率达到 98%。臭氧氧化酚类的中间产物有芳核水解物，如二酚等，均是具有紫外消光性的有毒物质，而终点产物如草酸、乙醛酸和乙二醛等，一般不具有紫外消光性，同时检测沉淀后水的 UV_{254}，发现其去除率随臭氧投加量增加而增加，当投加量增加达 3.02 mg/L 时，虽然苯酚去除率已无变化，但 UV_{254} 降低率依旧继续增加，说明水中仍存在可被臭氧氧化的紫外消光性物质。因此，应急除酚的臭氧投加量应大于 3 mg/L。

2.3.2.3 氧化分解法优缺点

氧化分解法处理污水虽然快速高效，但向水体中投加化学药剂，易造成水体二次污染，残留的化学药剂也需要进行后处理，使得该方法工艺复杂，操作烦琐。

2.4 固体废弃物的应急处置

固体废弃物是由工业制造、建筑、烹调、文娱、农业生产及其他活动使用过的各种材料被废弃后的固体残余物,包括过期的报纸、玻璃瓶、金属罐、纸杯、塑料瓶、废弃车辆、橡胶、矿渣、动物皮毛、飘尘、污泥与食品剩余物等。例如,长江沿岸堆积的大量固体废弃物是污染长江水质的另一重要原因。这些未经处理的固体废弃物经洪水冲刷和雨水淋溶,各种有毒物质极易进入水体,严重污染长江水质。

2.4.1 截留

固体废弃物可采用截留方式进行应急处置,其方法详见2.1.1.4。

阻力截留法是指利用处理设施对悬浮污染物形成的机械阻力,将悬浮物从水中截留下来的处理方法。它包括格栅截留、筛网阻隔和微孔过滤。

2.4.2 处置

虽然我国危险固体废弃物处理处置起步晚,与发达国家相比技术仍需改进,但随着我国对环境保护的重视和大力支持,我国的危险固体废弃物处理处置技术日趋成熟。

对危险固体废弃物的治理主要分为前期处理和后期处置两大部分。危险固体废弃物的处理技术主要有物理处理法、化学处理法、生物处理法和稳定固化法等。这些处理方法的主要目的为通过对危险固体废弃物中的有毒有害物质进行物理化学改性,进而达到无害化程度。在前期处理的过程中,也可以回收危险固体废弃物中可利用的成分,如金属、有机溶剂等。危险固体废弃物的后期处置主要包括安全焚烧、卫生填埋和海洋处置等。其中,焚烧法是危险固体废弃物的最终处置技术中最有效的一种方法。通过焚烧炉的焚烧,可进一步将危险固体废弃物中有毒有害的有机成分消除,并实现减量化,其中产生的热源也可进行回收利用。但焚烧的过程中要注意气体的排放,安装废气处理装置,避免二次污染。卫生填埋是将最终不能再利用处置的部分进行固化填埋,其弊端是有造成地下水污染的隐患。海洋处置是将固体废弃物残渣通过处理达到排放标准后在海洋中倾倒或焚烧。

2.4.2.1 **物理处理法**

固体废弃物通常体积庞大且有着较为复杂的成分,常用的物理处理法是对固体废弃物实行破碎的手段,破碎手段是实现固体废弃物的减量化和资源化的前提。通过机械或人力破坏固体废弃物分子间的作用力,使固体废弃物破碎。另外,在对固体废弃物进行处理之前,要对固体废弃物进行科学的分选,分选工作是对废弃物进行鉴别,根据废弃物的性质、是否存在污染性、具备的价值来对固体污染物进行分类。

2.4.2.2 **化学处理法**

化学处理法包括热解和固化。固体废弃物热解是利用一些固体废弃物本身的热不稳定性,使固体废弃物受热分解,生成固体残渣后对其进行专业处理。这种方法常常应用于热电厂的热发电中,将固体废弃物有效利用,用于转化能源。而固化技术是对一些重金属或其他危险固体废弃物常使用的方法,这一方法能够较好地处理危险废弃物。一般的废弃物处理也可以使用固化处理方法,通常经过无害化、减量化处理后,再进行固化。在实际应用中,物理、化学处理法可以共同使用。如将建筑废弃物制成房屋保暖材料。硅酸盐对人体无害,可以将硅酸盐与建筑废弃物组合,制成保温材料。

2.4.2.3 生物处理法

废弃物生物处理法有厌氧发酵和好氧堆肥化处理两种方法。厌氧发酵在自然界的微生物中常常会发生。存在水与有机物的地方,在氧气供应情况较差或是有机物含量较多的情况下,都会产生厌氧发酵现象。厌氧发酵会使有机物在分解后产生二氧化碳、氢气、甲烷、硫化氢等气体。厌氧发酵处理技术是利用废水或固体废弃物中的有机污染物作为营养源,进而为微生物的生长创造生存环境。这一方法利用了微生物的分解与同化合成的能力,将有机污染物转化为无机污染物,这样一来能够清除污染物,且在处理过程中没有产生其他的副作用。好氧堆肥化处理是利用自然界中的细菌、真菌和人工培育的工程菌等微生物进行污染物处理,在人工控制的条件下,对来源于生物的有机固体废弃物在控制下保持稳定,将会被生物降解的有机物直接转化为稳定的腐殖质的生物化学方法。固体废弃物在经历好氧堆肥化处理后,会被制作成一种叫作堆肥的物质,堆肥是一种质地疏松、如泥土的物质,堆肥中腐殖质含量高,能够作为土壤的改良剂,对提升土壤肥力有积极的作用。对于固体废弃物的处理,应该以实际情况为主,使固体废弃物的治理能够实现对症下药,将固体废弃物对环境的污染降至最低。

2.5 油类物质的应急处置

2.5.1 溢油事件

突发性溢油风险发生时,需要先进行溢油监察与跟踪,以确定溢油事故的规模与类型,并根据事故类型选择相应的风险控制措施。海上原油的应急处置比较完善,三峡库区油类的应急处置可参考海上溢油相关方法。

2.5.1.1 原油厚度估算

海上溢油厚度估算如表 2-1 所示。

2.5.1.2 海上溢油监察方法

海上溢油监察方法有:①观察法;②彩色摄影法;③热红外扫描法;④紫外扫描法;⑤航空雷达扫描法;⑥波辐射测量法;⑦荧光测定激光法。

2.5.1.3 溢油跟踪

根据海水的流向、流速和风向、风速等资料对溢油移动进行粗略的预测。溢油移动速度与海流相同,大约是风速的 3% 。用简单的几何方法可以估算溢油的方向和速度。

2.5.1.4 溢油事故类型

根据《中华人民共和国海洋石油勘探开发环境保护管理条例实施办法》第三十三条规定,溢油事故分为大、中、小三种类型。具体见表 2-2。

表 2-1　海上溢油厚度估算

油面颜色	溢油厚度估算(μm)
水面银光闪闪	0.08
初显彩色	0.15
光亮彩带	0.3
彩色开始变暗	1.0
深彩色	2.0
黑色	大于 2.0

表 2-2　油溢事故类型

溢油事故类型	溢油量(t)
小型	10
中型	10 ~ 100
大型	>100

小型溢油事故处理程序如图 2-9 所示。

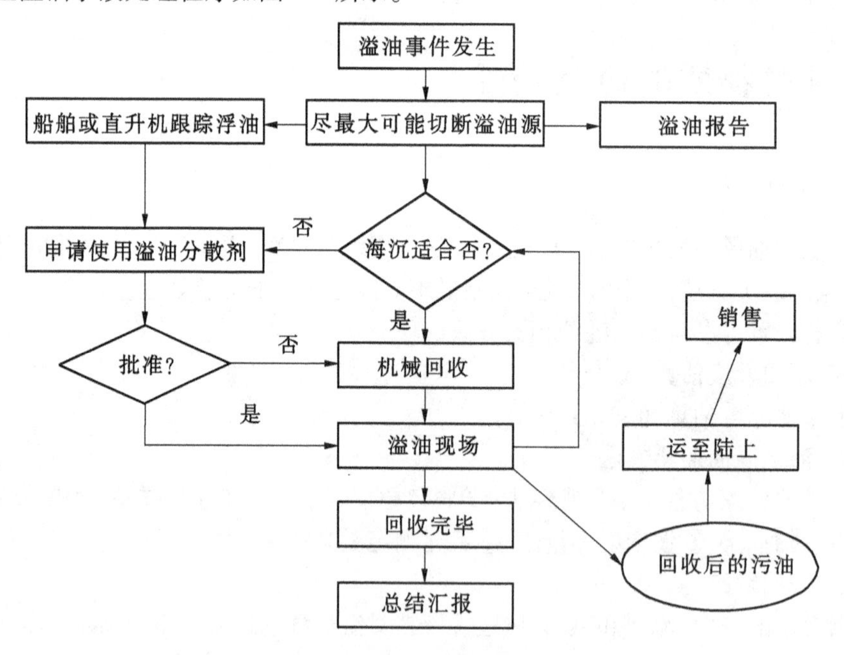

图 2-9　小型溢油事故处理程序

大、中型溢油事故程序如图 2-10 所示。

2.5.1.5　溢油风险控制各类方法比较。

海洋水体油污染的治理方法比较见表 2-3。

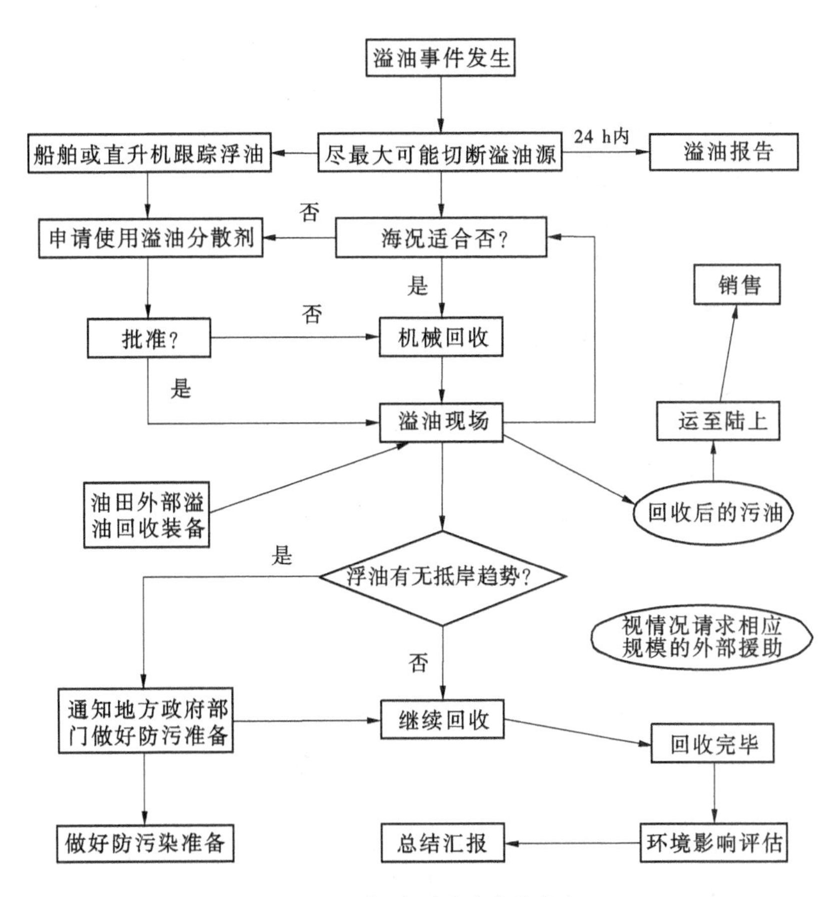

图 2-10　大、中型溢油事故程序

表 2-3　海洋水体油污染的治理方法比较

治理方法	适用场合	优点	缺点
围油栏	水面平静的海洋浮油溢油	设备简单、投资小、操作方便	需用机械方法来回收栏内的浮油，且最终回收的油水都需要采取进一步的分离措施。可能增加火灾或爆炸的危险
吸收剂	小规模溢油	能有效吸油	不能生物降解
分散剂	大规模溢油	更有利于油粒被水中溶解氧氧化或被微生物降解，在波涛汹涌的水面也能处理	破坏生态平衡
凝油剂	小规模溢油	控制溢油扩散	分散能力差，亲水性、链长会影响凝油效果
焚烧法	海洋溢油	不产生附加产物，保持生态平衡	需要用机械方法进一步处理，把水域的油污染转移到空气中

2.5.1.6　不同类型溢油事故处理方式举例

1. 中、大型溢油事故（溢油量10 t以上）

中、大型溢油事故处理简要流程如下：

(1)由应急船舶拖带围油栏呈 U 形截油扫油,或将围油栏定位布设在溢油源周边。

(2)选择合适的撇油器施放入海收油,如高黏度油选择螺杆泵式撇油器,低黏度油选择圆盘式撇油器,分散油片可使用支臂式吸油拖栏单船收油,或使用绳式收油机。

(3)喷洒少量消油剂或施放吸油毡清除残油。

2. 小型溢油事故或小片分散油膜

小型溢油事故或小片分散油膜处理简要流程如下:

(1)使用支臂式吸油围栏单船收油作业,或使用绳式收油机。

(2)喷洒少量消油剂或施放吸油毡清除残油。

3. 巧克力冻或块状溢油事故

采用单船拖带收油网扫油收油,人工操作小网收捞小块分散溢油。

4. 恶劣海况下溢油紧急抑制清除

经主管部门批准后,采用船舶喷洒方法喷洒消油剂。

5. 机/柴油事故

可使用支臂式吸油围栏围油扫油,喷洒消油剂或施放吸油毡清除残油,大型柴油泄漏可按大、中型溢油事故处理方式处理。

6. 岸滩、港口溢油

可沿岸使用小型收油机或撇油器,或使用自航式小型收油系统。滩涂溢油可使用真空式收油机回收,上岸溢油可使用分散剂清除,如岸边能行驶车辆,也可使用铲土设备将含油污泥或沙石铲出运走。

总之,海上发生溢油后,应首先撒布凝油剂,防止溢油的进一步扩散,然后用围油栏进行拦截,再用各种机械方法把围起来的油尽量回收,无法回收的部分,则用化学方法和生物方法处理,如外海区的溢油可用焚烧法,深海区的溢油可用凝油剂使之沉降,由海底生物将之消化、降解。

对于突发性的油类污染事件,其应急处理方法主要有物理方法、化学方法和生物方法。事件发生时,可采用围油栏、撇油器等工具及吸油材料对泄漏的油类进行物理收集、回收。但是汽油、煤油等轻质油密度很小,在水面上的扩散速度很快,物理处理法往往难以奏效。化学处理法中,通常采用分散剂将油污分散成极微小的油滴,降低油污的吸附性,以此来对其进行处理。另外,还有沉降剂法,采用密度大于水的沉降剂,如采用处理过的沙子、碎砖块、水泥、涂层氧化硅、飞灰等进行吸油,吸油后沉降到水底采用机械方式进行回收。在条件合适的情况下,也可以采用点火器或油芯等各种助燃剂,就地燃烧,在短时间内将大量泄油燃烧完,这也是一种能迅速消除大面积油污的应急处置方法。细菌可以清除海表面油膜和分解海水中溶解的石油烃,同时具有化学方法所不可比拟的优点。微生物的石油降解能力是对石油污染进行生物修复的生物学基础,直接决定生物修复的效率,被认为是解决石油污染的根本方法。

2.5.2 物理处理法

一般来说,处理水面溢油最理想的方法是物理清除,采用物理清除可以避免对环境的进一步污染,但不适合清除乳化油。目前,处理溢油的物理方法主要有围栏法、撇油器法、溢油回收船、吸油材料法等。这些物理方法主要应对大规模、大范围的海面石油泄漏事故，通过物理措施将原油吸收、捕捉后再进行分离、回收。但对于汽油、煤油、柴油等轻质油，由于其密度小、黏度小、在海面扩散速度快等特点，各种物理方法往往难以奏效。

2.5.2.1 围油栏

围油栏是处理溢油事故中一种常用的设备，急流溢油中科学正确使用围油栏对急流溢油进行拦截、围控、回收是行之有效的。

1. 方法分类

为了防止溢油扩散，根据水文气象条件及周围环境状况确定围油栏的布放是相当重要的。围油栏的布放方法有如下5种。

1) 包围法

包围法适于溢油初期或者单位时间溢出量不多，以及风和潮流都较小的情况下使用，用来包围溢油源。根据溢油回收工作的需要，应设作业船和溢油回收船的进出口。

2) 等待法

等待法适于溢出量大、围油栏不足或者风和潮流都较大、包围溢油困难的情况下使用。

3) 闭锁法

闭锁法适于在港域狭窄的水道、运河等发生溢油时使用。

4) 诱导法

诱导法适于溢出量大，风和潮流影响大、溢油现场用围油栏围油不可能的时候，或者为了保护海岸及水产资源，利用围油栏将溢油诱导至污染较小的海面。

5) 移动法

移动法在深水的海面或风和潮流大的情况下，以及在使用锚不可能或者溢油在海面漂浮的范围已经很广泛的情况下使用。该方法需要两艘作业船配合工作。

上述5种方法属于基本的布放方法。围油栏的布放可根据具体情况灵活应用，也可以多种方法同时进行，但要考虑到自然条件的变化，有计划地展开。

2. 设备介绍

一般来说，围油栏的性能需要通过测试来确定，确定方法主要有两种：①直接将围油栏置于实际海况中，测量其能够拦截溢油的风速、波高和流速的最大标准。②在实验室中对围油栏分别进行抗风、抗浪、抗流的测试，根据结果推算其性能。

目前常用的围油栏分为三种类型：帘式围油栏、篱式围油栏和岸滩式围油栏。

1) 帘式围油栏

帘式围油栏主要在海面平静和海岸状况良好的情况下使用，分为充气式围油栏和固体浮子式围油栏。

(1) 充气式围油栏的浮体为充气式，一般为 PVC 材料制作。按充气方式又可进一步分为压力充气式和自充气式；按照气室结构，充气式围油栏又可分为单气室和多气室(一个气室的长度为2～4 m)。从实际情况来看，多气室围油栏漂浮能力更强，在其中一个气室破损的情况下，整体围油栏不会因此而下沉，因此应用更广泛。

图2-11为独立气道式多气室围油栏示意图。

该种多气室围油栏具有以下优点：

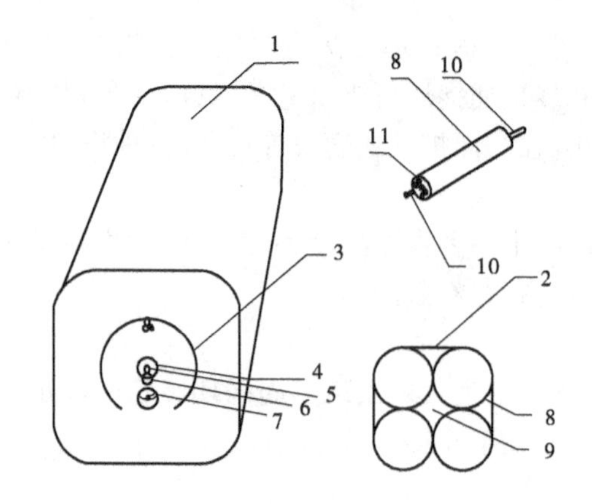

1—充气浮筒;2—外套;3—拉链;4—加强;5—螺栓;6—活扣;
7—气阀;8—内胆;9—钢缆;10—气管;11—拉头

图 2-11　独立气道式多气室围油栏示意图

①分段组装,安装容易,使用方便。

②由于各气室互不相通,各自独立,一个部位破损漏气不会影响其他气室和整个围油栏的使用。修理方便,只需更换某个破损内胆即可。

③在内胆外设有内套和外套保护,可以承受较大的压力,因此可以容纳较大的充气量。

④除可以围控溢油,还可以拦截海藻、红潮和水上漂浮物等,用途较为广泛。

(2)固体浮子式围油栏的浮体外壳一般由 PVC 材料或橡胶、钢制材料等制成(见图 2-12),内部由柱状或粒状的泡沫填充。与充气式相比,固体浮子式围油栏布放速度更快,对刺扎不敏感,但占用的空间较大,且回收工作强度大。

固体浮子式围油栏中,浮体为耐热钢材质材料制成,也称防火围油栏。该围油栏一般与焚烧技术配合使用,由于其防火特性,该围油栏特别适用于油港、油码头、石油钻井平台等高防火等级敏感区域,以及用于将溢油拖带到适合的地点燃烧处理。

图 2-12 为某高强度防火围油栏的结构示意图。

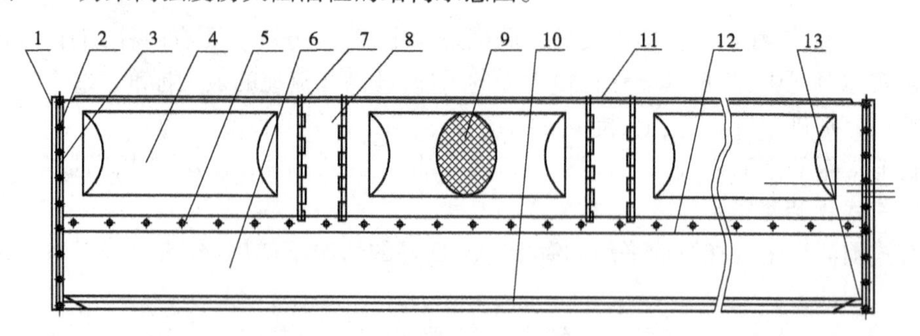

1—快速连接器;2—连接螺栓;3—快速连接插销;4—不锈钢浮体外壳;5—裙体连接螺栓;
6—裙体;7—圆柱状连接插销;8—不锈钢柔性隔段;9—内部耐高温泡沫浮子;
10—压载链;11—不锈钢拉力钢缆;12—不锈钢裙体压板;13—快速连接器

图 2-12　某高强度防火围油栏的结构示意图(王万财、赵俊颖专利)

该高强度防火围油栏具有如下优点:

①采用不能燃烧的不锈钢柔性隔段。

②不锈钢浮体外壳内有耐高温泡沫浮子，耐温可达 100 ℃，具有不可燃烧性。

③采用的连接方式是双铰链式连接，具有牢靠、快捷、方便、不燃烧的优点，使防火围油栏能够对拆，可与普通围油栏串联配合使用。

④水下裙体为二层涂覆耐油、耐老化优质阻燃橡胶的高强度织物热合而成，具有较高的强度和耐老化性。

⑤围油栏顶部的不锈钢丝、腰部高强度加强带和底部拉力配重链组成牢固的抗拉体系，采用包链式，整体结构简洁明快。

2）篱式围油栏

篱式围油栏主要用于流速较大的海区，包布材料一般采用橡胶、PVC 或聚氨酯等。其浮体为固体并以篱笆形式进行排列，裙体材料多为玻璃纤维网络或其他刚性材料。浮体与浮体之间利用柔性隔段连接，使围油栏的浮动更加灵活。围油栏的张力带通常采用带子或钢丝绳，并置于围油栏内层。围油栏的配重一般为钢丝绳、钢制链条和铸铁块等。

根据浮体的布置形式和张力带等结构特点，篱式围油栏可分为中心浮体式、外置浮体式和外加强带式三种。

（1）中心浮体式围油栏具有一组中心浮体群，即浮体在围油栏中心线两侧且对称，浮体群通常由固体泡沫盘组成，这种浮体盘相对减小了围油栏的储存体积。

（2）外置浮体式围油栏的浮体一般设置在围油栏的一侧，也可以设置在围油栏的双侧。

（3）外加强带式围油栏也分为两种：一种是把加强带配置在面向潮流方向的一侧，即单侧加强带式围油栏；另一种是把加强带配置在两侧，并用钢丝绳将加强带固定在围油栏的顶部和底部，即双侧加强带式围油栏。

篱式围油栏抗潮流性能好，适用于较封闭的河域和河流的长期布放。中心浮体式围油栏与水接触面积小，摇摆性能差，容易出现翻滚。外置浮体式围油栏与水接触面积大，增强了抗翻滚性能，但外置浮体在水中强度较弱。外加强带式围油栏虽然抗潮流性能好，但布放复杂，回收时加强带易缠绕，而且单侧加强带式围油栏只能在单向潮流水域使用。总的来说，篱式围油栏制造简单，成本也较低，但缺点是储存体积大。

3）岸滩式围油栏

岸滩式围油栏具有在浅水区不易翻倒的优点，特别适合布放在岸滩附近。其材料多为聚氨酯，由三个独立管腔组成“品”状，一根管腔位于上部，另外两根管腔位于下部。上管腔充气，为浮体；下管腔充水，为裙体，提供足够的重量使围油栏与地面或岸滩保持密封状态。该围油栏构造独特，干舷是上管腔的高度；吃水为下管腔充水后的垂直高度，约占围油栏总高度的一半；张力带为本身的结构材料；而配重为底部两个管腔中的水。

岸滩式围油栏适合布放在潮间带或水陆交接处。布放这类围油栏时，一般需要先选好地点，然后给下部的管腔和上部的管腔分别注水和充气，注水量需要掌握好，过多会影响其与地面的密封效果。

岸滩式围油栏具有如下特点：①使用范围狭窄，适合布放在潮间带和水陆交界处；②布放条件受限，一般布放在地势平坦处，以保证其密封效果；③可与其他类型的围油栏对接使用；④由于构造独特，外表脆弱，易被刺伤和划破。

一般来说,优质的围油栏应具有以下特性:①易展开和回收;②具有高浮沉比率;③良好的静力学和动力学稳定性;④良好的流体力学特性;⑤密实且不阻塞;⑥易水洗;⑦接合部件可抗紫外线和抗水解;⑧抗磨损、抗穿刺和抗油。围油栏需要既能防止溢油在水平方向上的扩散,又能防止原油凝结成焦油球,在海面垂直方向上的扩散。图 2-13 是我国自行生产的溢油应急船,图 2-14 是双层充气围油栏,图 2-15 是“TV010”号清污船在收油。

图 2-13　我国自行生产的溢油应急船

图 2-14　双层充气围油栏

图 2-15　“TV010”号清污船在收油

3. 工艺流程(或操作步骤)

围油栏的操作步骤如下:

(1)在溢油回收装置调到船上使用之前,打开各集装箱检查设备、管线及附件是否齐全,检查液压油和柴油液位是否合适,启动空压机动力柴油机和收油艇动力柴油机,检查工作是否正常。

(2)将溢油回收装置吊至收油主船,人员到位,按照摆放位置进行摆放。

(3)将空压机动力柴油机从集装箱内吊出,放置在围油栅集装箱旁,连接空气和液压油管线(机械负责)。

(4)启动空压机动力柴油机,转动液压油控制手柄,检查围油栅液压装置转动是否灵活及转向(机械负责)。

(5)将一号围油栅集装箱的围油栅在船上放出两节。

(6)在围油栅的第一节上系上浮标。

(7)将第一、二节围油栅进行充气,放到水中,继续充气施放;一号围油栅和二号围油栅两端用销子连接(根据实际情况确定是否需要使用两个围油栅)。

(8)辅助船将一号围油栅的浮标捞起,固定,两船配合进行操作。

(9)将收油艇摆放到位,连接液压管线和收油管线(电工负责)。

(10)将收油艇动力柴油机液压启动装置压力调至 20 MPa 以上。

(11)将启动手柄按到底,直至柴油机启动后再将手柄松开。

(12)将小艇吊到水中,点动控制手柄检查控制情况,开始收油,注意收油罐的液位。

(13)使用完成后,用高压清洗小车对管线和围油栅逐节进行清洗(必须使用淡水)。

(14)使用空压机将围油栅内的空气抽出,回收围油栅。

(15)两台动力柴油机使用完毕之后,检查柴油和液压油的液位,给予必要的补充。

(16)对工具和附件进行检查确认。

(17)将各集装箱回放至平台专用位置。

2.5.2.2 撇油器

溢油回收器是指在水面捕集浮油的机械装置。撇油器是主要的收油装置之一,其适用范围广,收油效果好,抗风等级高,适用于中等以上规模或大面积集中回收溢油。

1. 原理

撇油器的作用原理为:利用油和油水混合物的流动特性、油水的密度差及材料对油水混合物的吸附性,将油从水面上分离出来。

撇油器可以是自由漂浮的、安装在船舷旁的、建在船上的、置于围油栏顶点的、由吊臂控制或手持的等。撇油器的工作原理有吸附/亲油、机械传输、抽吸、倾斜板、涡旋、过滤等。

1)吸附/亲油原理

吸附/亲油原理是利用油黏附在某些物质上的能力(如聚丙烯、PVC 和铝便是很好的吸附物质,让浮油吸附在一个运动物质的表面上,然后被带出水面,最后通过刮擦或挤压转移至储油槽或输油泵中。这种形式的撇油器可以是旋转的盘片、刷子,也可以是吸油带、拖绳或硬毛刷。硬毛刷和齿形盘片还综合了机械传输原理。

2)机械传输原理

机械传输原理包括任何以机械方式,如铲、刷、浆、螺杆等将浮油转移出来的操作,它们都沿一个水平轴将油和水推进回收器中。这一方法总是和一个或多个其他方法综合运用。对于其他各种撇油方法,加上机械传输可以大大改善处理高度油和浮渣的能力,并在一定程度上可以降低含水率。机械传输法可以很好地解决由于天气恶劣和回收油包水溢油时的困难。

3)抽吸原理

抽吸原理的应用方式有空气传输和水下抽吸两种。

(1)空气传输。

这类撇油器通常运用真空油槽车或小型真空设备,用吸管连接一个撇油头。真空抽吸只对非常轻的油有效。由于吸臂内的磨损损耗,当抽吸的最大压力为 80 ~ 90 kPa 时,对于黏度高的油品几乎是无效的。真空设备能回收溢油的原理在于吸油的同时吸入空气,使管口及管内空气高速流动,高速空气从水面上将油带走,然后转移到回收槽中。

(2)水下抽吸。

水下抽吸有水下孔吸式、堰式。外形似一只漏斗,底部安装排水泵,上部装有吸油泵,其吸口深入浮油层中,漏斗固定于浮力箱上来进行浮力调节。工作时,排水泵不断地从漏斗内吸水,并从漏斗底部向外排出,使漏斗内的水位下降。海水和浮油连续不断地从上部进入,使漏斗内的浮油层积厚,油泵则将浮油吸入并转送至回收槽中。

堰式撇油器,其堰缘大都可以在水的作用下在垂直方向上调整,或整个撇油器可以用空气压舱来上下(通过将水泵入、泵出一个浮体中)活动。但是通常是通过调节型的堰缘来完成的,可以随泵的速度而或高或低。堰撇油器可以是自由漂浮(固定于浮体上)的,也可以是固定吊臂或手持的,或与其他的各种撇油器结合起来。

一种特殊结合是堰式围油栏,即在围油栏的顶点处安装堰、漏斗、输油泵。还有种设计是在围油栏上装两个或更多的堰。还有一些多功能的收油结合,以堰式撇油器为基础,附上不同的盘片、硬毛刷或其他传输装置。

4)倾斜板原理

倾斜板撇油器只是在油水面上向前运动,使板下的油进入收集槽,在这里浮油会再次上浮。随着油层的不断增高,内部的撇油堰可将油回收,再用泵将油转移到回收槽中。

5)涡旋原理

涡旋原理是在撇油器的中心生成一个涡旋,运用一个大直径的离心泵或螺旋桨,通过旋转并从回收腔底排出水,从而水和油就被“拉向”撇油器,同时产生一个向心作用,促使涡旋中心的油层不断变厚。中心的油用泵抽走,或通过中心一个简单的堰回收。有一种生成涡旋的方式是通过圆形腔体向前运动迫使油和水以切线方向进入腔体,从而产生旋转,水从底部流走,而油在中心不断积厚,最终被抽走。

6)过滤原理

带式撇油器同时也可以具有过滤功能。属于过滤撇油的还有网状转鼓,它由一个水平方向的金属网状鼓组成,沿着一个具有固定漏斗的圆管旋转。网状转鼓的直径大小不一,可以大到与入口一样,也可以小到与水平管一样。它通过旋转将油和浮渣带出水面,而水可以流过。漏斗刚好在水面上,所以浓缩的油就被刮进了漏斗,不带水或带很少的水。漏斗内有一个螺杆将收集的油送进输油泵中。网状转鼓综合了过滤和机械传输原理,还有一定程度上的吸附原理。

油器的种类很多,而且大都综合了多种撇油原理。不同撇油器的适用条件差异很大,通常配合起来使用效果会更好。

2. 设备

撇油器的一般组成有撇油头、传输系统、动力站。对撇油器作用效果的主要影响因素有撇油器的工作环境、回收的溢油种类、油膜厚度、海况、水面垃圾等。表 2-4 为各种撇油器简介。

表 2-4　各种撇油器简介

名称	定义	组成	原理	优点	缺点
堰式撇油器（见图 2-16）	借助重力使油从水面流入集油器内的油泵，进入储油容器的装置	撇油器浮体、集油器、堰边高度调整装置、动力系统、传输系统	利用溢油重力和流动性，调整堰式撇油器的堰边刚好低于油膜表面，让油通过堰边流进集油器，通过泵将集油器内的溢油泵入储油容器（见图 2-16）	尺寸小、结构简单、维护容易、回收速率高、适用范围广	堰边高度调整困难，受波浪、油膜厚度影响大，对水面垃圾敏感，受黏度影响大，不适用于回收高黏度油
真空式撇油器（见图 2-17）	利用吸入泵或真空泵在真空储油罐内建立真空并通过撇油头处的压力差回收油水混合物的装置	撇油头、软管、真空泵、动力站	利用真空泵在撇油头产生真空，将水面上或地面上的溢油吸入真空储油罐内	操纵装置小，技术要求简单，维护容易，造价低廉	回收效率低，真空罐车式的回收效率低于10%
盘式撇油器（见图 2-18）	利用吸油材料制作的盘片在油水混合物中旋转，盘片旋出时，吸附的溢油被刮片刮入集油器，并泵送到储油容器的溢油回收设备	盘片、刮片、集油器、输油软管、动力站和泵。盘片种类有平面圆盘、外沿呈 T 形的圆盘等	亲油材料制作的盘片旋入油膜，刮片将盘片吸附的溢油刮入集油器内，通过泵将回收的溢油泵入储油装置。适用范围：港口、近岸水域回收中、低黏度的油	对轻质油具有良好的适应性，回收效率高，对垃圾适应性好，维护简单	回收效率低（10～60 m^3/L），适应黏度范围受限制（盘片不吸附高黏度的油），对海草和波浪适应性差

续表 2-4

名称	定义	组成	原理	优点	缺点
绳式撇油器（见图 2-19，分为卧式、立式）	用环形绳拖把吸附水面溢油，通过辊子挤压装置将绳拖把吸附的溢油挤出并存放在集油器内的装置	绳拖把、挤压辊、集油器、动力站、液压马达	使用环形绳拖把，挤压辊驱动绳拖把并挤压黏附的溢油，集油器收集挤压的溢油	回收效率高，覆盖面积大，维护容易，造价低廉	对海草适应性差，回收速率低，适应黏度范围受限，布放绳拖把困难
带式撇油器［分为吸附式带式撇油器（见图 2-20）、非吸附式带式撇油器）］	利用传送带回收水面溢油的机械装置	吸附带、刮片（或压辊）、传动装置和集油器	向下传动，亲油带推动水线下的浮油，被黏附的油在系统顶部用挤压皮带或刮板将油回收，没被黏附的油集中在皮带后面的储存区，被回收的油和集中在皮带后面的油通过吸管泵入储油槽。向上传动，亲油带接触油膜，油膜和浮体杂物黏附在带上被带走，油被辊轴挤压机挤压进入油槽，杂物被刮入储存箱	回收速率高、效率高，适应区域广，随波性好	结构复杂，体积大，需有起吊设备配合作业，造价高

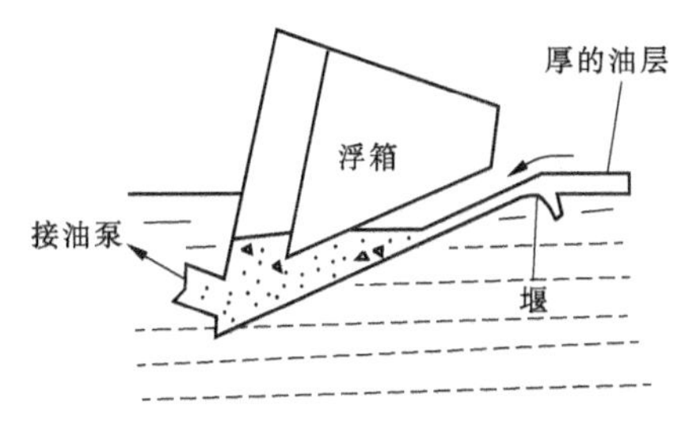

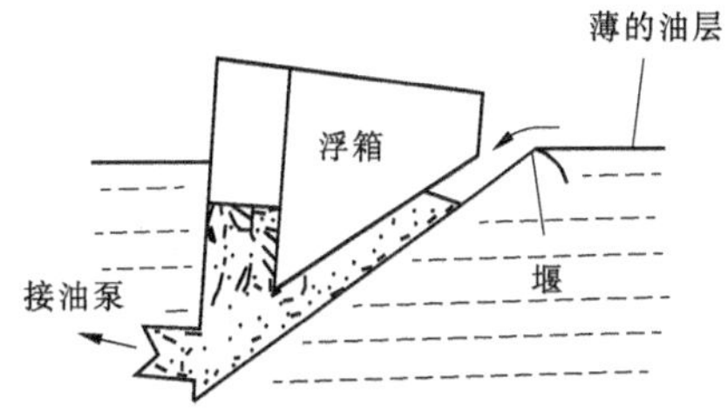

图 2-16　堰式撇油器原理示意图

(a) 撇油机

(b) 撇油头

图 2-17　真空式撇油器

图 2-18　盘式撇油器

图 2-19　绳式撇油器

2.5.2.3　溢油回收船

1. 原理

溢油回收船是用来回收水面溢油和油垃圾的船舶。溢油回收船主要包括溢油回收装置、回收油储存舱、驳运装置、机械动力系统和垃圾回收设备等。

对溢油回收船功能的要求取决于使用海域和海域环境。溢油回收装置、驳运装置与储存能力应匹配，动力装置应有快速反应能力，溢油回收作业时能够低速航行，并具有一定的拖带能力。

按照船舶建造的规范，溢油回收船可分为航行于近海海域、港口水域和遮蔽水域三类。

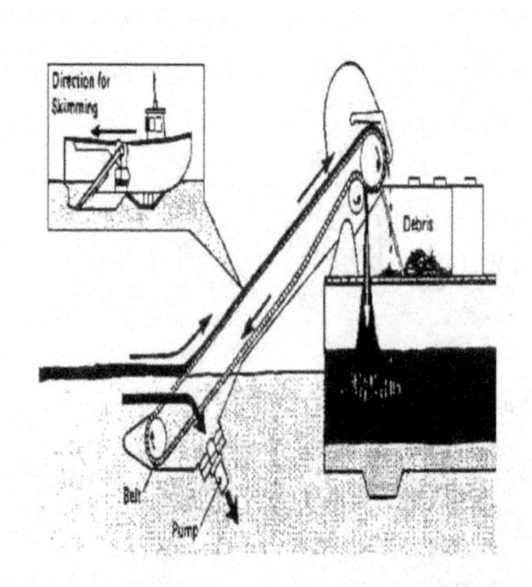

图 2-20　吸附式带式撇油器

海特 19 见图 2-21。

图 2-21　海特 19

2. 设备介绍

溢油回收船的性能和特点是由溢油回收装置的性能和特点决定的。因此,按照溢油回收装置的性能和特点,可将溢油回收船分为抽吸式、黏附式、水动力式和堰式四种类型。

1) 抽吸式溢油回收船

抽吸式溢油回收船是一种利用泵抽吸水面浮油的船舶,有浮体抽吸式和真空抽吸式两种。抽吸式溢油回收船的溢油回收装置工作原理类似于真空撇油器,当船舶前进时,通过船舶前面的导油臂将水面溢油引导向溢油回收舱,然后通过吸头将溢油泵入储存舱。因此,抽吸式溢油回收船适用于平静水域,波浪大时回收效率明显下降,特别适用于回收油层较厚的低黏度油。这种溢油回收船结构简单、造价低廉，适用于港口水域。

2）黏附式溢油回收船

黏附式溢油回收船是一种利用亲油材料制成的绳、带和桶黏附溢油的原理进行溢油回收的船舶。其工作原理同绳式撇油器、带式撇油器、链式撇油器和桶式撇油器。这种回收船舶制造简单，船舶较小，适用于在港区水域回收各种类型的溢油，也可以随母船到近海进行作业。

3）水动力式溢油回收船

水动力式溢油回收船是利用旋转的传送带产生的水动力引导溢油进入溢油回收舱，借助油水比重差，溢油重新浮于水面，积聚一定厚度，被泵送到储存舱的船舶。根据旋转的传送带的布放形式又可分为浸没式和漂浮式。工作原理类似于动态斜面式撇油器和非吸附式撇油器。这种工作原理适宜建造大型的近海回收船，并可以附加布放和拖带围油栏、喷洒溢油分散剂、采取消防救生等应急指挥措施，还可以携带其他类型的撇油器进行工作。

4）堰式溢油回收船

堰式溢油回收船是利用堰板或扫油臂引入油水混合物，然后进行油水分离的船舶。当船舶前进时，水面溢油通过可调堰板或扫油臂进入油水分离舱，利用油水比重差，油水自然分离，将舱底部的水排出回收油。

3. 使用

上述几种溢油回收船都可以配合围油栏进行作业，也可以独立工作，若要充分发挥溢油回收船的作用，还应注意下列事项：

（1）考虑溢油现场的天气和海况。溢油回收船的回收效率与天气和海况有关，回收船舶的航行能力也受到天气和海况条件的影响，应考虑回收船的航行区域和抗风等级。

（2）溢油回收船的回收装置不同，应根据溢油的种类和规模来选择具有不同回收装置的回收船舶。例如，对高黏度、规模大的溢油，应选择带式等回收船舶；对低、中黏度的溢油，应选择水动力、堰式等回收船舶。

（3）在进行溢油回收作业时，应考虑回收船舶的应急反应能力。溢油回收船舶能否发挥作用，关键取决于回收船舶能否在溢油大面积扩散前赶到现场，并跟踪溢油。回收作业时，还应考虑溢油的储存能力。近海作业时，还需要考虑子母船舶配合问题。

2.5.2.4 吸油材料

1. 原理

吸油材料能利用其表面、间隙以及空腔的毛细管作用，或者分子间的物理凝聚力形成的网络结构吸附油及油脂，能起到集中和临时固定油及油脂类有机物的作用。适用于浅海、岸边，以及比较平静的场所。

吸油材料吸油机制基本上可以分为包藏型、凝胶型和包藏凝胶复合型。

（1）包藏型。

包藏型的吸油材料往往是具有疏松多孔结构的物质，它利用毛细管现象吸油。

（2）凝胶型。

凝胶型的吸油材料大多是低交联的亲油高聚物。它的吸油机制类似于高吸水树脂的吸水机制,原则上用亲油基取代高吸水树脂中的亲水基,使高吸水树脂转化为高吸油树脂。将高聚物中的亲油基与油分子相互作用力作为吸油推动力,油吸入后储藏在树脂内部的网络空间中,高聚物交联度越低,则它的网络空间越大,吸油储油能力也越大,但同时交联度降低会导致高聚物在油中的溶解度增大。

(3)包藏凝胶复合型。

包藏凝胶复合型机制即以上包藏型、凝胶型机制的结合。

吸油材料的吸油机制可以用图 2-22 来表示。与吸水树脂相比,吸油树脂的吸收倍率要远远小于吸水树脂的吸收倍率,本质原因如下:

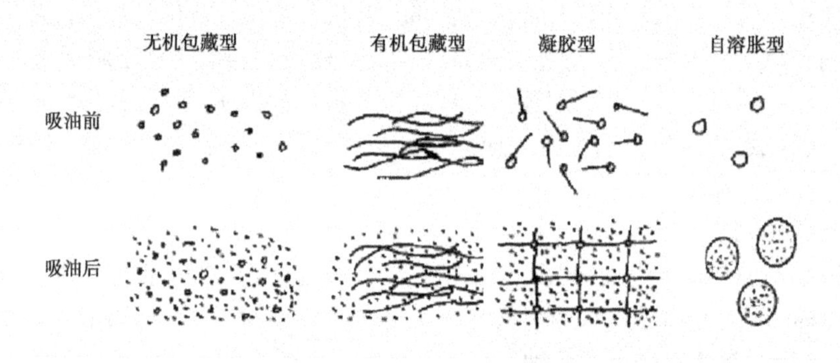

图 2-22　典型的吸油材料的吸油机制示意

(1)液体密度不同。水的密度大于油的密度,如果两种树脂吸收同样体积的水和油,它们的吸收倍率会相差很多。

(2)吸收推动力不同。在吸油树脂中只能由范德华力作吸油推动力,而范德华力是一种弱推动力。而在吸水树脂中,其推动力除了范德华力,还有很强的氢键作用力和渗透压作用力,而后两种作用力在吸油树脂中是无法实现的。

2. 特点

吸油材料应具备吸油性能好、价格合理、易于再生利用的特点。廉价、高效、环保的复合吸油材料是研究的热点。随着环保意识的加强,使用可生物降解吸油材料的呼声越来越强烈。

3. 方法分类

各类吸油材料的应用范围及优缺点如下:

(1)天然无机类的包藏型。主要应用于油炸食品废油处理、工厂废油处理、漏油处理等领域。优点是价格低廉、使用安全、可以燃弃。但是这种材料受压会漏油且体积大,同时吸水。

(2)有机合成的包藏型。主要应用于工厂废油处理、工厂排水混入油处理、流出油处理、漏油处理等。优点是吸油速率快,可以燃弃。但是受压会漏油且体积大,同时吸水。

(3)有机合成的凝胶型。主要应用于油炸食品废油处理、油黏度调整剂、流出油处理、漏油处理等领域。优点是使用安全,可以燃弃,体积小。但是却需要加热熔融且价格昂贵。

(4)复合型。主要应用于废油处理、漏油处理。优点是可以燃弃,体积小。但是其吸油量少,且吸油速率慢,价格昂贵。

4. 吸油材料的主要形状及应用范围

(1)固体颗粒状型:粒径为数百微米的黏着性固体粒子,可用于一般性废油。

(2)织物型:将高吸油性树脂负载于合成纤维上制成滤布状或袋状,可用作过滤器除去空气中的油分或除去水中的悬浮油,也可用于制造工业用或家庭用的油抹布。

(3)填充型:把粒状固体吸油材料填充在合成纤维袋中,可用于废油、漏油的处理。

(4)片状型:把吸油材料包裹于纤维中制成片状,用于废油、漏油的处理,或作油栅和油抹布。

(5)液体型:主要是用于海上原油泄漏处理的凝胶型吸油材料。

(6)乳液型:粒径为 1 μm 以下的高分子乳液,其对油分子具有很强的亲和力,主要用于油烟过滤器中,油烟通过时油分被吸附掉。

5. 材料

吸油材料可以按照不同的分类方法进行多种分类。按构成材料种类的不同,吸油材料可分为无机吸油材料、有机吸油材料和复合吸油材料三大类。其中有机吸油材料又可以分为合成有机吸油材料和天然有机吸油材料。按照吸油材料的吸油机制可以分为包藏型、凝胶型和包藏凝胶复合型。

无机吸油材料主要有石墨、分子筛、活性炭、膨润土、粉煤灰等。它们的优点是材料相对便宜,缺点是大部分吸油量小(一般 <5 g/g)、保油率差、吸油同时也吸水。针对无机吸油材料的缺点,可对其进行改性研究。

无机吸油材料吸油率低,而且大部分是粉状、粒状产品,因此在运输、使用和回收上属于劳动密集型产业,造成使用成本偏高。虽然改性处理可以克服其部分缺点,但真正得到广泛使用的还是有机吸油材料。

有机吸油材料可分为合成和天然两大类。合成有机吸油材料应用最多的是高吸油性树脂。通常可分为以丙烯酸酯类为主要单体、以烯烃为主要单体(烯烃分子不含极性基团,对油品的亲和力更强)、以橡胶为主要单体以及聚氨酯类等。高吸油性树脂是当今吸油材料发展的主要方向。合成有机吸油材料最大的问题是使用后降解很慢或不能生物降解。通过填埋处理对环境不友好,通过焚烧处理成本又很高。同时,也会造成二次污染。天然有机吸油材料具有廉价、易得、可生物降解等优点,近年来得到广泛关注。

复合吸油材料主要有无机与有机材料复合、天然有机与合成有机材料复合以及其他新型复合材料。膨胀石墨 - 酚醛树脂基活性炭复合材料利用两者的优势,能形成新的更大"储油空间",对生活污油类等有机大分子物质表现出更强的吸附能力。此外。新型的碳/碳复合材料也开始被用于吸油性能的研究。

2.5.3 化学处理法

化学处理法简单、快速,其主要特点是改变石油的物理化学性质,可以直接应用于溢油处理,也可以作为物理处理法的后续处理。化学处理法包括现场燃烧法、分散剂法、凝油剂法和沉淀剂法等。

2.5.3.1 现场燃烧法

现场燃烧是指在溢油现场燃烧漂浮在水面上的油。这种技术主要用于处理近海大型溢油事故。现场燃烧能够快速、安全和有效地处理诸如近海石油勘探和生产、海上输油管线、油轮事故等发生的溢油事故,也适用于特定的河流环境中发生的溢油事故。

1. 原理

1)点火与燃烧对油和水的要求

如果油层足够厚、点火区域面积足够大和点火温度足以使油蒸发,那么就可以燃烧水面上的大部分原油和炼制油。为了防止油层的热量向油层下面的水传输,油层的最小厚度应不小于2~3 mm。使用新鲜原油进行燃烧实验的结果显示,当油层厚度降低到1~2 mm时,燃烧很快停止。如果油层太薄,水冷却速度快,热量损失很快,使油温降低到油蒸发温度以下,就不足以支持油的燃烧。如蒸发成分少的柴油、风化乳化的原油及C级燃料油,其最小燃烧厚度可达8~10 mm。维持燃烧的关键是使用防火围油栏或利用冰或岸线等自然条件围控溢油,以保持这一厚度。

实验证明,最有效的溢油点火装置是尽可能多地向油层传输热量且产生极小的波动。使用飞机布放凝胶燃油快速、安全,是费用消耗最少的点火方法之一。

最适合进行现场燃烧的环境条件是波高小于1 m、风速小于7 m/s。适宜于燃烧的时间条件范围很宽,从几个小时到几天。如果由于风和海况原因,使溢油迅速扩散失去现场燃烧的时机,即使有可能集中控制一部分溢油,溢油也可能已经风化或乳化而不能点火燃烧。对不同乳化程度的溢油进行实验,结果显示,含水量达50%~70%的溢油也可以点火燃烧,但是含水量仅10%~20%的溢油点火燃烧极其困难。

2)燃烧速率与效率

水面上溢油的燃烧速率是指油层厚度降低的速率,或单位区域面积内溢油容积的减少速率。燃烧效率是指由于燃烧使油从水面上消失的百分比。燃烧效率主要由开始燃烧时的油层厚度和燃烧后的油层厚度决定。

2. 特点

现场燃烧能够快速地处理大量溢油,并能够减少很多后续处置措施,是处理大型溢油事故的技术措施之一,应出台相应的工作指南和使用燃烧技术的政策,明确可以使用燃烧技术的海域,提高使用现场燃烧技术的成功率。

3. 设备

成功燃烧水面溢油需要两个先决条件:一是增加溢油油层厚度的手段;二是点火的安全方法。溢油可以被岸线、浮冰或其他物体自然地围控。防火围油栏也可以围控溢油,增加溢油的油层厚度,实现在溢油源现场燃烧或远离溢油源燃烧。

1)防火围油栏

20世纪70年代,加拿大DOME石油公司研制了一种不锈钢制成的防火围油栏,成本昂贵且笨重。在80年代早期,SHELL石油公司研制了一种在破冰条件下具有溢油应急反应能力的防火围油栏。3M公司的新一代防火围油栏更加牢固、耐火时间更长。其围油栏由陶瓷纤维和耐高温的浮芯组成。这种防火围油栏的结构设计和操作与传统围油栏非常相似,并经过48 h的燃烧实验。美国OILSTOP公司新研制了体积较小的充气式防火围油栏。

防火围油栏作业如图 2-23 所示。

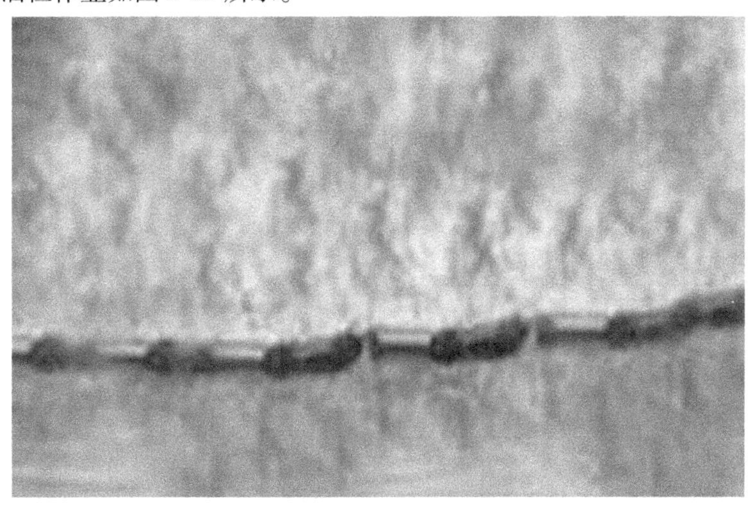

图 2-23 防火围油栏作业

2)点火系统

使用防火围油栏围控溢油后,就要燃烧被控制的溢油,根据要点燃的溢油种类选择点火装置。对于大型溢油、连续溢油的油层或防火围油栏已经控制的溢油,只使用一个点火装置就足以。如果溢油已经风化或乳化,或溢油被风或波浪搅动,可能需要多个点火装置才能点火成功。为了使点火装置向油膜传递足够的热量蒸发溢油并点燃溢油,要求点火装置对油层造成最小的扰动是非常重要的。

4. 操作步骤

水体污染油品受控燃烧流程如图 2-24 所示。

在许多情况下,使用现场燃烧技术消除大量因近海石油勘探、装卸作业、海上输油管线和油船泄漏产生的溢油是非常有效的。现场燃烧分为三个阶段:①围控欲燃烧的溢油;②燃烧围控或自然围控的溢油;③控制和抑制意外的着火。

在下列情况下,溢油拥有相对的厚度:如风将溢油吹向一个海岸线、浮冰等屏障;在大船、岛屿等的下风处;在比较平静的水面上瞬间泄漏出很多的油,形成几毫米厚的临时均衡油层。一旦点燃溢油,因燃烧形成的热力作用使边缘的溢油向着火区域流动,能增加油层厚度,促进燃烧。

5. 注意事项

1)安全注意事项

在所有的溢油应急反应中,人身安全最为重要,制订任何燃烧程序、现场燃烧或特殊燃烧计划时都必须首先制订安全计划。指挥人员必须全面考虑现场燃烧潜在的爆炸危险性。这种危险评估至少包括下列因素:根据估计的燃烧溢油的数量、燃烧速率和燃烧控制措施预测燃烧的规模和持续的时间;由于潮流变化、设备失败或拖带围油栏等情况,应考虑燃烧地点的变化或可能的变化(这包括因人员、动物、船舶等靠近燃烧区域,直接暴露在燃烧产生的热量中或暴露在燃烧所产生的烟雾中而进行移动);由于偶然或应急反应

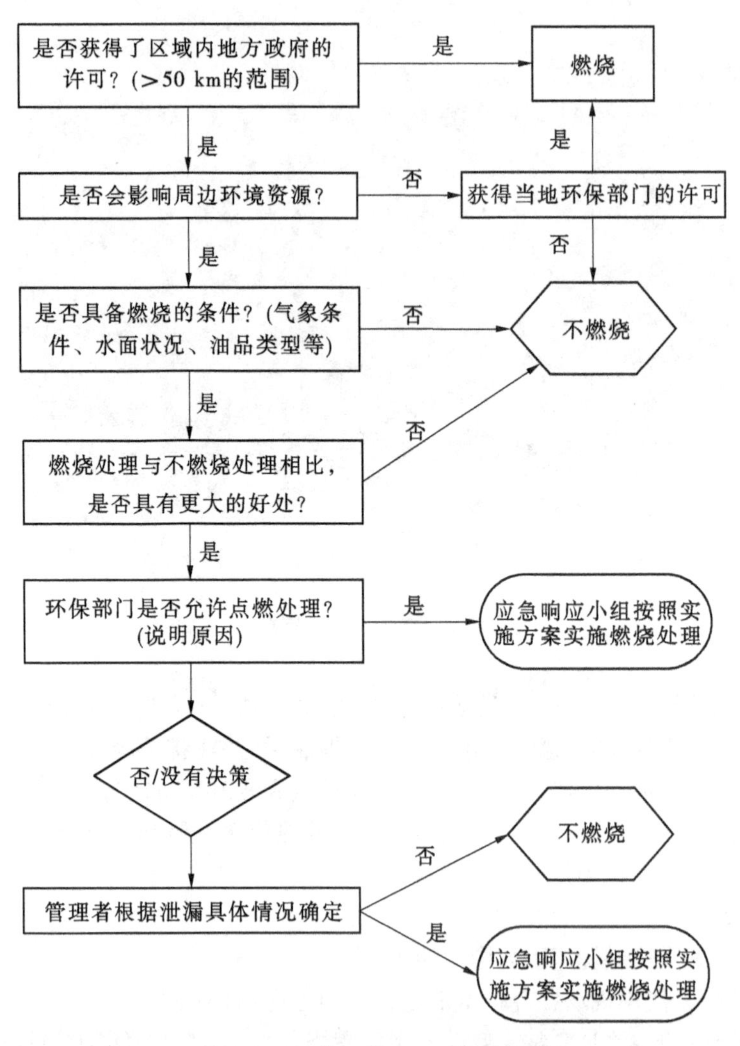

图 2-24　水体污染油品受控燃烧流程

原因，可能从燃烧控制区域对燃烧溢油的移动和持续时间失去控制；应考虑到像锚泊船舶、码头、桥梁等一些固定的设施设备或地点会直接暴露在溢油燃烧的火焰中或燃烧产物的集中地区。

任何涉及现场燃烧的人员都应经过专业培训，具备应变能力，享受国家职业安全和健康管理的有关规定的权利，包括涉及有毒有害废弃物的处理及其应急反应。

2）环境注意事项

石油燃烧的主要产物有：烟灰——颗粒状的会下沉、烟气——一氧化碳、二氧化碳和二氧化硫、未燃烧的碳氢化合物和燃烧剩余的残余物。虽然烟灰只占燃烧产物比例的很小部分，但是由于烟灰明显可见，所以人们更加关注。由于燃烧限制在防火围油栏围控的区域内，典型的火焰直径不大于 30 m，燃烧形成的烟灰距离燃烧地点有 1 n mile 左右，开始烟灰相对集中，后来逐渐分散，变成灰色烟云，在没有风的情况下，扩散速率逐渐减小。如果稍微有风，燃烧同样规模的溢油所产生的烟雾就会被冲淡，使用同样的检测设备就很难进行标准检测。

在围油栏内控制的油的燃烧情况与油池中油的燃烧情况进行许多方面的比较，实验表明，现场燃烧所产生的烟雾中，一氧化碳、二氧化氮等含量很低，大约 95% 的碳燃烧成二氧化碳。人们关注的环烷烃也燃烧到较低水平，达到国家大气标准。

对一次特定的溢油事故，要做好燃烧溢油区域的空气影响和非燃烧区域的潜在影响的比较。如果对溢油事故不采取燃烧措施，溢油中的易挥发组分蒸发和其他组分散发进入大气中。未燃烧的溢油可能移动到浅水区和更敏感的环境区域。溢油还可能影响岸线或沉积到海底。

无论采取何种燃烧形式，溢油燃烧产生的残余物数量远比原来的溢油数量少，一般只占溢油的 2% ~5%。由于水的冷却，燃烧残渣凝固，黏度很高，在风和流的作用下，积聚在一起，容易使用围油栏围控。

在所有情况下，为了确保安全地进行现场燃烧，减少对环境的影响，应对控制燃烧的规模进行评估，并对现场燃烧进行精心计划。只有这样，才可以避免燃烧对人员集中地区、自然资源等产生影响，对现场的工作人员、船舶、设备和岸线产生威胁。

防火围油栏和航空点火系统如图 2-25 所示。

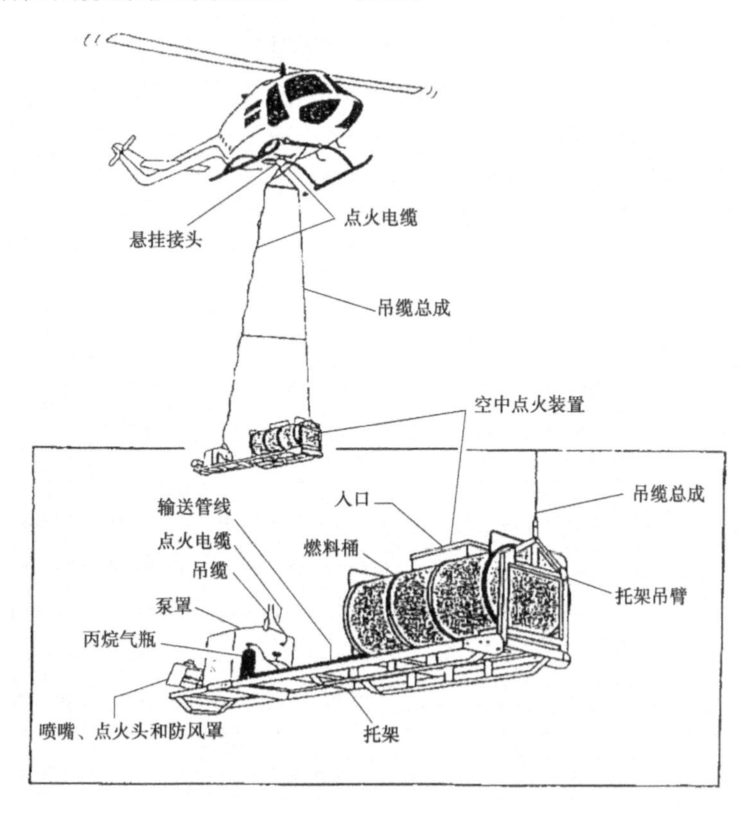

图 2-25　防火围油栏和航空点火系统

2.5.3.2　分散剂

溢油分散剂俗称消油剂。它是用来减少溢油与水之间的界面张力，从而使油迅速乳化分散在水中的化学药剂。在不能采用机械回收或有火灾危险的紧急情况下,及时喷洒溢油分散剂,是消除水面石油污染和防止火灾的主要措施。

1. 原理

溢油分散剂主剂为非离子型表面活性剂。20 世纪 70 年代前主剂多为醚型,因对鱼贝类水生物毒害作用大,且不易被生物降解,后被酯型所代替,酯型表面活性剂乳化性能好,毒性小。溢油分散剂中的溶剂早期采用以芳香烃为主的石油系碳氢化合物,由于其进入水生物体内不能被分解,易通过食物链进入人体而形成致癌因子,后被正烷烃所代替。目前所开发的一些溢油分散剂均是从植物油、糖、甜菜等天然原料中提取的,溶剂为某些合成剂,其毒性都非常低。

溢油分散剂由表面活性剂、溶剂和少量的助剂(润湿剂和稳定剂等)组成。表面活性剂由亲油和亲水基团两部分组成,在分散剂中起主要作用。表面活性剂对油和水都产生亲和力,能改变油水界面的作用并极大地降低油膜的表面张力。溢油分散剂通过亲油基团和亲水基团把油和水连接起来,经过机械搅拌或波浪作用,形成一个个水包油乳化粒子,随着水体的自然运动扩散于水体中。在分散剂中使用的表面活性剂绝大多数是非离子型的,有极少数是阴离子型的。

溶剂的作用是稀释油类和降低油的凝固点,并能降低表面活性剂和油的黏度以利于乳化。常用的溶剂有水、醇类和烃类,尤其以醇类和烃类应用较为普遍。稳定剂的作用是调节 pH,防止腐蚀,增加乳液的稳定性。此外,在浓缩型分散剂中有时加入少量润湿剂和氧化剂,以改善和提高对油的分散效果。加入分散剂以后,溢油能借助水动力或机械力的作用,迅速分散成 1 ~70 μm 的微粒溶于水体,减少沉积于海岸线上的机会。

2. 特点

溢油分散剂分为常规型(也称普通型)和浓缩型。

普通型溢油分散剂的表面活性剂含量一般只有 10% ~20%;其溶剂比例高达 80% ~90%,因而普通型溢油分散剂溶解溢油能力强,处理高黏度油及风化油的效果好。使用时,应直接喷洒,但喷洒后要搅拌。该类分散剂使用前不能用水稀释,使用比率(分散剂/油)以 1:1 ~1:3为宜。

浓缩型溢油分散剂的表面活性剂多数是从天然油脂中提取的脂肪酸,从糖、玉米及甜菜中提取的梨醣醇,基本上无毒。浓缩型溢油分散剂的表面活性剂含量较高,一般为 40% ~50%,因此能迅速地分散溢油。相对于普通型而言,浓缩型溢油分散剂的溶剂含量较低,为 50% ~60%。浓缩型溢油分散剂多为水溶性,分散溢油效率高,但处理高黏度油效果差。使用时,可直接喷洒,也可以与海水混合喷洒,但前者效果更好。该类分散剂喷洒后不需搅拌,使用比率(分散剂/油)以 1:10 ~1:30 为宜。

3. 操作步骤

分散剂的喷洒如下:在水面上可以用船舶或飞机喷洒分散剂。用船舶喷洒时,可在船甲板两侧装设喷洒臂或喷洒机。在喷洒的同时,借船航行造成的水流作用强化分散效果。使用飞机喷洒能监视溢油区全貌和选择最佳喷洒区,因此喷洒效率很高,但使用飞机费用较高。目前,国内常用船舶喷洒。

1)船舶喷洒作业方法

(1)作业准备。

应熟悉国家海洋局和地方环保部门有关使用溢油分散剂的规定。

指挥人员要选择适宜的时机,在溢油未形成油包水乳化液之前,向油膜喷洒溢油分散剂,以获得良好的分散溢油的效果。尽可能使用收油机、吸附材料等,将溢油回收上来,减小油膜厚度,然后使用溢油分散剂。

备有专用的喷洒设备,可获得较好的使用效果。

(2)喷洒。

对水面溢油喷洒溢油分散剂时,应适当调节喷洒设备的喷洒速率和运载工具的移动速度,以获得适宜的剂量。

喷洒应从上风处开始,向下风处进行;先向油膜周边喷洒,逐渐向油膜中部进行。

应充分利用风浪、船首波和螺旋推进器的搅动作用;没有上述条件时,可借助水龙射水或拖带搅拌装置对喷洒部位水面进行搅动。

滩岸在溢油到达前抢先喷洒溢油分散剂,可减轻被污染程度和减少清污工作量。

岸壁、岩石、船舷等被油污染处,应少量多次喷洒溢油分散剂,喷洒后要有一段浸泡时间,再用高压水枪冲洗,困难的地方要用高压热水清洗机清洗配合刷洗。

(3)喷洒后。

及时观察处理效果,适当调节喷洒速率或航速,剂量不足处可再喷洒处理。

处理结束时,及时清洗喷洒设备,整理好以备再用;对船只及用品落上的溢油分散剂,也应及时擦洗干净。

2)溢油分散剂用量

一般用量为溢油量的20%左右,可根据环境条件和油品种类适当调整,但最大用量不宜超过90%。

3)船用喷洒设备

(1)PSB-130型(加装喷洒臂)船用喷洒系统。

组成:动力机、泵、吸排管、喷洒臂。

动力机:175柴油机。

泵:循环式直吸离心泵。

工作参数:最大喷洒量18 m^3/h。

喷射压力:0.4 MPa。

喷洒宽度:30 m。

(2)PS-40型喷洒机。

组成:动力机、吸液泵、喷枪、吸排管。

动力机:PS40C型为170型柴油机,PS40D型为电动机。

喷枪:采用直流、雾状两种喷洒方式。

工作参数:最大喷洒量2.4 m^3/h。

喷射压力:1~3 MPa。

水平射程:10 m。

4. 适用条件、影响因素及相关规定

1）溢油分散剂的适用条件

适合在开阔、水流快、温度高的水域使用，适合处理 5 mm 以下厚度的溢油。如果溢油厚度过大，不但乳化分散溢油的效果不佳，而且其使用量过大。通常处理水上溢油首先是使用机械回收方法，尽量将溢油回收之后，再使用溢油分散剂处理残油。

适合于处理比重中等且具有挥发性的原油和燃料油。轻质燃料油和轻质原油比重小，易于挥发，其风化的半衰期只有十几小时，因此溢油可以自然消散入大气中；比重大的原油和燃料油不易挥发，其风化的半衰期长达 100 多小时，使用溢油分散剂效果不佳。比重更大的重原油和残油，几乎不挥发，使用溢油分散剂无效。

适合处理黏度小于 $1\ 000\times10^{-6}\ m^2/s$ 的油品，因为随着溢油黏度的增大，其处理效果降低。

溢油分散剂非易燃品，化学性质稳定，对金属无腐蚀作用，运输比较安全，其应储存在岸上或船上的干燥通风处，避免暴晒或雨淋。

2）影响分散剂效果的因素

很多化学及环境因素能够影响分散剂的效果。这些因素有油的物理和化学性质、分散剂的组成、分散剂的喷洒方法、分散剂和油的喷洒比例、温度、水体盐度及混合能量。通常，1 份分散剂能分散 20 ~ 30 份的油。重油及风化油需要较高的分散剂/油比例。Moles 等使用分散剂 Corexit 9527 及 9520，在 10 ℃下比较了新鲜及风化 20% 的阿拉斯加北坡原油的分散效果。结果表明，喷洒同样数量的分散剂，新鲜油的最低分散率要比风化油高 30%。而高度黏稠的、非扩散油及液状石蜡具有抗化学分散作用，一般认为不适于采用分散剂。

3）溢油分散剂国家标准及使用规定

《溢油分散剂技术条件》（GB 18188.1—2000）和《溢油分散剂使用准则》（GB 18188.2—2000）自 2001 年 10 月 1 日起施行。交通部也制定了相应标准《溢油分散剂技术条件》（JT 2013）。《溢油分散剂使用准则》中规定可使用分散剂的情况有：溢油发生或可能发生火灾、爆炸，危及人身生命安全或造成财产重大损失；溢油用其他方法处理非常困难，而使用分散剂将对生态及社会经济的影响小于不处理的情况。规定禁止使用分散剂的情况有：溢油为易挥发性的汽油、煤油等轻质油品；溢油已被强烈乳化，形成了含 50% 以上水分的油包水乳状液或在环境温度下呈块状；溢油发生在对水产资源有重大影响的海域。

2.5.3.3 凝油剂法

1. 原理

凝油剂一般具有如下的结构特性：

（1）亲油性能（常含亲油基团）；

（2）凝油性能（常含功能基团或凝油基团，如羟基或羧基等）；

（3）疏水性能（不溶于水）。

凝油剂具有使油水分离，增大油水界面张力的作用，因此凝油剂不属于表面活性剂。其作用与乳化分散剂相反。凝油剂是将溢油胶凝成固体或半固体块状而浮于水面，因此又与溢油沉降剂的作用相反。凝油剂虽然能将溢油胶凝,但未必能将分散于水中的油集聚起来,即对乳化油不一定有破乳作用,所以凝油剂与破乳剂又有本质的区别。集油剂能够将扩散开的油集聚起来,但不能使之胶凝,而凝油剂则能使油凝结,且往往具有集油性能。因此,凝油剂与集油剂又不同。

当凝油剂的亲油性大于亲水性时,凝油块具有油包水的结构。随着凝油剂的亲水性增大,凝胶块的含水量将增大。当凝油剂的亲水性大于亲油性时,胶凝体系可能形成稳定的“巧克力奶油冻”。当凝油剂的亲水性再大时,凝油剂将失去凝油作用,甚至在亲水性与亲油性处于平衡时,成为溢油分散剂(或乳化剂、消油剂)。

凝油剂既应具有足够低的亲水性,又必须具有极性或足够的分子间作用力;否则,将不能凝油。油要胶凝,凝油剂之间或凝油剂与被胶凝的油之间必定能产生强的分子间作用力。这时,凝油剂与油迅速形成强度较大的凝油块而漂浮在水面上,起到凝油效果。如果凝油剂的亲水性较大,或具有水溶性,凝油剂将不能有效地包胶油,且往往使水体混浊。如果凝油剂的用量较大,凝油剂的比重又大于水的比重,凝油块将沉入水底,凝油体系不稳定,油总有脱包现象发生而上升到水面。这也是溢油沉降剂为什么不如凝油剂应用前景广阔的一个原因。如果凝油剂与油之间的分子间作用力为较弱的范德华力,那么,油中的极性基团或者具有长链,或者具有足够的浓度,才能产生足够的凝胶强度。这也是非极性长链蜡或高聚物具有凝油性能的原因。

凝油剂的链应较长,但又不能过长。许多凝油剂由于凝油基团的链较短(如氨基酸类和糖羧醛类),或者在油中不能均匀分布(如许多高分子固体凝油剂)而用量较大,凝油能力较低。

2. 特点

凝油剂通常低毒和无毒,与溢油形成凝胶后一起被回收,是一种有效防止水体污染的化学处理剂。其优点有:

(1)避免了使用分散剂所带来的二次污染;

(2)毒性低或无毒;

(3)胶凝的溢油可以回收,且不受风浪的影响;

(4)能有效防止溢油扩散,提高围油栏等回收装置的使用效率。

此外,凝油剂也有其缺点:

(1)价格较高;

(2)凝油性能不稳定(会受多种因素影响);

(3)与溢油形成的凝胶黏度随水体温度升高而降低;

(4)复合凝油剂会受水体酸碱度的影响。

因此,一般将凝油剂作为辅助手段使用。

今后,凝油剂的主要发展方向主要是起效快、污染低、用量少、毒性低、易回收、受周围环境影响小。

3. 分类

按凝油剂的组成结构及其与油的作用特点,溢油凝油剂划分为5类:氢键键合类凝油剂、化学键键合类凝油剂、吸油高聚物类凝油剂、长链酯或蜡类凝油剂、无机盐类凝油剂。

1）氢键键合类凝油剂

氢键键合类凝油剂是一类主要通过分子间形成氢键而将溢油包胶起来的凝油剂，通常是多羟基或多氨基的大分子化合物，如蛋白质、多糖及其衍生物和一些含羟基或氨基的聚合物，如聚醇或聚氨酯等。可以分为以下几类：

（1）含油醇基的凝油剂。以烃基 R—作亲油基团，HO—为凝油基团的凝油剂称为含油醇基的凝油剂。其特点是分子中含有多羟基，并通过羟基之间形成氢键而增强凝油块之间的相互作用，产生凝油性能。目前，合成的含油醇基的凝油剂有山梨糖醇系凝油剂、聚醇系凝油剂和淀粉凝油剂等。

（2）含油氨基的凝油剂。这类凝油剂都含有氨基及亲油基团，如蛋白质类、氨基酸类等。蛋白质类凝油剂一般是通过蛋白质羧甲基化，用多价金属离子沉淀，以降低其水溶性，再引入亲油性较大的长链羧基或直接加入合成胶乳以提高其凝油性能的方法合成。

（3）聚氨酯凝油剂。除吸油材料外，日本于 1976 年曾报道过聚氨酯凝油剂，其水解型的氨酮（含自由的异氰酸酯）和亲油性的三氯乙烷（含水）加入油中，油迅速凝固而除去溢油。油块强度为 169 000 Pa · s。

2）化学键键合类凝油剂

（1）配位键键合凝油剂。

配位键键合凝油剂的一个代表是 1976 年 Banrtiste 研制的碳酰胺类凝油剂 Armeen-Carmamide（商品名，胺—D）。使用时，先在溢油上撒布长链胺（如十二烷胺、十四烷胺和十六烷胺等）的甲醇溶液，然后与通入的二氧化碳反应，生成氨基甲酸盐，使溢油胶化。

（2）离子键键合凝油剂。

羧酸盐类凝油剂由于水不稳定性，很难用于水面溢油的处理。但如果改变其亲水性，也可用于溢油处理，如高级脂肪酸改性的多氧代铝酸盐即可作为溢油凝油剂。

（3）聚合物交联凝油剂。

聚合物与交联剂混合而使溢油胶凝的凝油剂称为聚合物交联凝油剂。

3）吸油高聚物凝油剂

长链的亲油基团与油具有较大的亲和力，共聚物通过吸油而将油胶凝，形成胶凝薄片，即使在大的风浪中也不碎裂。如功能化的苯乙烯－丁烯嵌段共聚物，由$(A-B)_n$和$B-(A-B)_{n-1}$组成。式中，$n=2\sim10$，苯乙烯链节，B 为 1，3－丁二烯或异丁烯链节。

4）长链蜡或酯类凝油剂

长链蜡或酯类凝油剂在一般温度下既无吸油性，又无凝油性能，但熔融或分散状态的凝油剂与溢油混合后，随温度的降低或溶剂的挥发而凝固，从而将溢油包胶起来。将$C_{10\sim22}$的不饱和脂肪酸的聚氧乙烯单酯（30% ~70%）添加到$C_{8\sim22}$的饱和脂肪酸的聚氧乙烯单酯中，最好再加入 0.5% ~3% 的氧化乙烯－丙烯嵌段高聚物而制成凝油剂，从而使溢油胶凝。

5）无机盐类凝油剂

粒径为 1 ~100 μm 的无水 $CaSO_4$ 粉末撒在溢油上，可吸收 10 个碳以上的液态烃，如润滑油、矿物油及原油等，并瞬间形成坚固的块状物。许多多孔性的无机粉末用有机物浸渍，烘干而产生凝油性能，有氧化钙、硅藻土、硅胶、沸石等。例如，将氧化钙用表面活性剂

(LAS)及丁苯胶乳和有机硅处理而得的凝油剂,可胶凝其自身质量3~4倍的油。

4. 各类凝油剂凝油性能的比较

靠化学键键合的凝油剂凝油性能最强。这类凝油剂形成的凝胶块无弹性,在用量足够的情况下,由于与油形成化学键键合的空间网状结构,因此凝胶强度很大。例如,聚合物交联凝油剂、羧酸盐凝油剂、胺-D凝油剂和无机盐凝油剂等。在凝油剂成分与油分散的情况下,这类凝油剂的凝油能力也较大,用量较少(一般小于10%)。

靠氢键键合的凝油剂凝油性能比靠化学键键合的凝油剂凝油性能要弱,形成的凝油块具有一定的弹性和可测定的黏度,并含有一定数量的水。这增强了凝胶中油分子之间的密堆集和凝油剂之间的作用力(氢键),但也对凝胶的后处理增添了麻烦。若凝油剂为固体,由于在油中的分散受限,所以凝油能力也较小,用量较大(一般大于20%)。在无水体系中,又无形成其他分子间强键的情况下,这类凝油剂将无凝油性能,而只存在对油有限的物理吸附作用。

吸油高聚物凝油剂及长链蜡或酯类凝油剂形成的凝胶强度最低且不稳定,受温度和压力等因素的影响较大。但由于长链烃的存在,使这类凝油剂的凝油能力较强。这类凝油剂凝油过程为可逆的,因此凝油剂可反复使用。

2.5.3.4 沉降剂法

采用密度大于水的沉降剂,如处理过的砂子、碎砖块、水泥、涂层氧化硅、飞灰等进行吸油,吸油后沉降到水底采用机械方式进行回收。

2.5.4 生物处理法

细菌可以清除海表面油膜和分解海水中溶解的石油烃,同时具有化学方法所不可比拟的优点。微生物的石油降解能力是对石油污染进行生物修复的生物学基础,直接决定生物修复的效率,被认为是解决石油污染的根本方法。

2.5.4.1 原理

生物处理法的处理原理是利用微生物降解分散在水中的有机污染物——原油,使其最终完全无机化。可降解石油的微生物种类繁多,主要有细菌、放线菌、酵母菌和霉菌等。此外,蓝细菌和绿藻也能降解石油中的多种芳香烃。海洋环境中也广泛分布着石油降解微生物,主要是细菌,如假单细胞菌(Pseudomonas)、黄杆菌属(Flavobacteriuin)、弧菌属(Vibrio)、无色菌属(Achromobacter)、微球菌属(Micrococcus)、放线菌属(Actinomyces)等。

微生物降解原油的总反应过程如下:

微生物+石油烃类(碳源)+营养物(N、P等)+氧——→微生物增殖+二氧化碳+水+氨及磷酸根等

2.5.4.2 特点(优缺点)

目前,应用微生物治理石油烃类物质的污染,较物理或化学方法成本低、投资少、效率高,正受到世界各国的普遍重视。目前,常用的“油船吸油法”中普遍存在着速度慢、效率低的问题,吸油率一般不到40%,且分层速度慢,若溢油出现乳化现象,则分层时间更长或很难分层。投放分散剂来处理没有回收的石油会造成二次污染,用沉降法处理溢油同样会污染海底生物。而用细菌或酵母菌却可清除海表面油膜和分解海水中溶解的石油

烃,费用低、效率高、安全性好,而且所能处理的污染物阈值低、残留少,被认为是最可行、最有效的方法。

2.5.4.3 使用条件(或注意事项、布设条件等)

石油烃的生物降解受很多因素影响:微生物的种类、数量,毒性代谢产物的产生,微生物间的相互竞争,石油的理化特征,以及许多环境因素(温度、营养盐、电子受体、氧化还原电位、盐度和海流等)。

1. 石油的理化特征

石油的分子结构在很大程度上影响其降解速率和降解程度。饱和烃最易发生生物降解,相对分子质量低的芳香烃(苯、甲苯和二甲苯等石油中的有毒化合物)也很容易进行生物降解。一般而言,石油的各种组分被微生物降解的相对能力为:直链烷烃 > 支链烷烃 > 单环芳烃 > 多环芳烃 > 树脂和沥青质。烃的结构越复杂(比如有支链或多环结构),其抗生物降解能力越强,可对这些烃进行降解的微生物越少,有毒的中间代谢产物积累的概率也越大。此外,石油的浓度、溶解度和物理状态等物理性质对石油烃的生物降解也有较大影响。

2. 微生物种类

不同微生物降解同种烃的能力不同,同种微生物对不同烃的降解能力也有很大差别。如最近分离出的 Alcanivorax 菌株主要摄食正构烷烃、支链烷烃,Cycjocjasricus 菌株主要以芳香烃,如萘、菲和蒽为碳源。由于石油是一种含有很多种烃的复杂混合物,因此混合培养的微生物降解烃的速率比纯培养快,而且降解烃的范围也较宽。

3. 环境参数

1)温度

温度会影响细菌的生长、繁殖和代谢及石油在海洋中的理化性质。史君贤等在研究降解菌对烷烃降解作用的实验中考察了正构烷烃于不同温度(10 ℃、20 ℃、3 ℃)下的降解速率,发现随温度的升高,烷烃的降解速率加快。低温会抑制微生物对石油的生物降解,但低温微生物可以在低温下很好地生长和代谢。因此,海洋中适应低温的内源烃降解菌对海洋溢油的清除有着至关重要的作用。目前,已经发现了很多低温微生物,如 Margesin 报道,在寒冷的生态环境中,Psychrophic Pseudomonas 可在 5 ~ 10 ℃下降解甲苯和萘。

2)营养盐

氮和磷是微生物生长必需的营养元素,添加营养盐对原油降解有一定的促进作用。例如,1 000 g 有机碳矿化,如果 30% 的基质碳被同化,即形成 300 g 生物量碳,假设细胞的 C: N 和 C: P 分别为10: 1和 50: 1,那么就需要 30 g 氮和 6 g 磷。当溢油发生后,石油烃的浓度会迅速增加,加上海洋环境中磷酸盐的浓度较低,氮的固氮形式较少。因此,氮、磷通常成为石油烃降解的限制因素。

3)氧

饱和烃和大部分芳香烃的代谢机制中第一步反应都需要有分子氧存在,在表层海水和高能量海岸线,氧为非限制性因素,但在沉积物中和水柱中的缺氧区,氧则成为一个很重要的限制因素。不过最近的研究发现,有些芳香烃,如 BTEX(苯、甲苯、乙苯和二甲苯)等可以在不同的缺氧条件下进行生物降解。还有研究发现,在某缺氧海洋沉积物中,PAHs 和烷烃的降解速率几乎与好氧条件下的降解速率相同。

2.6 水华的应急处置

2.6.1 物理法

物理法是指在与藻类不直接发生化学反应的过程中，利用人力、物力去除水体中的藻类的方法。主要方法有絮凝法，稀释、冲刷法，底泥疏浚法，过滤法，机械清除法，扬水曝气法，遮光控藻法、气浮除藻法、臭氧—气浮联用法等。另外，还有物理场控制技术和电磁场控制技术等多种方法。

2.6.1.1 **絮凝法**

1. 原理

絮凝法是指利用絮凝剂产生电中和或吸附桥等作用，从而将微小颗粒絮凝成较大的絮体，可以达到自然沉降、固液分离的目的。

2. 特点

絮凝法因为快速、有效而被广泛应用。采用天然矿物絮凝具有黏土来源广泛且没有二次污染的优势，经过改性后的黏土投加量也显著降低。但是，絮凝沉降只是将藻类细胞从水体中转移到沉积物中去，并没有将藻类细胞彻底清除，在来年气候适宜时藻类细胞会重新悬浮进入水体，造成水华的再次暴发。此外，絮凝沉积后的藻类细胞在沉积物中死亡分解时释放的藻毒素对环境可能产生危害。

3. 絮凝剂分类

1）无机絮凝剂

三氯化铁：化学式为 $FeCl_3$，为红棕色液体或者固体，易溶于水，具有强腐蚀性。其絮凝作用的原理为：三氯化铁通过水解生成氢氧化铁胶体，经吸附架桥、电中和、网捕沉淀等作用去除水体中的颗粒杂质。其混凝最佳 pH 范围为 6.0 ~ 10.0。三氯化铁的絮凝性能好，沉降速度快，沉速高于铝盐絮凝剂[如 $Al_2(SO_4)_3$、PAC 等]，且形成的矾花大而密，其处理水体的适用范围较宽，除色强，投加量较少。不足之处是 Fe^{3+} 容易与某些有机物形成很强的有色可溶络合物，会增大水体的色度。

硫酸铝：化学式为 $Al_2(SO_4)_3$，固体为白色、灰色粉末，性质比较稳定，但加热会失水，是使用最广泛的无机絮凝剂之一，常用于提纯饮用水和进行污水处理，也常用于水体藻类的处理。它对水样的 pH 适应范围较窄，为 5.5 ~ 8.0。硫酸铝的适用范围较广泛，最适应温度在 25 ~ 40 ℃，可应用于饮用水净化过程，低温条件下，硫酸铝不易水解，生成的絮粒较轻，处理效果较差。同时，硫酸铝的成本高、腐蚀性大，处理效果低于聚合硫酸铝。因此，近年来在许多废水处理工艺中，硫酸铝正逐渐被高分子聚合硫酸铝所取代。

2）复合型无机高分子絮凝剂

复合型无机高分子絮凝剂是指含铝盐、铁盐和硅酸盐等多种具有絮凝、助凝作用的物质，通常它们预先分别经过羟基化聚合后再加以混合，或混合后再加羟基使其聚合，形成羟基化的具有更高聚合度的无机高分子形态，使其具有单一的无机高分子絮凝剂的絮凝性能和对胶体颗粒的混凝沉降效果。

目前,国内主要应用的复合型絮凝剂有聚合硫酸铁(PFS)、聚合硫酸铝(PAS)、聚合氯化铁(PFC)、聚合氯化铝(PAC)、聚合氯化铝铁(PAFC)、聚合硫酸铝铁(PAFS)、聚合硅酸铁(PFSC)、聚合硅酸铝(PASC)、聚合硅酸铁铝和聚合硫酸氯化铝等。复合型絮凝剂在混凝过程中除具有一般高分子絮凝剂具有的电中和、吸附、卷扫作用外,还由于其分子量较大,表现为线性或枝状聚集体,粒径较大,具备了一定的吸附架桥能力,对水中的胶体颗粒的相互间作用做出了贡献。因此,复合型絮凝剂具有更好的混凝表现,能够运用于净化饮用水、处理生活污水和富营养化水体、治理水体中的藻类,也可用于工业废水的处理。

3)有机絮凝剂

有机絮凝剂是指在水体中能产生絮凝沉淀作用的天然的或人工合成的有机分子物质。天然有机絮凝剂为蛋白质或多糖类化合物(如淀粉、蛋白质、动物胶、藻朊酸钠、羧甲基纤维素钠等);人工合成的有机絮凝剂有聚丙烯酰胺、聚丙烯酸钠等。有机絮凝剂都是水溶性线型高分子物质,在水体中绝大部分可电离形成高分子电解质,根据其电离的基团特性,可分为非离子型、阴离子型、阳离子型和两性型四种有机絮凝剂。常用于处理工业废水,如染色、造纸、油田等行业的废水,也可以用来治理富营养化和藻类浓度过高的水体。

4)微生物絮凝剂

微生物絮凝剂是一类由微生物或其分泌物产生具有絮凝功能的高分子有机物,主要有糖蛋白、蛋白质、多糖、脂肪、纤维素和 DNA 等。一般利用微生物技术,通过对细菌、真菌等微生物进行发酵、抽提或者精炼而得到。微生物絮凝剂不但具有生物分解性,而且具有高效、无毒和无二次污染的安全性。

微生物絮凝剂的作用机制有三种:桥联作用、电性中和、化学反应。微生物絮凝剂除应用于食品废水的处理外,还可应用于造纸废水、城市污水的处理以及水体富营养化的治理。

4. 常用絮凝剂的使用方法

1)聚合氯化铝(PAC)的溶解与使用

(1)PAC 为无机高分子化合物,易溶于水,有一定的腐蚀性。

(2)根据原水水质情况不同,使用前,应先做小试求得最佳用药量。

(3)为便于计算,实验小试溶液配置按质量体积比(W/V),一般以 2% ~5% 为好。如配 3% 溶液:称 PAC 3 g,盛入洗净的 200 mL 量筒中,加清水约 50 mL,待溶解后再加水稀释至 100 mL,摇匀即可。

(4)使用时,液体产品配成 5% ~10% 的水溶液,固体产品配成 3% ~5% 的水溶液(按商品质量计算)。

(5)配制时,按固体: 清水 =1: 5(W/V)左右先混合溶解,再加水稀释至上述浓度即可。

(6)低于 1% 溶液易水解,会降低使用效果;浓度太高,易造成浪费,不容易控制加药量。

(7)加药按求得的最佳投加量投加。

(8)运行中注意观察调整,如沉淀池矾花少、余浊大,则说明投加量过少;如沉淀池矾花大且上翻、余浊高，则加药量过大，应适当调整。

(9)加药设施应防腐。

(10)聚合氯化铝的分类及工艺选择。

①形态分类：

液体聚合氯化铝是未干燥的形态，具有不用稀释，装卸使用方便，价格相对便宜的优点；缺点是运输需要罐车，单位运输成本增加(每吨固体相当于2 ~3 t液体)。

固体聚合氯化铝是干燥后的形态，运输不需要罐车，具有运输方便的优点，缺点是使用时需要稀释，增加工作强度。

②工艺分类：

滚筒式聚合氯化铝的铝含量一般，水不溶物含量高，多用于污水处理。

板框式聚合氯化铝的铝含量高，水不溶物含量低，用于污水处理和饮用水处理。

喷雾干燥聚合氯化铝的铝含量高，水不溶物含量低，溶解速度快，用于饮用水及更高标准水处理。

(11)建议购买固体聚合氯化铝，选用滚筒式聚合氯化铝即可。

(12)聚合氯化铝存放注意事项：不同厂家或不同牌号的水处理药剂不能混合，并且不得与其他化学药品混存；原液和稀释液稍有腐蚀性，但低于其他各种无机混凝剂的。

产品有效储存期：液体半年，固体一年。固体产品受潮后仍然可使用。

2)聚合硫酸铁(PFS)的溶解与使用

(1)聚合硫酸铁溶液配制。

①使用时，一般将其配制成5% ~20%的水溶液；

②一般情况下，当日配制当日使用，配药如用自来水，稍有沉淀物属正常现象。

(2)加药量的确定。

因原水性质各异，应根据不同情况，现场调试或进行烧杯混凝实验，取得最佳使用条件和最佳投药量，以达到最好的处理效果。

①取原水1 L，测定其pH。

②调整其pH为6 ~9。

③用2 mL注射器抽取配制好的PFS溶液，在强力搅拌下加入水样中，直至观察到有大量矾花形成，然后缓慢搅拌，观察沉淀情况。记下所加的PFS量，以此初步确定PFS的用量。

④按照上述方法，将废水调成不同pH后做烧杯混凝实验，以确定最佳用药pH。

⑤若有条件，做不同搅拌条件下的用药量实验，以确定最佳的混凝搅拌条件。

⑥根据以上步骤所做实验，确定最佳加药量、混凝搅拌条件等。

(3)注意混凝过程三个阶段的水力条件和形成矾花状况。

①凝聚阶段：是药剂注入混凝池与原水快速混凝在极短时间内形成微细矾花的过程，此时水体变得更加混浊，它要求水流能产生激烈的湍流。烧杯实验中宜快速(250 ~300 r/min)搅拌10 ~30 s，一般不超过2 min。

②絮凝阶段：是矾花成长变粗的过程，要求适当的湍流程度和足够的停留时间(10 ~15 min)，至后期可观察到大量矾花聚集缓缓下沉，形成表面清晰层。烧杯实验先以

150 r/min搅拌约6 min，再以60 r/min 搅拌约4 min 至呈悬浮态。

③沉降阶段：它是在沉降池中进行的絮凝物沉降过程，要求水流缓慢，为提高效率，一般采用斜管（板式）沉降池（最好采用气浮法分离絮凝物），大量的粗大矾花被斜管（板）壁阻挡而沉积于池底，上层水为澄清水，剩下的粒径小、密度小的矾花一边缓缓下降，一边继续相互碰撞结合成大颗粒，至后期余浊基本不变。烧杯实验宜以 20～30 r/min 慢搅 5 min，再静沉 10 min，测余浊。

（4）PFS 的投加。

①根据烧杯混凝实验结果，调整废水 pH 和搅拌条件。

②根据水量大小，调整加药泵流量，按所确定的加药比例投加 PFS。

③实际加药量可能与烧杯混凝实验有些差异，根据处理水质情况调整。

④若配合使用有机高分子絮凝剂如 PAM，可取得更佳效果。

⑤PAM 加药量一般为 2 g/t 左右。

3）聚丙烯酰胺（PAM）的溶解与使用

（1）PAM 是有机高分子化合物，可分为阴离子型、阳离子型和非离子型，为白色粉末或颗粒，可溶于水，但溶解速度很慢。

（2）阴离子型一般用于废水处理，阳离子型一般用于污泥脱水。

（3）作为絮凝剂时，用药量一般为 1～2 g/t。

（4）使用时，阴离子型一般配制成 0.1% 左右的水溶液，阳离子型可配制成 0.1%～0.5% 的水溶液。

（5）配制溶液时，应先在溶解槽中加水，然后开启搅拌机，再将 PAM 沿着旋涡缓慢加入，PAM 不能一次性快速投入；否则，PAM 会结块形成“鱼眼”而不能溶解。

（6）加完 PAM 后，一般应继续搅拌 30 min 以上，以确保其充分溶解。

（7）溶解后的 PAM 应尽快使用，阴离子型一般不超过 36 h，阳离子型溶解后很容易水解，应在 24 h 内使用。

2.6.1.2 稀释、冲刷法

1. 原理

通过引清调水来改善水质的原理是以水治水，不单单只是增加水量、稀释污水，而且还有多方面的净化作用：引清可激活水流，增加流速，有利于水体复氧，使耗氧污染物降解；引清可以净化底泥，有的还能引来清洁底泥，使底泥增强净化水质的能力；引清可改善河道与湖泊的水质，使水生生物数量增加，通过生物的代谢作用，净化水质，提高水体的水环境承载能力。

2. 特点

引清调水最大的优点是投入少、见效快。特别是长期受污染的湖泊、河网水体，水质严重富营养化的水体。在治理初期，可以先通过实施引清调水，使水体在短期内得到明显好转，为其他治理措施的推行提供一个比较好的实施环境。例如，水质污染十分严重的水体中，在水生高等植物和微生物还无法较好地存活或繁殖的情况下，单一的生物措施或机械手段是无法解决问题的，首先使用引清调水对水体进行置换，能够快速有效地去除大部分污染物，为水生高等植物和微生物营造一个较好的存活与繁殖环境。引清调水还有利于向社会宣传爱水惜水，增强公众环境保护意识，使管理工作更加有效。治污的同时引清，水质可以改善得更好。

但是，引水稀释和冲刷的缺点也比较明显，主要表现在：水源的问题使该方法的应用受到限制，对于面积较大的湖泊来说，几乎无法实施；引水的费用较高，需要修建各种输水设施；引水效果不持久，如果没有充足的外来水源，湖水的水质会再次恶化。

3. 稀释作用与动水作用

稀释即以大量的清水通过稀释作用降低水体的污染物浓度，涤除藻类，故能控制内源负荷和藻类生物量，提高透明度。稀释是假定水体不发生自净作用条件下的一种物理过程，稀释的目标是使水体达到功能区的水质控制目标。大量文献表明，稀释是改善受污染河流、湖泊水质的有效技术之一，对于水体水质的变化具有决定性的影响。实施引清调水对水体进行稀释和冲刷，改善湖区的水动力和生态环境条件，是引清调水改善水质最主要的机制之一。将水质较好的水引入受污染城市湖泊，能快速降低污染物质在水体中的相对浓度，引水与湖水充分混合后通过出水口排出湖泊，从而增大了湖泊水体的净污比，使其稀释容量大大提高，减轻了污染物质在水体中的危害程度。稀释和冲刷是有区别的，其中稀释包括了污染物浓度的降低和生物量的冲出，而冲刷仅仅指水生物量的冲出。对于稀释来说，稀释水的浓度必须低于原水，浓度越低，效果越好。对于冲刷，冲刷速率必须足够大，使藻类的流失速率大于其生长繁殖速率。

对于河道的引清调水而言，引清调水的作用是以水治水，不只是增大水量，稀释污水，更重要的是引水激活了河道水体，使原有水体由静变动，流动由慢变快，且水体是单向流动，大大提高了水体的复氧能力，使水体中的各种污染物质得到比较迅速的降解。水体的自净能力增强，从而使水质得以改善。“流水不腐，户枢不蠹”就是这个道理。湖泊、河流引清调水过程中，水体由静变动，流动由慢变快，自净降解能力大大加强，也是湖泊引清调水改善水环境的机制之一。引清调水改善水环境的机制是以水体的自净为基础的，即引清调水是通过改变影响水体自净作用的因素而使水体的自净能力变强，从而改善水质。水体自净作用主要有三类净化：物理净化（包括污染物由于稀释、扩散、混合、挥发和沉淀等使浓度降低）、化学净化（污染物由于氧化还原、酸碱反应、分解化合、吸附凝聚等物理化学过程使浓度降低）、生物净化（由于生物活动引起污染物浓度的降低，其中尤以水中微生物对有机物的氧化分解最为重要，又称为生物化学净化）。引清调水通过稀释、扩散、混合等作用增强了水体的物理净化过程，从而提高了水体的自净能力。引清调水的动水作用是通过增强水体的复氧能力，提高水体中溶解氧的含量，增强水体的化学净化过程和生物净化过程，从而提高了水体的自净能力。

4. 生态调度

对于三峡库区而言，水华多发生在支流地区，这时如果想通过引水冲刷和稀释的话，就需要合理进行生态调度。

生态调度是伴随水利工程对河流生态系统健康如何补偿而出现的一个新概念。从河流生态安全的角度讲，生态调度概念的提出具有现实意义。它的提出有助于改变人类强加于河流的影响，是对筑坝河流的一种生态补偿。生态调度要求在满足坝下游生态保护和库区水环境保护要求的基础上，充分发挥水库的防洪、发电、灌溉、供水、航运、旅游等各项功能,使水库对坝下游生态和库区水环境造成的负面影响控制在可承受的范围内,并逐步修复生态与环境系统。

(1)生态需水调度。

以满足河流生态需水为目的,保持河流一定自净能力的水量;防止河流断流和河道萎缩的水量;维持河流水生生物繁衍生存的必要水量。综合考虑与河流连接的湖泊、湿地的基本功能需水量,考虑维持河口生态以及防止咸潮入侵所需的水量。

(2)生态洪水调度。

水库的调度使得河流水文过程均一化,失去了自然的水文情势,为河流重要生物繁殖、产卵和生长创造适宜的水文学及水力学条件,须模拟自然水文情势的水库泄流方式。比如根据鱼类的繁殖生物学习性,结合来水的水文情势,通过合理控制水库下泄流量和时间,人为制造洪峰过程,可为这些鱼类创造产卵繁殖的适宜生态条件。

(3)泥沙调度。

河流建设水库以后,由于水位升高、过水面积加大、流速减缓,从而使挟沙能力降低,水库内即发生淤积。水库淤积关系到水库寿命和工程效益的发挥,同时还引起库区生态与环境的复杂问题。水库可按蓄清排浑、调整泄流方式以及控制下泄流量等方式,通过调整出库水流的含沙量和流量过程,尽量降低下游河道冲刷强度。减少常规调度情况出库水流对下游河道冲刷并延缓其进程,以减小不利影响。如三峡水库通过采取蓄清排浑的调度运行,降低泥沙淤积,延长水库寿命。

(4)水质调度。

水质调度是为防止或减轻突发河流污染事故、水体富营养化与水华的发生而进行的生态调度。为防止水库水体的富营养化,可以通过改变水库的调度运行方式,在一定的时段降低坝前蓄水位,缓和对于库岔、库湾水位顶托的压力,使缓流区的水体流速加大,破坏水体富营养化的条件。也可以考虑在一定时段内加大水库下泄量,带动库区内水体的流动,达到防止水体富营养化的目的。可利用水库调度对水资源配置的功能,蓄丰泄枯。增加枯水期水库泄放量,从而显著提高下游河道环境容量,改善水质,从而有效缓解河流水体富营养化现象,控制蓝藻和“水华”的暴发。

(5)生态因子调度。

如单项的水温、流速、流量等生态因子调度。以水温为例,水库水体存在水温分层现象,水库低温水的下泄严重影响坝下游水生动物的产卵、繁殖和生长。可根据水库水温垂直分布结构,结合取水用途和下游河段水生生物的生物学特性,通过下泄方式的调整,以提高下泄水的水温,满足坝下游水生动物产卵、繁殖的需求。

2.6.1.3 底泥疏浚法

1. 原理

底泥疏浚通过挖除表层的污染底泥,减少底泥污染物释放,进而减少河内污染源,增加河道容量,并可以控制水生植物的生长,是修复河道水库的一项有效技术。

2. 特点

考虑到成本和底泥的处置,疏浚多用于浅水河道、水库及河流。疏浚会破坏原有的水生植被及底栖生物群落,造成水体自净能力的下降,从而出现水质暂时恶化的现象。

3. 注意事项

疏浚工程降低了底泥的营养盐尤其是磷的含量,减少了底泥中的营养盐向水体释放,可以使冬季蓝藻生物量比例下降55%,抑制了春季蓝藻的复苏和增殖,在一定程度上降低了水体发生蓝藻水华的风险。底泥疏浚不但削减了水体的内源负荷,而且移除了部分底泥中的蓝藻休眠体,该休眠体复苏是正在生长的浮游植物群落的主要贡献者,从而抑制了蓝藻的生长和繁殖。夏秋季节,疏浚区的铜绿微囊藻密度远低于未疏浚区,浮游植物的多样性指数也大于未疏浚区,说明底泥疏浚在夏季蓝藻水华暴发期具有较好的控制效果。

在底泥疏浚中需对水体污染物、底泥颗粒粒径、含水率等的空间分布进行调查,特别是各参数的垂直变化规律,结合经济因素,确定疏浚范围及深度。底泥疏浚工程适合在富营养化较严重的水体开展,通过移除部分表层沉积物,改善河道的水生态环境,在抑制浮游植物生长方面能取得较好的生态效益,但如果疏浚深度过大,对底栖动物和水生植物可能会造成一定的负面生态效应。因此,合理规划工程实施区域,严格控制底泥疏浚深度,有利于水体水生态系统的恢复与重建。

底泥污染物的监测、分析、评价越来越朝着仪器化、自动化、快速化、精确化方向发展,以便更快捷、准确地制订最佳疏浚方案以及疏浚后进行监测评价。为提高疏浚精度,可在挖泥船上配置先进的仪表设备,如断面监视仪(DPM)、污染监视仪(DRM)、全球定位仪(GPS)、水位遥报系统、传感器、差分全球定位仪(DGPS)等。

4. 底泥疏浚的一般步骤及关键技术

1)底泥疏浚的现场调查与分析

底泥调查内容主要包括:底泥的时空分布特性,底泥中营养元素、重金属及其他污染物质的分布,底泥中动植物及其生境的特征,水力学特征。其现场调查与勘测除应按一般疏浚工程的要求施工外,还必须符合环境的要求,避免造成水体的二次污染,如设置防渗层,布置围埝和隔埂等。

2)疏浚深度的确定

底泥的深度随着河道水库的形态、水力状况、调度运用情况等而变化,对河流而言,河槽的形态、水力状况也影响底泥深度。此外,底泥中营养盐的分布是多变的,在富营养化发展的河道中,表层底泥的营养盐通常高于下层。底泥中营养盐的释放与温度、pH、细菌、溶解氧等诸多因素有关。在20 cm以下的底泥基本上不直接参与营养盐对水体的释放。有实验表明,疏浚深度为30 cm时,在好氧条件下,其氮、磷释放量反而比未疏浚时大。疏浚深度控制不当或施工方法欠妥,很有可能破坏原有的水生态系统。从恢复水生态系统的角度来讲,对于巨型水生植物应该控制其生长程度,并没有必要将其从水体中彻底铲除。巨型水生植物能够为鱼类提供产卵场所,为水禽提供食物,为野生动物提供栖息场所,还能维持良好的水生态系统,有利于水污染的生态修复。事实上,要持续维持优良的水质,必须有持续稳定的具有优良结构的水生态系统。而保护河流流域或河道及其周边地区的自然资源、维持生态平衡是获取优良水质的最根本措施。因此,实施疏浚项目时,应在满足过流能力的前提下(对航运有要求的,应注意满足航道的水深、流速等水力条件),合理确定疏浚深度。疏浚深度的确定应综合考虑清除内源性污染、控制营养盐释放、控制巨型水生植物的生长以及有利于生态恢复等问题。

3）疏挖形式的选择

底泥疏挖形式一般有两种：第一种方法是将水抽干，然后使用推土机和刮泥机清除表层底泥。水利工程中开挖新航道、河道疏浚等采用的较多，如长江镇江段新航道的开挖。但以改善水环境为主要目的的河道方面的应用有南京玄武湖疏浚。第二种方法是带水作业，应用范围广泛，河湖疏浚都可用之。国内为控制河道富营养化而实施疏浚的项目有滇池、洱海、太湖、巢湖、西湖等，上海苏州河、沈阳浑河等城市河流为改善水环境也实施了底泥疏浚工程。由于底泥表层可分为稀释层、流体层和压密层三层，在水土界面上 7～15 cm 内，存在着由部分藻类、浮游动植物以及水土界面特定生化环境条件下形成的悬浮状的类胶体物质，其颗粒最细，有机质最多，属于污染云团。以改善水环境为目的的疏浚工程重点需要清除的是这部分物质。因其物理性质的复杂性，疏浚必须采用专门的设备和技术，其费用也是相当高的。在美国，当疏浚底泥的深度为 0.6 m 和 1.5 m 时，折算成单位体积底泥的成本分别是 6～20 美元/m^3 和 4～13 美元/m^3。从我国“三湖”水污染防治规划中底泥疏浚的计划规模和投资，可以估算出国内底泥疏浚的成本为 30～60 元/m^3。另外，如果底泥含有需要额外处理的有毒有害物质，疏浚和处理成本将会更高，并且疏浚底泥的环境效果与疏浚方法有密切的关系。

4）疏浚设备的选择

带水作业的疏浚设备基本有两大类：专用疏浚设备与常规挖泥船改造。专用疏浚设备多为国外产品，开发研制时间长，产品比较成熟，疏浚质量好。如日本生产的螺旋式挖泥装置和密闭旋转斗轮挖泥设备。前者挖泥时，把挖泥部分埋没在泥中进行挖掘；后者挖泥时，在密闭的半圆筒形罩内均匀缓慢地转动斗轮挖掘泥土。两者在挖泥时由于阻断了水侵入土中，故可高浓度挖泥且发生污浊和扩散现象极少，几乎不污染周围水域。意大利首先研制出气动泵挖泥船用于疏浚水下污染底泥。它利用静水压力和压缩空气清除污染底泥，此装置疏浚质量高，对湖底无扰动，因此也不污染周围水域。在常规挖泥船改造方面，开发研制疏浚用的环保绞刀、在底泥疏浚过程中采用高精度定位技术和现场监控系统等是提高底泥疏浚质量并实现环保疏浚的重要举措。荷兰 IHC 公司、BOSKALIS 疏浚公司、HAM 公司和国际疏浚公司分别成功地开发了带罩式环保绞刀、立式圆盘环保绞刀、螺旋环保绞刀和刮扫吸头等多种环保型绞刀。这些环保型绞刀均具有防止污染底泥泄漏和扩散的功能。比如，荷兰 IHC 公司的海狸 600 型和海狸 1600 型绞吸式挖泥船，采用定位桩台车，安装自动挖泥控制系统和显示系统，使用 DGPS 定位，成功地完成了匈牙利 Balaton 湖 15～20 cm 的薄层污染底泥疏浚。太湖五里湖底泥疏浚工程、杭州西湖一期底泥疏浚工程、嘉兴市区河道整治工程及南湖疏浚工程等都采用了这些技术。国内生产的挖泥船技术水平比较低，以绞吸式和斗轮式为主。三峡库区疏浚及清淤用机电一体化成套气举装置，该装置利用高速气体射流与自激振荡脉冲射流相结合的方法，实现清淤疏浚。实际工程中，疏浚设备的选择首先要考虑设备的可得性、项目的时间要求、底泥输送距离、排放压头及底泥的物理和化学特征等，根据当地的具体条件选用适宜的设备。

5）底泥处置方式

底泥堆放场会受到自然降雨的冲刷，底泥堆放场泥浆余水中可能含有重金属及氮、磷等污染物，这些问题可能导致污染物随径流污染周围水环境。此外，底泥处置还涉及政策、经济、立法等诸多问题,对周围环境也有诸多影响,存在环境风险与生态风险。因此,底泥处置方式应给予足够关注。目前,污染底泥的处置技术主要有堆存封闭法、污泥集装化、生物修复和资源化利用等。底泥处置应首先将底泥集中在处置场。底泥处置场的选择应综合考虑可容纳的底泥体积、悬浮固体含量、底泥颗粒分布、比重、流变性或塑性、沉降特征等因素。而且疏浚底泥中往往含有各种类型的污染物质,很容易对环境造成二次污染,必须有切实可行的处置方案。国际上一些发达国家甚至要求在疏浚前对污染底泥进行生态风险评估。此外,由于底泥的流变特性,导致底泥处置场需要比较大的面积,在需要疏挖的地区,人口又往往比较密集,这时就必须全面考虑底泥的综合利用。常见的利用方式是生产建筑材料、生产肥料、改良土壤和建造景观等。例如,美国将河道疏挖出的15.3 万 m^3的底泥用作土壤调节剂,从而节约大量成本。在洞庭湖周围,约 90% 的砖瓦生产厂家利用淤泥生产砖瓦,较好地解决了底泥问题。

6)划定物种保护区或保护带

当已确定的疏浚区域较大时,应专门划出一定面积的物种保护区,或留出保护带不予疏浚,作为物种基因库,疏浚以后,以保护带物种库为基点,借自然之力繁衍扩大,力求在较短时间内疏浚区域物种得以恢复和发展。具体施工设计中也可布置成条田状,隔一疏一,待疏浚带植被 4 ~5 年自然繁衍更殖后,再疏浚生物保留带。疏一隔一宽度和间隔时间应由实验工程、生物科技积累,调查研究后取得设计参数。物种主要包括水生植物、底栖生物等。

7)选定适宜施工期

底泥疏浚作业最佳施工期为冬初至春末,此时开展疏浚可做到费省效宏,最大限度去除营养物质。底泥疏浚发生环境风险主要在三个关键点:疏浚挖掘、泥水远距离输送和排泥场安全。因此,设计论证阶段应进行严格的环境风险评估,确保万无一失。

8)底泥疏浚后的处理措施

对疏挖的底泥应进行安全处置和尾水处理,这是底泥疏浚的关键工序。排泥场要采用封闭围隔处理,防止高浓度营养盐澄清水返流入河流或湖体中;做好排泥场基底处理和防渗,防止污染地下水。尾水排放一定要经过处理(尾水处理率 >90%,SS 质量浓度 <150 ~200 mg/L),或经小型净化处理设施,或氧化塘处理达标后才准予排放。有的河道疏浚效果不佳的重要原因就是疏漏了堆泥场澄清水的处理。另外,还可把底泥疏浚和资源利用结合起来,开辟新的资源化利用途径。

2.6.1.4 过滤法

1.具体分类

(1)机械筛除。这是一种固液分离的方法,如用微滤机筛除,微滤机滤网的孔眼孔径一般为 10 ~45 μm(多数为 35 μm),除藻率可达到 50% ~70% 。

(2)滤池过滤除藻。主要有两种方法:直接过滤除藻和慢滤池除藻。这种方法适宜处理原水中藻类和悬浮物数量较少的情况。该种方法的关键是控制滤速,通常采用均质砂滤料或双层滤料。双层滤料可采用陶粒(粒径为 2.0 ~2.5 mm、层高为 700 mm)、石英砂(粒径为 0.6 ~1.2 mm、层高为 500 mm)。

(3)膜技术过滤除藻。膜技术是利用离子交换膜或有机高分子合成膜组成的机制,依据膜孔径的不同，可分为微滤、超滤、纳滤和反渗透。该技术的主要特点是能够做到100%除藻，然而该技术也存在一定的局限性：因为膜技术需要较高的基建投资和运行费用，所以目前很少在大规模的生产实践中使用。

2. 藻类过滤装置

(1)普通快速滤池。

普通快速滤池(见图2-26)一般由钢筋混凝土建成，池内有滤料层、排水槽、垫料层和配水系统；池外有集中管廊，配有清水出水管、原水进水管、冲洗水排出管、冲洗水管及阀门等附件。过滤时，开启进水管和清水管阀门，进水经多层滤料过滤后，由清水管流出。当滤料层阻力增大到一定程度时，要停止过滤进行反冲洗。

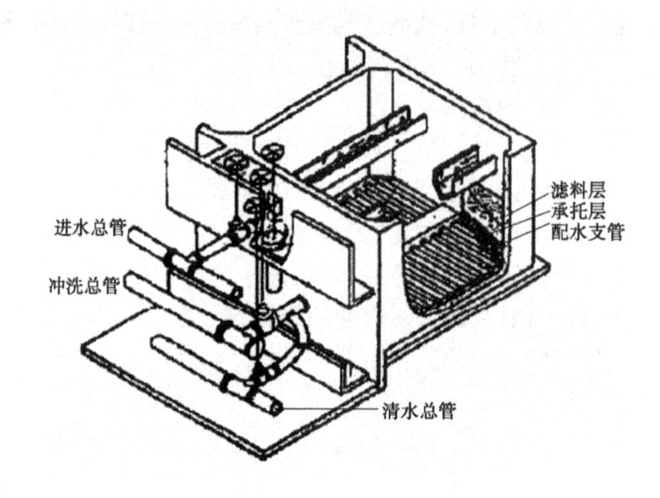

图2-26 普通快速滤池

(2)虹吸滤池。

利用虹吸作用代替滤池的进水阀门和反冲洗排水阀门，反冲洗水头和水量来自滤池本身。图2-27为虹吸滤池。

虹吸滤池的优点是可以自动控制运行，设备投资低于普通快速滤池，缺点是冲洗水量受滤池出水量限制，影响滤池冲洗效果。

(3)压力滤池。

压力滤池是一个内部装有滤料、带进水和出水系统的密闭承压钢罐，进水直接由泵打入，在压力推动下进行过滤。由于滤后水压较高，可以直接送到用水装置、水塔或后序各处理单元中。压力滤池的优点是过滤能力强，设备定型、使用的机动性大，缺点是容量较小，适用于过滤水量较小的场合。图2-28为压力滤池。

(4)滤芯式过滤器。

滤芯式过滤器是一种精密的过滤设备，构造简单，装置费用较低，通常由圆筒状结构的滤芯配上一个合适的外壳构成，当处理量较大时，可以将多个滤芯装入一个压力容器内，如图2-29所示。滤芯的种类较多，如不可再生的由棉花、羊毛、人造纤维、玻璃纤维、尼龙、石棉等制成的结合物，也可以由可再生的刚性材料，如多孔陶瓷、缠绕金属丝、烧结金属及多孔塑料等制成。滤芯式过滤器的反冲洗机制与压力滤池的相似。压力滤池和滤芯式过滤器由于构造简单，过滤效果好且可以定制，因此在工业场合应用比较多。

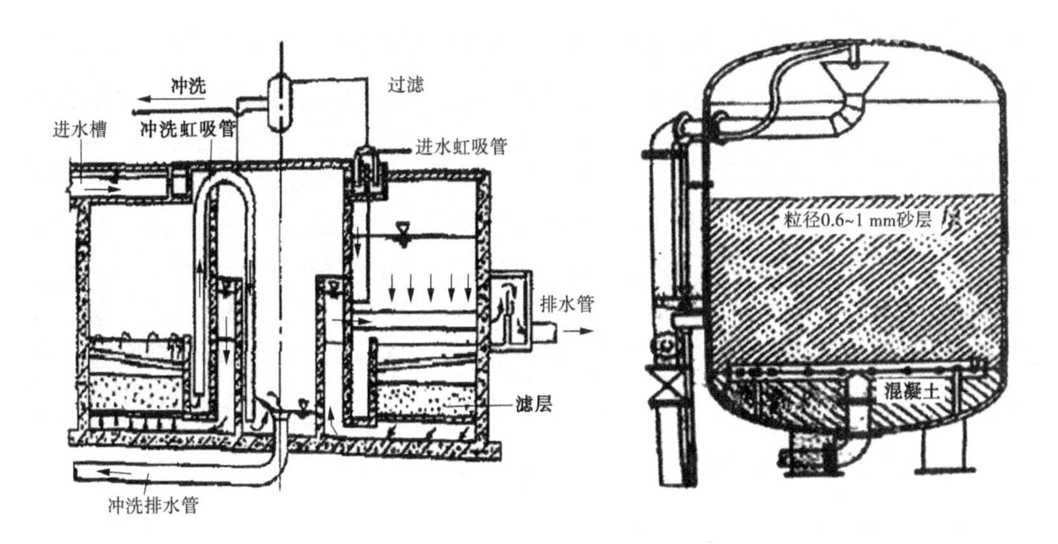

图 2-27　虹吸滤池

图 2-28　压力滤池

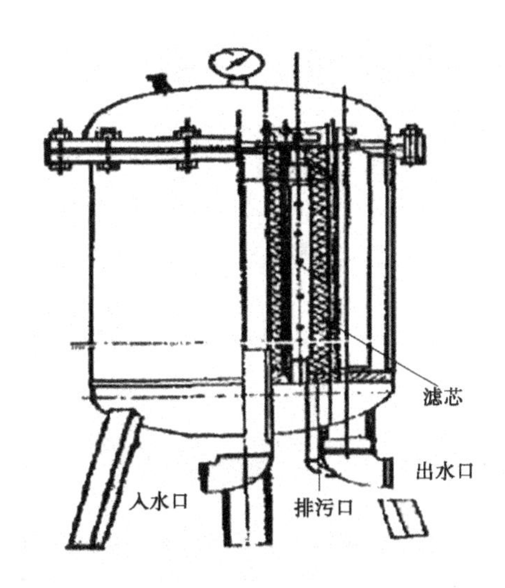

图 2-29　滤芯式过滤器

但是，具有连续过滤、自动反冲洗功能的过滤器的开发和研究，在国外起步较早，以色列、美国在此领域具有较强的技术优势，然而产品十分昂贵。国内在这方面的研究起步较晚，在滤芯质量、控制系统的稳定性和灵活性上与国外产品相比还有很大的技术差距。由于在过滤装置中，随着过滤过程的持续进行，液体内的固相杂质被截留在过滤介质表面或介质内隙，形成滤饼层。滤饼层具有截留固体杂质的作用，同时也会引起过滤介质表面阻力增大、压力降增加，导致过滤效率下降，甚至过滤过程终止。为了保证一定的过滤速度，要实时检测压力差的变化，以此判断过滤功能正常与否。当压力差达到一定值时，认为过滤介质功能的下降超出了规定的范围，此时通过一定的手段进行反向冲洗，清洗掉过滤介质表面聚积的杂质,减小其阻力,使过滤介质恢复到初始状态,保证正常的过滤功能,这是过滤器自清洗的控制基础。

(5)藻类净化水用振动筛。

藻类净化水用振动筛、悬浮藻过滤筛及污水过滤分离筛是根据时代发展要求而设计的环保型高效过滤振动筛,机装400目筛网将水和悬浮藻类快速过滤出,经过实验证明,利用藻类处理污水,净化富营养水质,既能保护环境,又能节约资源,具有良好的生态效益和社会、经济效益。

藻类净化水用振动筛原理:整机采用食品级防腐蚀304不锈钢材质,利用一台节能型立式振动电机作为振动源,通过三维立体式振动,强迫物料在装有400目或500目细筛网的框架上做圆周性扩散型运动,来达到分离的目的;由于藻类的黏稠性,需要在筛网下加装有根据振动而能自动清网的硅胶弹力球,当筛机振动时,弹力球在振动力的作用下上下往复运动,达到清网的目的。

藻类净化用振动筛如图2-30所示。

图2-30　藻类净化用振动筛

不同藻类净化用振动筛技术要求及选型见表2-5。

表2-5　不同藻类净化用振动筛技术要求及选型

型号	功率(kW)	材质	层数	目数	处理量(m^3/h)
SCL-800	0.55	SUS304	1	400/500	3~6
SCL-1000	0.75	SUS304	1	400/500	6~8
SCL-1200	1.1	SUS304	1	400/500	8~12
SCL-1500	1.5	SUS304	1	400/500	10~14

经过友好技术协商,列出以下技术协议,生产厂家需按其要求生产:

(1)密封盖加管式观察口,用橡胶盖密封,密封盖可取下。

(2)投料口加缓冲板分流。

(3)第一层出口加闸门。

(4)第二层出口做成可接软水管的管件,管件直径为 100 mm。

(5)底格设计成斜面,保证不存水,快速排放。

(6)每台配 400 目一张和 500 目一张,其中一台装 400 目筛网,一台装 500 目筛网,剩余筛网包装随货走。

(7)设备为不锈钢 304 材质,振动体与电机减震应在不锈钢罩内,外侧不应看到。

3. 实验室研究阶段的藻类回收方法

实验室研究阶段的藻类回收方法如下:

(1)实验装置为钢结构,尺寸为 600 mm×300 mm×700 mm,内置直径为 206 mm 的转鼓,转鼓一端连接驱动电机;滤料为 16.7 μm 丙纶丝,将其加工成一定结构,按照一定方式装填在转鼓表面,使滤床厚度为 20 mm,初始孔隙率 $\varepsilon_0=0.6$。滤床反冲洗排水槽设于装置上部。纤维过滤除藻实验工艺流程见图 2-31。

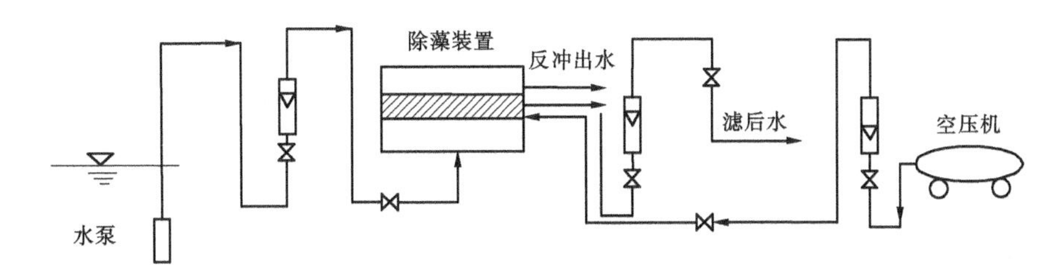

图 2-31　纤维过滤除藻实验工艺流程

操作流程:原水经泵抽到实验装置中,在压力作用下经过纤维滤层进入转鼓,从转鼓的一端流出。随着转鼓转动,转鼓表面滤床被分为过滤区和反冲洗区两部分,面积比为 5:1。实验装置运行方式为连续过滤、连续反冲洗。压缩空气反冲洗装置布于转鼓内,反冲洗用水为转鼓内的压力水。

(2)实验采用两种规格的陶瓷膜(膜孔径分别为 200 mm 和 50 mm,均呈管状,其外径均为 30 mm),长度为 240 mm,有 19 个通道(每个通道内径为 4 mm),有效过滤面积均为 0.045 m^2。

实验采取死端过滤方式。过滤压力采用三挡,分别为 0.1 MPa、0.2 MPa 和 0.3 MPa。操作步骤如下:将原水加入原水箱,由离心泵经过压力表记录膜前压力后输送至陶瓷膜组件,此时阀门处于关闭状态,出水经由压力表读出膜后压力后流至清水箱,膜出水量由渗透测流流量计计量。

实验装置示意如图 2-32 所示。

实验流程见图 2-33。

2.6.1.5　机械清除法

1. 原理

机械清除是将藻类从湖泊中移除的一种方式,一般应用在蓝藻富集区,包括直接过滤除藻、微滤机除藻、膜过滤、活性炭吸附等。直接过滤是利用机电设备,将含藻水抽入滤池,通过滤网等过滤设备将藻类分离并收集。此法可在短期内快速有效地去除藻类,避免

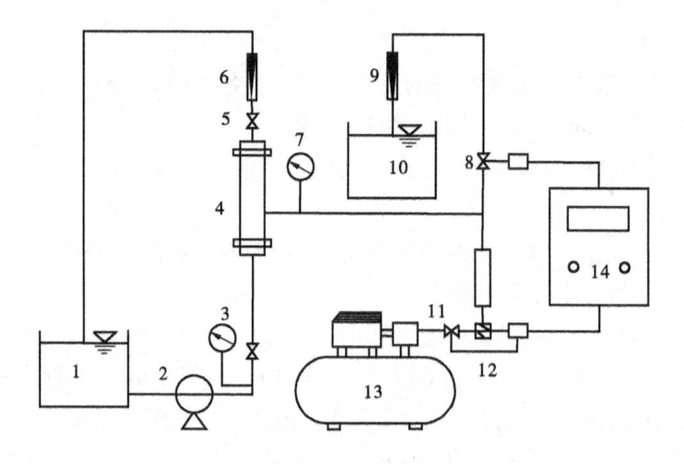

1—原水箱;2—离心泵;3—水压表;4—陶瓷膜组件;5—阀门;6—循环测流流量计;7—压力表;8—反冲电磁阀;9—渗透测流流量计;10—清水箱;11—空压机端电磁阀;12—排气电磁阀;13—空气压缩机;14—自动控制单元

图 2-32　实验装置示意

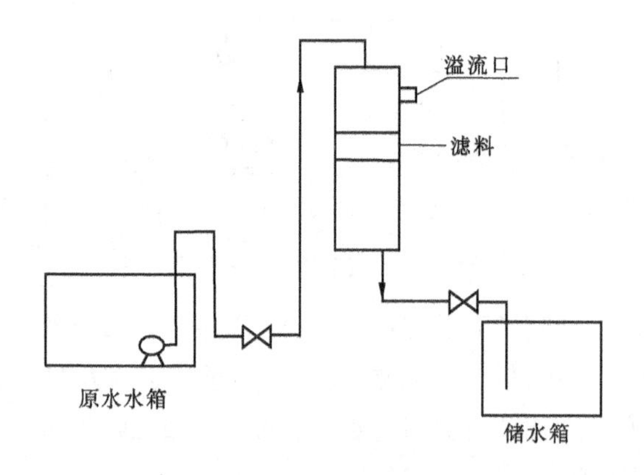

图 2-33　实验流程

水华的发生。微滤机多采用孔眼为 20 ~ 40 μm 的滤网,它对藻类的去除率为 40% ~ 70%。活性炭吸附对藻类、藻毒素的去除效果很好,但水中的有机物会影响活性炭的吸附,且活性炭再生也较难,处理成本较高。

2. 特点

机械除藻是较常用的比较直接的应急除藻措施,适用于藻类覆盖面积较大的水体。采用机械方法清除蓝藻水华,能直接大量清除湖面蓝藻水华,能在短期内快速有效地解决湖水中的水华现象,且无明显的负面影响。此外,通过机械法打捞出的蓝藻,可经发酵产生沼气作为能源利用,既得到良好的经济效益,也具有非常重要的环保意义。因此,在蓝藻水华大量发生季节,采用机械方法清除湖面水华并加以综合利用,防止恶性增殖和二次污染,并由此降低水体营养水平污染负荷,从而可达到改善水环境的目的,是十分值得推广应用的一项高效实用技术。

3. 步骤

采用岸边固定收藻设施和水上移动收藻设施对湖面蓝藻水华进行机械清除,其工艺流程如下。

1) 蓝藻机械清除

在蓝藻大规模暴发期，通常 1 km^2 水域所覆盖的水华蓝藻可缩聚在 0.02 km^2 的小区域内，厚度可达 0.4 m。为获得较高浓度的富藻水，于藻类富集区拉两条围隔（面向东南方，呈喇叭状）形成浮式围栏，使蓝藻水华按该时期盛行风向自然涌入集藻围栏内。用于富藻的围栏由浮体、裙体和牵引设施组成，浮体包布为 PVC 双面涂覆塑料布，浮体为聚苯乙烯泡沫，裙体为不透水的土工布，能在水下形成一道屏障，防止蓝藻水华从下面流走。其中浮体高 0.65 m，吃水深度 0.39 m，群体高 0.4 m。

蓝藻在静止状态下能迅速上浮，90% 蓝藻能够集中到上层的蓝藻层，实现显著的蓝藻层和水层的分层。于集藻围栏内设置两台处理能力均为 30 m^3/h 的吸藻泵，吸藻泵采用倒置泵头的设计，倒置泵头由 3 只浮筒固定并可调整浮力泵头位置，保证泵头始终处于富藻层适当位置。

吸藻泵的实施，使得集藻围栏内的富藻层变薄，此时吸藻泵清除的是以湖水为主的稀藻水，除藻效率很低，可投加一种"剥离液"，待蓝藻絮凝上浮至湖面后拉网聚拢、机械清除。通过吸藻泵可将蓝藻水华提升至岸边的集藻池。

2) 藻水分离工艺

利用机械收藻设备（由收藻船、吸水泵、储存装置、脱水装置、自动清洗过滤器、进出水管路、供电系统及控制系统组成）收集水面浮藻，经泵输送到旋转筛过滤器进行初步脱水，浓缩藻浆送入集藻槽内存储，达到从水中分离藻的目的。

通过吸藻泵将蓝藻水华提升至岸边的集藻池。集藻池上部设有过滤筛网，通过筛网过滤得到藻浆。于集藻池内投加高分子絮凝剂（CP－8750），使集藻池藻浆絮凝浓缩，得到藻渣。采用卧式螺旋蓝藻脱水离心机对藻渣进行脱水处理，实现藻水分离，得到藻泥。藻泥外运至有机化肥厂制作有机肥，实现蓝藻水华的综合利用。

2.6.1.6 扬水曝气法

1. 原理

扬水曝气器以压缩空气为动力，压缩空气连续地通入扬水曝气器下部，以小气泡的形式向曝气室释放，从而向水体充氧。充氧后的尾气收集在气室中。当气体充满气室后，在瞬间向上升筒释放，并形成大的气弹，堵塞了上升筒整个横断面。气弹迅速上浮，形成了上升的活塞流，推动上升筒中水体加速上升，直至气弹冲出上升筒出口。随后，上升筒中的水流在惯性作用下降速上升，直至下一个气弹形成。上升筒不断从下端吸入水体输送到表层，被提升的底层水与表层水混合后向四周扩散，形成了上下水层间的循环混合。由于溶解氧的恢复，水中氨氮及其他还原组分浓度大为降低，改善了水生生物的生存环境，提高了水体的自净能力。同时，将水体底部由还原状态改变为氧化状态，有效地抑制了底层水体中磷的活化和向上扩散，限制了浮游藻类的生活力。扬水曝气器结构如图 2-34 所示。

2. 特点

(1) 混合上下水层，破坏水体分层，将表层高溶解氧水体与下层水体混合，增加下层水体溶解氧。

(2) 利用曝气室直接向下层水体充氧。

(3)使一定范围内水面不结冰,增加水面自然复氧。

(4)由于表面不结冰,通过风浪混合作用促进上下水层混合和充氧。

3. 步骤

原水在进入水厂前经过一预沉池,池体平面尺寸200 m×200 m,水深6~9 m,容积30万m^3,停留时间24 h。在预沉池安装两台扬水曝气器,上升筒直径400 mm,总高度6.3 m,用钢板制作。供气设备为一台无油空压机,通过两根DN20聚乙烯塑料管分别向两台扬水曝气器输送压缩空气。压缩空气经气室下部DN32环行穿孔布气管向气室释放空气,共有80个直径为3 mm的布气孔。扬水曝气系统布置见图2-35。扬水曝气器由特制的安装平台从水面逐节安装,用混凝土墩锚固在池底,进口距池底1.5 m。

4. 布置原则

扬水曝气器设置的目的是改善取水口附近的水环境质量,防止出现分层厌氧状态。因此,扬水曝气器布置的原则为,尽量在靠近取水口附近水深较大的区域设置,设置水域的库容应保证在设计取水量下达到一定的停留时间。同时,为满足藻类呼吸作用,利用扬水混合控制藻类生长的适用水深应在10 m以上。

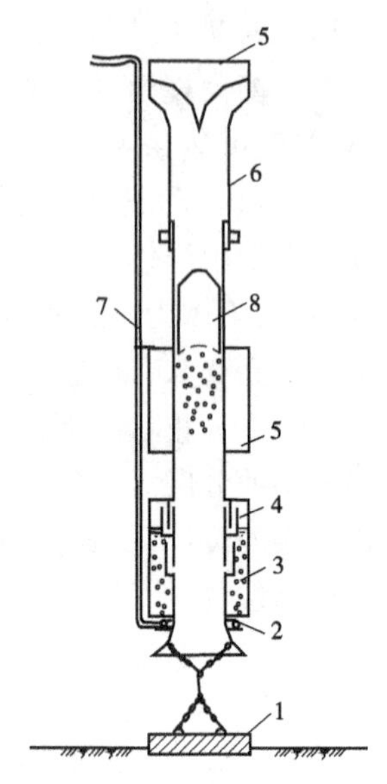

1—锚固墩;2—空气释放管;
3—曝气室;4—气室;5—水密仓;
6—上升筒;7—供气管道;8—气弹

图2-34　扬水曝气器结构

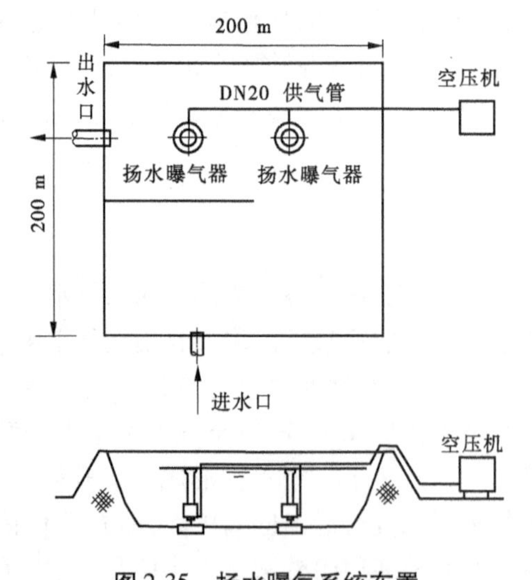

图2-35　扬水曝气系统布置

2.6.1.7　遮光控藻法

1. 原理

在直接影响蓝绿藻增殖的诸多环境因素中,相对于温度、营养盐、pH等而言,光照度无疑是最容易实施人为干预的因素。遮光控藻法通过控制水体的入射光照度,使藻类可获得光照度不能满足其光合作用的需要,从而达到抑制藻类生长的目的。小岛贞男针对日本九州某城镇的水库（水面面积为20 000 m^2）开展了示范研究，采用塑料制浮板遮光，覆盖面积为水面的50%～60%，如图2-36所示，其基本原理是在遮光区域藻类的生长由于得不到足够的光强支持，生长得到抑制，同时利用风的吹送流和水体的密度流在湖泊中形成一个水的循环，使藻类不断地进入遮光区域，而逐渐消亡。遮光1个月左右，微胞藻属消失，湖水明澈透底，COD下降50%，pH及溶解氧也显著降低。通过降低水下光照度来抑制藻类的光合作用，达到降低水体中藻细胞密度，增加水体透明度的效果。局部遮光控藻法通过对藻类积聚的水域进行遮光，可以在不对生态体系造成负面影响的前提下短时间内高效抑制藻类，能有效消除藻类的积聚状态。

图2-36　半遮光控藻技术

2. 特点

该法简便易行，但遮光材料较昂贵，而且遮光后抑制蓝藻水华的同时，也可能对其他水生生物带来影响。若要大面积应用，则还要考虑对航道管理和航运的影响。遮光控藻法具有“以空间和时间赢取水质”的特点，因此在评价遮光控藻法的效果时，必须考虑到“遮光面积”“单位时间单位面积的处理效率”“水质净化效果”之间的动态关系。遮光控藻法未来要突破的关键点，一方面，开发遮光除藻的应急集成技术；另一方面，针对水源地的特点设计成本低的大面积遮光除藻设备及相关工程实施方法，在水源地尤其是取水口能够达到应急除藻目的，减轻水厂处理的水源水负荷，保证居民饮水安全。

3. 步骤

遮光材料为市售的遮光率分别为70%和85%的聚乙烯遮阳网。将若干尼龙绳横向固定于水面，于其上铺设遮阳网。第一天至第六天铺设两层遮光率为70%的遮阳网，第七天至第九天加盖1层遮光率为85%的遮阳网。

2.6.1.8　气浮除藻法

1. 原理

气浮法，又称为浮选，它的原理是用某种方法使水中产生大量的微气泡，形成以水、气及被去除物质的三相混合体，在界面张力、气泡上升浮力和静水压力差等多种力共同作用下，使微细气泡能比较容易地黏附在被去除的杂质上后，因黏合体密度小于水而上浮到水面，从而使水中杂质被分离而达到去除的目的。悬浮物表面有亲水和疏水之分。疏水性颗粒表面容易附着气泡，因而可用气浮法去除杂质；亲水性颗粒经过适当的化学药品处理后，可以转为疏水性质。气泡的黏附需要有足够的疏水表面，而地表水中的有机物浓度通常为气泡的黏附提供了足够的疏水表面，在纯净、无有机物存在体系中，气浮效率才明显下降。同时，考虑藻类的物理性质，如比重小，处于悬浮状态，不易沉降，细胞壁外有包裹胶质层（胶质鞘），疏水作用强，易与微气泡结合，使之上浮至水面去除。因此，气浮法非常适合于处理富藻水。

2. 特点

气浮法是一种高效、快速的固液分离技术，与其他技术相比，气浮法的除藻效率较高，释放藻毒素的概率低，需要做预处理的时间短且药剂使用量较少，占地面积小，自动化程度高，操作管理方便，运行费用较低等。具体特点如下：

(1)能有效去除污染水体中存在的细小悬浮颗粒、藻类、固体杂质和磷酸盐等污染物。

(2)能大幅提高水中的溶解氧含量。

(3)操作十分简便，易于维护，可以实现全自动化控制。

(4)能够很好地抵抗冲击负荷，对水质、水量变化的适应性好。

(5)可以即开即用，处理效果立竿见影，使用、运行管理灵活方便，且运行成本低。

3. 气泡产生方法

常用的气泡产生方法有曝气气浮法和溶气气浮法，它们用来产生微气泡。电解法不常用于产生微气泡。

(1)电解法：向污染水体中通入 5 ~ 10 V 的直流电，从而产生微小气泡，但由于电耗大，使用中会造成电极板结垢，所以主要适用于中小规模的工业废水处理。

(2)曝气气浮法：又称分散空气法，是在气浮池的底部设置微孔扩散板或扩散管，从板面或管面压缩空气，形成微气泡，以微小气泡形式逸出于水中。也可以在池底处安装叶轮，轮轴与水面垂直，而压缩空气通到叶轮下方，借助叶轮高速转动时产生的搅拌作用，将大气泡切割成为小气泡，最终形成需要的微气泡。

(3)溶气气浮法：水中能够溶解气体，这些气体在水面气压降低时就可以从水中逸出。分为两种方法：①使气浮池上的空间为真空状态，处在常压下的水流进池即释放出微气泡，称真空溶气法；②空气加压溶入水中达到饱和，溶气水流减压进入气浮池即释放出微气泡，称为加压溶气法。加压溶气法较为常用。加压溶气水可以是所处理水的全部或一部分，也可以是气浮池出水的回流水，回流水量占所处理水量的百分比称回流比，是影响气浮效率的重要因素，须由实验确定。加压溶气法的设备有加压泵、溶气罐和空气压缩机等。溶气罐为承压钢筒，内部常设置导流板或放置填料。溶气罐出水通过减压阀或释放器进入气浮池。

4. 气浮法分类

气浮法可以分为布气气浮法、电气浮法、生物及化学气浮法、溶气气浮法。

(1)布气气浮法(分散空气气浮法)。布气气浮法利用机械剪切力，将混合于水中的空气粉碎成细小气泡。例如，水泵吸水管吸气气浮、射流气浮、扩散板曝气气浮及叶轮气浮等，都属于这一类方法。

(2)电气浮法(电解凝聚气浮法)。电气浮法在水中设置正、负电极，当通上直流电后，一个电极(阴极)上即产生初生态微小气泡。同时，产生电解、混凝等效应。

(3)生物及化学气浮法。生物及化学气浮法利用生物的作用产生气体或者在水中投加化学药剂发生化学作用,絮凝后放出气体。

(4)溶气气浮法(溶解空气气浮法)。溶气气浮法在混合泵内使气体和液体充分混合,在一定压力下使空气溶解于水中,并达到饱和状态,而后达到产生气浮的作用。根据气泡析出于水时所处的压力情况不同,溶气气浮法又分为压力溶气气浮法和溶气真空气浮法两种。只有在特殊情况下,才使用溶气真空气浮法。例如,当介质处于一定压力,容易产生危险和变性等情况时,才使用真空气浮法。

5. 气浮池

气浮池池面通常为长方形或正方形,呈平底或锥底形状。出水管的位置较池底略高。水面设有刮泥机和集泥槽,用于收集滤渣。由于颗粒附有气泡,上浮速度很快,因此气浮池的容积较小,水流逗留的时间仅10余分钟。气浮池简易构造如图2-37所示。

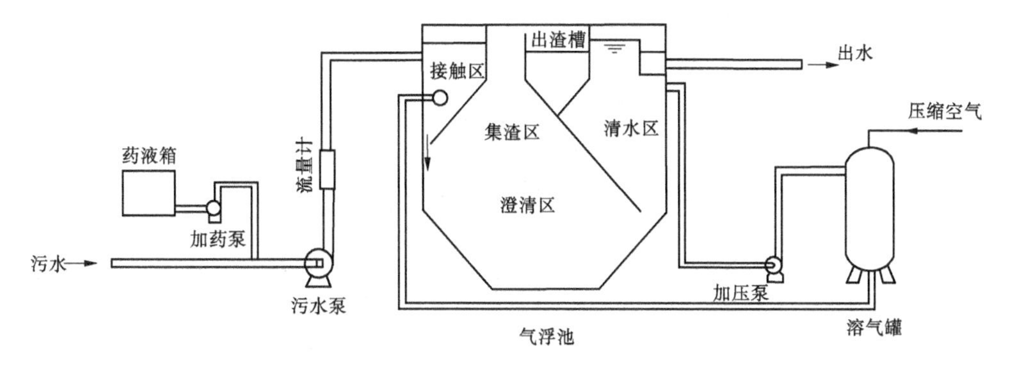

图2-37 气浮池简易构造

6. 工艺流程

(1)原水进入混合反应器,在混合反应器中加入药剂(一般使用除油剂或混凝剂),以形成可分离的絮凝物。

(2)使经预处理后的污水进入气浮装置中,在进水室中,污水和气水混合物中释放的微小气泡(气泡直径为30~50 μm)混合。这些微小气泡能够黏附在污水中的絮体上,从而形成比重比水小的气浮体。气浮混合体上升至水面凝聚成浮渣,通过刮渣机作用,刮至收渣槽。

(3)进水室中,较重的固体颗粒在此沉淀,通过排砂阀排出,根据系统要求,需要定期开启排砂阀,以便保持进水室的清洁。

(4)污水进入气浮装置布水区,上升快速的粒子将浮到水面,上升较慢的粒子在波纹斜板中分离,一旦一个粒子接触到波纹斜板,在浮力的作用下,它能够逆着水流方向上升。

(5)所有重的粒子将下沉,下沉的粒子通过底部刮渣机收集,通过定期开启排泥阀排出。

7. 基本条件

(1)必须向水中提供足够量的微小气泡。

(2)必须使废水中的污染物质能够形成悬浮状态。

(3)必须使气泡与悬浮物质之间产生黏附作用。

(4)气泡直径需要符合要求,必须达到一定的尺寸(一般要求30～50 μm)。

2.6.1.9 臭氧—气浮联用法

1. 原理

臭氧是一种强氧化剂,具有很强的除藻和氧化去除部分有机物的能力,且无残留,不产生二次污染,操作也简单可行。用臭氧处理含藻毒素水,去除效果与藻细胞密度、臭氧浓度、接触时间和温度有关,并需保持水中残留0.05 mg/L的臭氧才能完全破坏藻毒素。

气浮法是依据微气泡黏附于絮粒,以实现絮粒的强制性上浮,达到固液分离,从而去除藻类的目的。众所周知,藻类的存在繁衍将产生臭气、异味及其他物质,使过滤层产生阻塞,影响其正常工作。同时,藻类细胞密度较小,其絮体不易沉淀,沉淀处理中吸附了藻类的絮粒密度也相应降低,以致沉淀不佳,处理效果低下,采用气浮法可克服这一不利因素。

臭氧—气浮法联用法,使用臭氧化空气或臭氧化氧气代替空气在特殊构造的气浮池中对含藻水进行气浮处理,其优点在于把臭氧氧化的化学现象和气浮净水技术的物理现象有机地结合在一起。臭氧—气浮法联用法工艺如图2-38所示。

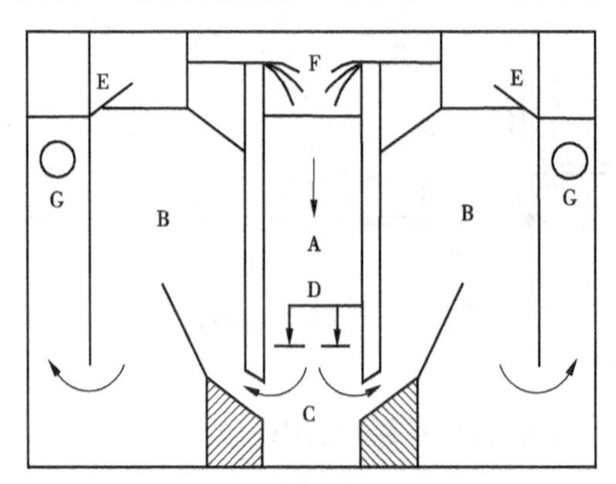

A—臭氧氧化室;B—气浮室;C—曝气头;D—冲刷水流;

E—排渣槽;F—原水进入;G—处理后水排出

图2-38 臭氧—气浮联用法工艺

2. 特点

臭氧的氧化性强,消毒效果好,产生的有害消毒副产物少,因此较其他的化学氧化剂具有更广的应用前景。但是氧化能力不足,只能作用于小范围水体,不能作用于大范围水体。运行成本较高也限制了其应用。

气浮法的主要问题是藻渣难以处理,气浮池附近臭味重,操作环境差,不适合用于景区水处理中。另外,藻类可依赖其浮沉调节机制对气浮工艺造成影响。

臭氧—气浮联用法可以提高含藻水处理效果,适用于对低浊、低色、低有机质的湖水或水库水进行含藻处理,更适用于直接过滤中,既可延长双层滤料滤池的过滤周期,又可提高过滤后的水质。

臭氧—气浮联用法的主要优点如下:

(1)利用高速水流冲刷多孔板可以产生微细的气泡,增加气液接触界面,有利于传质。

(2)在臭氧化室,大气泡的停留时间较长,有利于预臭氧化,减少臭氧的损失,提高臭氧的利用率。

(3)由于高速水流连续冲刷多孔板,使气泡迅速扩散,并且多孔板不易堵塞。

(4)预臭氧化有加强絮凝的作用。

(5)臭氧化—气浮塔具有絮凝、臭氧化和气浮三重作用。

3. 操作步骤

含有藻类的原水经过混凝和絮凝后,进入臭氧化—气浮塔。在臭氧化室中,原水和较大的臭氧化气泡相向而流,不仅导致有效的预臭氧化,而且在水流过程中,进一步加强了絮凝作用。从臭氧化室进入气浮室的水流速度很大,有利于选择细小的气泡,带入气泡室进行气浮分离。在中间设置了一块斜板,以提供必要的速度梯度捕获微细的气泡,它们包裹了含有藻类的颗粒,使密度减小,引起上浮。处理后的澄清水向下流,从气浮室的底部进入双层滤池进行过滤。

在法国奥顿水厂,进行了规模为 110 m^3/h 的半生产性实验,结果表明,臭氧—气浮联用法能有效地去除原水中的所有大肠杆菌和链球菌,去除色度的 30% ~ 50%,去除浊度的 90%,使有机物浓度降低 20%,去除 80% 的鞭毛裸藻类或 40% 的丝状硅藻,还能使水中的叶绿素浓度降低 40% ~ 80%。目前,在法国已采用臭氧—气浮联用法的净水厂为里昂市 Pape 备用水厂,处理规模为 15 万 m^3/d。

臭氧—气浮联用法中所使用的臭氧化氧气浓度一般为 45 ~ 50 g $O_3/Nm^3\ O_2$,臭氧化空气浓度为 15 ~ 20 g O_3/Nm^3空气,投量一般为 0.5 ~3 mg O_3/L。

经臭氧—气浮和直接过滤处理后水的浊度为 0.1 ~ 0.5 NTU,色度小于 5 Pt/10,处理后水中加微量氯,即可保证通过管网的饮用水完全符合所规定的水质标准。

2.6.1.10 物理场控制技术(超声波)

1. 原理

超声波一般是指频率在 16 kHz 以上的声波,是物质介质中的一种弹性机械波,能在水中产生一系列接近于极端的条件,如超过重力加速度几万倍的质点加速度,空化泡破裂产生的瞬间高温和高压(4 000 K,500 atm)、急剧的放电,以及强烈的冲击波和射流等。超声波能衍生出二次波、辐射压、声捕捉、自由基、氧化剂等,这些二次波也可较大程度地改变介质的性质。超声波可能的抑藻杀藻机制为使细胞壁、气胞、活性酶被破坏。高强度的超声波能破坏生物细胞壁,细胞结构被破坏后,使细胞内的物质流出,这一点已在工业上得到运用。藻类细胞的构造十分特殊,存在一个占细胞体积 50% 的气胞,气胞能控制藻类细胞的升降运动。超声波引起的冲击波、射流、辐射压等可能使气胞破坏。在适当的频率下,气胞甚至能成为空化泡而破裂。同时,空化产生的高温高压和大量自由基可以破坏藻细胞内活性酶和活性物质,从而影响细胞的生理生化活性。此外,超声波引发的化学效应也能分解藻毒素等藻细胞分泌物和代谢产物。

2. 超声波灭藻设备组成

超声波灭藻设备由信号发生器、防水电缆线、发射器、压电变频能量转换器、太阳能电池板及安装支架(选配)组成(见图 2-39)。使用方法为:接通电源后,将发射器置于需除藻的水体中即可。

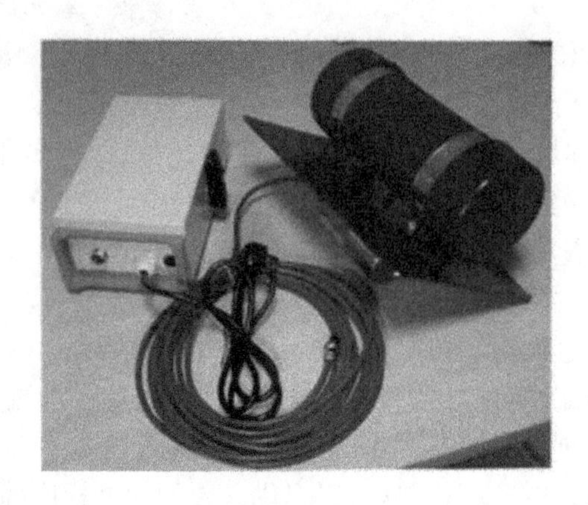

图 2-39　超声波灭藻设备组成

3. 超声波灭藻设备特点

(1)采用全晶体管电路,工作性能稳定可靠。

(2)新型的换能器技术,整机效率高,工作噪声低。

(3)双频技术,效率更高,纯物理方式除藻,无二次污染。

(4)安装施工简便,适应性强,操作简便,无须维护。

(5)性能可靠,可长期使用,运行费用低。

4. 超声波灭藻设备优势

(1)安装容易,无须调试。

(2)能耗低,运行成本低,运行可靠、稳定。

(3)属于连续工作的物理设备,由于其能耗非常低,除藻效率高,杀藻和抑制藻类效果显著。

(4)高科技超声波灭藻杀菌,可防止水藻再生。

(5)物理控藻,对水中生物无害,能维持水域的生态平衡。

(6)使用范围广泛,适用于不同类型的水体。

5. 超声波灭藻设备的应用范围

环境处理:公园里的开放性水域、高尔夫球场的景观池、阳光游泳池、水库、湖泊。

工业领域:工业用蓄水池、大型冷却水塔蓄水池、自来水净水厂。

农业领域:农业、畜牧业灌溉蓄水池,花棚、蔬菜大棚的喷灌、滴灌系统。

海洋渔业:水产、贝类养殖。

超声波灭藻设备广泛用在人工河湖及一些景观水体中,不仅使水体不再有藻类问题,同时能够保证水体清澈见底,水质鲜活,且无须专人维护。

6. 超声波灭藻效果图

图 2-40 是电镜下铜绿微囊藻经超声波处理图,可以发现灭藻效果显著。

2.6.1.11　电磁场控制技术

1. 原理

电子水处理技术是一种物理处理方法。它利用磁场或电场的作用抑制藻类和细菌的

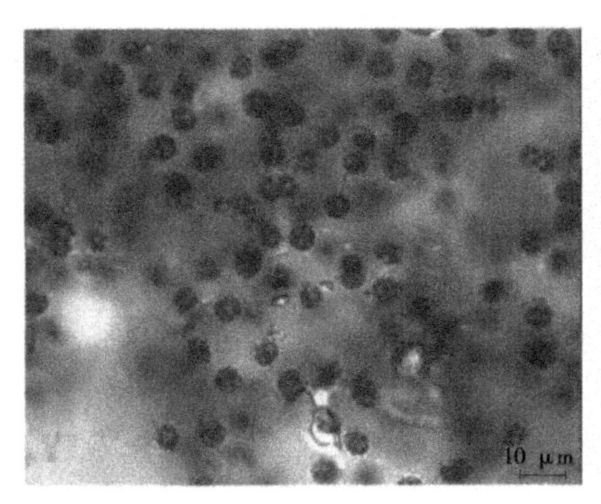

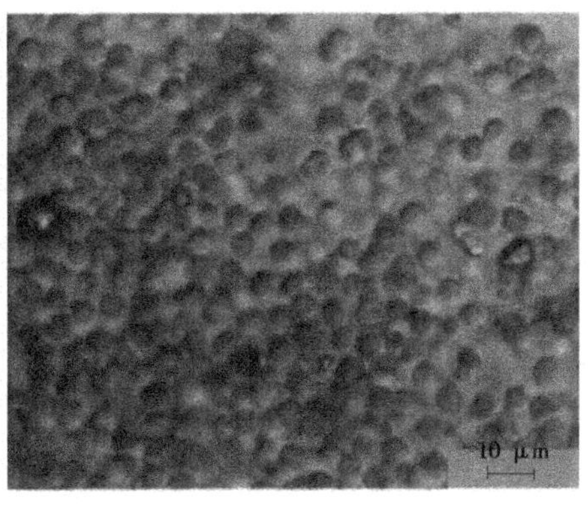

图 2-40　电镜下铜绿微囊藻经超声波处理图

生长繁殖。磁场除具有防垢、除垢的功能外，还能抑制细胞的生长，交变电磁场在特定条件下对细胞的生长具有明显的抑制作用。利用电磁场能量进行水处理是一个相当复杂的过程，在整个处理过程中，伴随着各种物理反应、化学反应、电化学反应和生物反应。当水通过高频电磁场时，水分子作为偶极子被不断极化而产生扭曲、变形、反转、振动，且与外加电磁场产生共振作用，使其他分子的运动加强，使原来缔合形成的各种链状、团状大分子解离成单个的水分子，最后形成比较稳定的双水分子，从而增强了水的活性，改变了水分子与其他离子的结合状态，从而能更有效地破坏细胞壁和细胞膜。除藻设备运作原理如图 2-41 所示。

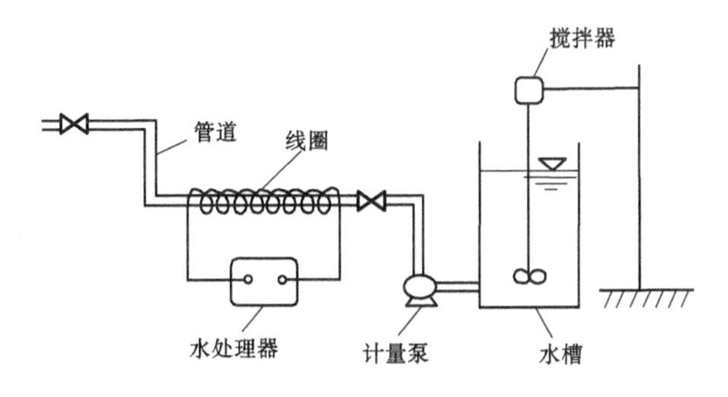

图 2-41　除藻设备运作原理

2. 除藻设备

将线圈缠绕在管径为 2 cm 的镀锌水管上，通电后，在水管内形成一个电磁场，其中水处理器的工作电压为 12 V，输出功率为 20 W，变频方式为在固定时间内对频率进行扫描，扫频范围为中频至高频，即 800 Hz ~ 60 kHz，扫频周期为 1.0 s。空管时管中所形成的扫频磁场的磁感应强度为 0.002 ~ 0.01 T。

3. 电磁场除藻设备特点

磁处理是一种物理处理方法，与水处理剂的化学法相比，具有使用方便、运行费用低、无毒、无二次污染、适用范围广、容易屏蔽等优点。

4. 处理效果对比

由图 2-42 可以看出，未处理水样的藻类总数(用叶绿素含量表征藻类数量)随时间增加处于上升趋势,说明细胞在不断繁殖。而处理水样随着电磁处理时间的增加,藻类在脉冲高压静电场和磁场中的停留时间增加,电磁场作用于藻类的作用增强,细胞不断衰亡,细菌总数不断下降,在处理初期细菌总数下降很快,24 h 后,细菌总数下降趋于缓慢,到168 h 时细菌总数已经十分少,这说明电磁场处理中,确实起到了杀灭细菌的作用,而且杀菌效果显著,随电磁处理时间的增加,杀菌能力也增强,且没有出现再生的现象。

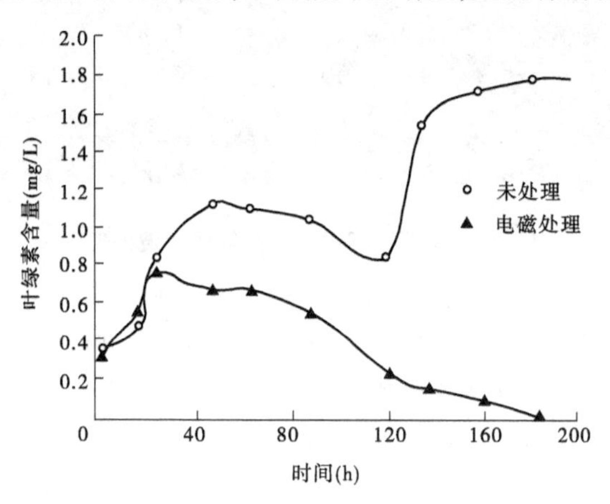

图 2-42　电磁处理对叶绿素含量的影响

2.6.2　化学法

化学法指利用化学药剂与藻类发生化学反应,通过破坏藻类细胞结构等,快速清除藻类累积,是一种工艺简单、操作方便的有效杀藻方法。目前,常用的杀藻剂有$CuSO_4$、高锰酸盐、液氯、ClO_2、O_3和 H_2O_2等。$CuSO_4$和高锰酸盐等化学杀藻剂是当前化学控藻技术的主体,但在抑藻的同时也造成了二次污染,对其他水生生物也同样存在毒性,即使在短期内没有不良反应,也可能因在水生生物内富集、残留而存在远期危害。化学法虽能立竿见影,但会造成环境污染或破坏生态平衡,所产生的负面效应非常严重,且难以消除,这是一种短期行为或称为权宜之计。具体方法有化学沉降法、陶瓷废料吸附法、酸碱中和法以及化学除藻剂控藻法。

2.6.2.1　化学沉降法

1. 原理

铝盐是一类盐的总称,主要是指正三价铝离子和酸根阴离子组成的盐,一般来说,铝盐呈白色或无色晶体状,易溶于水,个别铝盐不溶于水。铁盐是指含有三价铁离子的盐,高分子聚合铁盐是一种新型的净水剂,主要用于自来水、工业给水的净化处理,是一种能完全满足《生活饮用水卫生标准》(GB 5749—2006)需求的首选药剂。同时,在处理各种工业废水、生活污水方面,按其性价比,在绝大部分水体中要优于传统的铝盐药剂。通过向水体中添加铁盐或铝盐(明矾),吸附或絮凝水体中的无机磷酸盐,能够降低水体中磷的浓度。同时,铝盐能够形成氢氧化铝,沉淀在沉积物表层形成“薄层”,可以阻止沉积磷的释放。降低水体中磷的含量就间接解决了水华发生的问题,达到除藻的目的。

2. 反应方程式

明矾可以在水中电离出两种金属离子：

$$KAl(SO_4)_2 = K^+ + Al^{3+} + 2SO_4^{2-}$$

而 Al^{3+} 很容易水解，生成氢氧化铝 $Al(OH)_3$ 胶体：

$$Al^{3+} + 3H_2O \rightleftharpoons Al(OH)_3 + 3H^+$$

氢氧化铝胶体的吸附能力很强，可以吸附杂质，并形成沉淀。

3. 特点

化学沉降法工艺过程十分简单，造价低廉，且运行成本较低。化学沉降法的缺点是引入了新的化合物，而且该法的试剂消耗量较大，处理过程中，容易产生大量无用且易造成二次污染的化学污泥，不符合环保要求，实际使用中具有很大的局限性。

4. 分类

在实际使用中，常用的铝盐主要有三氯化铝、硫酸铝和明矾。

例如，氯化铝（$AlCl_3$）、硫酸铝［$Al_2(SO_4)_3$］、硝酸铝［$Al(NO_3)_3$］、硅酸铝［$Al_2(SiO_3)_3$］、硫化铝（Al_2S_3）等。明矾是复盐，是十二水合硫酸铝钾［$KAl(SO_4)_2 \cdot 12H_2O$］。

5. 工艺流程

（1）凝聚阶段：这一阶段，药液注入混凝池，并与原水快速混凝，在极短时间内形成微细矾花，此时水体会变得更加混浊，它要求水流能产生激烈的湍流。在实验过程中，烧杯实验宜快速（250～300 r/min）搅拌 10～30 s，一般不超过 2 min。

（2）絮凝阶段：这一阶段是矾花成长变粗的过程，要求适当的湍流和足够的停留时间（10～15 min），至后期可以观察到大量矾花聚集，进而缓缓下沉，形成表面清晰层。在实验过程中，烧杯实验先以 150 r/min 搅拌约 6 min，再以 60 r/min 搅拌约 4 min 至呈悬浮态。

（3）沉降阶段：这一阶段是在沉降池中进行的絮凝物沉降过程，要求水流流速缓慢，为提高效率，一般采用斜管（板式）沉降池（最好采用气浮法分离絮凝物），大量的粗大矾花被斜管（板）壁阻挡而沉积于池底，上层水为澄清水，剩下的粒径小、密度小的矾花一边缓缓下降，一边继续相互碰撞结大，至后期余浊基本不变。烧杯实验宜以 20～30 r/min 慢搅 5 min，再静沉 10 min，然后测量余浊。

6. 使用注意事项

应根据不同情况，取得最佳使用条件和最佳投药量，以达到最好的处理效果。

（1）使用前，按一定浓度（10%～30%）投入溶矾池，注入自来水搅拌使之充分水解，静置一段时间至呈红棕色液体，再兑水稀释到所需浓度投加混凝。水厂亦可配成 2%～5% 直接投加，工业废水处理直接配成 5%～10% 投加。

（2）投加量根据原水性质，可通过生产调试或烧杯实验视矾花形成适量而定。

（3）使用时，将上述配制好的药液泵入计量槽，通过一定方式计量投加药液与原水混凝。

（4）一般情况下，当日配制应该当日使用，以防影响使用效果，配药需要自来水，稍有沉淀物属正常现象。

(5)注意混凝过程三个阶段的水力条件和形成矾花状况。

2.6.2.2 陶瓷废料吸附法

1.原理

水体衰老的一种表现就是水体富营养化,湖泊和水库等水域中,植物的营养成分如氮、磷等会不断地富集,最终导致水体营养过剩,这种现象叫作水体富营养化。由于水体中营养物质过多,水生生物特别是藻类大量繁殖,造成水华频繁暴发。因此,降低水体中磷的含量就间接解决了水华发生的问题。由于陶瓷废料中含有大量的二氧化硅、三氧化二铁、氧化钙和氧化镁等成分,其中,金属氧化物可与水中的磷元素发生反应,生成难溶、稳定的化合物,从而将水中的磷吸附,降低磷的含量,从而达到除藻的目的。

2.陶瓷废料的来源与分类

陶瓷废料主要是指陶瓷制品生产过程中,由于成形、干燥、施釉、搬运、焙烧及储存等工序中产生的废料,通常大致分为以下类型:

(1)坯体废料。主要是指陶瓷制品焙烧之前所形成的废料,包括上釉坯体废料及无釉坯体废料。

(2)废釉料。是在陶瓷制品的生产过程中(抛光砖的研磨、抛光及磨边倒角等深加工工序除外)所形成的污水经净化处理后形成的固体废料,通常含有重金属元素,按其化学含量多少可分为有毒废釉料和有害废釉料。

(3)烧成废料。是陶瓷制品经焙烧后生成的废料,主要是烧成废品和在储存与搬运等生产工序中的损坏而造成的。

(4)厚釉砖等经刮平定厚、研磨抛光及磨边倒角等一系列深加工后成为光亮如镜及平滑细腻的抛光砖制品,同时产生大量的砖屑。

3.特点

活性炭具有吸附能力强、去除效率高等特点,但是它的价格较贵,如要广泛应用,则会受到一定的限制,而陶瓷工业产生的废日用陶瓷,原瓷土里高岭土的含量很大,适合于用作吸附材料。废日用陶瓷经粉碎,加入成孔剂、黏结剂等重新烧结成多孔陶瓷,由于其内部多孔,比表面积较大,化学和热稳定性好,使之具有较好的吸附性能,而且易于再生,便于重复利用,在处理含重金属离子的废水方面具有广泛的应用空间和发展潜力。

4.吸附设备

固定床是水处理中最常用的一种方式,当水体连续通过填充吸附剂的吸附设备(吸附塔或吸附池)时,水体中的吸附质便被吸附剂所吸附。若吸附剂数量足够,从吸附设备流出的水体中吸附质的浓度可以降低到0。吸附剂使用一段时间后,出水中的吸附质浓度逐渐提高,当其提高到某一数值时,应停止通水,将吸附剂进行再生。固定床根据水流方向又分为升流式和降流式两种形式,降流式固定床吸附后出水水质好,但经吸附的水头损失较大,还需要定期进行反冲洗;升流式固定床内水头损失增加缓慢,运行时间较长,但流量变动易造成吸附剂流失。固定床根据处理水量、原水水质和处理要求还可以分为单床式、多床串联式和多床并联式三种。

5.处理效果图

从图2-43可以看出,在吸附前后,多孔陶瓷的表面发生了明显的变化。在吸附前,多孔陶瓷的表面存在很多孔隙，而在吸附之后，其孔隙被吸附液填充，多孔陶瓷的表面相对平整，表明这种材料对磷盐具有较好的吸附能力。

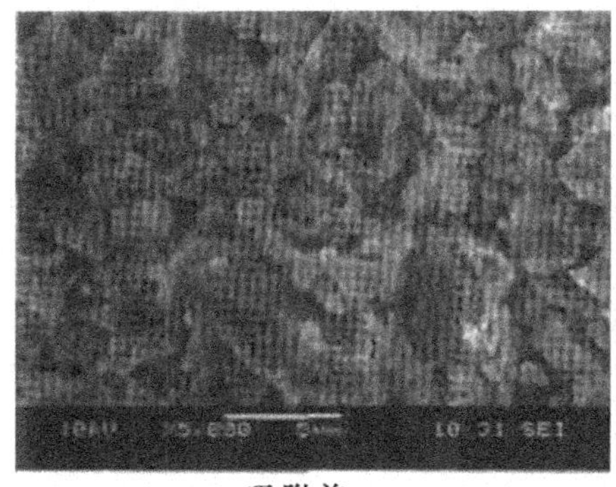

吸附前

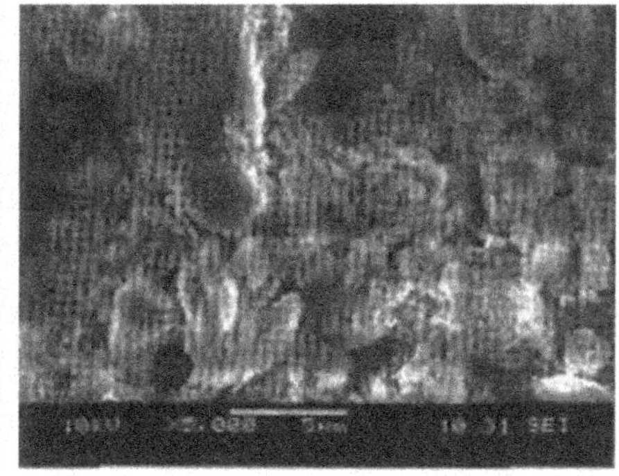

吸附后

图 2-43　吸附前后的多孔陶瓷 SEM 图

2.6.2.3　酸碱中和法

1. 原理

蓝藻是一种原始而古老的单细胞藻类原核生物，一般呈蓝绿色，少数呈红色，在富营养化超标的湖泊中，常于夏季大量繁殖，腐败死亡后在水面形成一层蓝绿色而有腥臭味的浮沫，称为水华。蓝藻污染直接影响水源地水体，加剧水质恶化，造成水体缺氧、腐臭。

蓝藻产生的根本原因在于水体富营养化。水体富营养化是指天然水体中由于过量营养物质（主要是指氮、磷等）的排入，引起各种水生生物、植物异常繁殖和生长。这些过量营养物质主要来自于农田施肥、农业废弃物、城市生活污水和某些工业废水。一般来说，总磷和无机氮分别为 20 mg/m^3 和 300 mg/m^3，就可以认为水体已处于富营养化的状态。富营养化造成水的透明度降低，导致溶解氧的过饱和状态，造成大量鱼类死亡。富营养化水中含有亚硝酸盐和硝酸盐，人畜长期饮用这些含量超标的水，会中毒致病。

水体中磷含量超标时，水体 pH 便会发生变化，影响水体的生态系统结构和功能，可以采取酸碱中和的方式进行调节。目前，主要通过向水体中添加石灰进行酸碱中和，调整水体酸碱度，以适应水生态系统的物种生长、繁殖等需求。石灰材料包括石灰石（$CaCO_3$）、生石灰（CaO）和熟石灰[$Ca(OH)_2$]。

2. 特点

使用酸碱中和法除藻，向富营养化水库投放石灰石、生石灰以及熟石灰，是一种工艺简单、操作方便的有效除藻方法。$CaCO_3$ 和 $Ca(OH)_2$ 等化学除藻剂是当前化学控藻技术的主体，但在抑藻的同时也造成了二次污染，对其他水生生物也同样存在毒性。

2.6.2.4　化学除藻剂控藻法

1. 原理

除藻剂能抑制藻细胞活性，阻碍藻类生长繁殖，达到除藻的目的。

2. 特点

一般来说，化学法的时间效应比较快，但由于其对除微囊藻外的其他生物的副作用和能够加速释放藻毒素等缺点而受到限制。这些除藻剂的化学成分均为易溶性的铜化合物,或者螯合铜类物质,这类化合物对鱼类、水草等产生一定程度的伤害,甚至导致死亡,且有致癌作用。总的来说,使用化学除藻的药剂一般要求为:高效、无污染、低(无)毒、无腐蚀,同时具有缓蚀、阻垢作用,或能与缓蚀剂、阻垢剂配合使用,成本低,生产及运输安全,投药方便。

3. 化学除藻剂具体分类及具体步骤

化学除藻剂一般分为氧化型和非氧化型两大类。氧化型除藻剂主要为卤素及其化合物和臭氧,还有高锰酸钾等。氧化型除藻剂中,液氯使用最为普遍,次氯酸钠、二氯或三氯异氰脲酸亦有使用。非氧化型除藻剂主要有无机金属化合物及重金属制剂、有机金属化合物及重金属制剂,铜剂、汞剂、锡剂、铬酸盐、有机硫系、有机氯系(有机卤系)、季膦盐、异噻唑啉酮、五氯苯酚盐、戊二醛、羟胺类和季铵盐类等。

1)氯气

当采用氯作为预氧化剂时,一般称为预氯化,预氯化对藻类有较好的去除作用,且应用方便、价格便宜,所以目前国内应用较多,是一种传统的预氧化除藻技术,采用氯预氧化可明显提高对原水浊度和藻类的去除率。当液氯投加量在 1 ~ 2 mg/L 或次氯酸钙在 2.5 ~ 16 mg/L 时,经过 30 min 反应,藻毒素去除率可达 90% 以上。但原水中含有较多腐殖质类天然有机物,而氯预氧化所需要的投加量较高,因而使用氯预氧化可能会在一定程度上导致氯消毒副产物浓度的增加,影响出厂水的水质。在预氯化过程中,预氯化不但不能消除由藻类产生的臭味,反而转化为更不愉快的臭味。氯与原水中较高浓度的有机物作用会生成一系列对人体有危害的三氯甲烷等致癌卤代有机副产物,因而其应用逐渐受到限制。

漂白粉在水中有效氯的含量为 15 ~ 20 mg/L、充分曝气 12 h,可防治甲藻类生物。

2)二氧化氯

二氧化氯具有很多氯所不具备的优点,如几乎不产生三氯甲烷等消毒副产物等,在某些地区有替代氯消毒的倾向。采用二氧化氯做预氧化剂,可较迅速完全地氧化铁、锰而生成沉淀物。因此,二氧化氯是目前国际上公认的新一代较为安全、高效、广谱的消毒灭菌、保鲜、除臭剂,被认为是一种绿色消毒杀菌剂。二氧化氯不仅对藻类进行有效杀灭,而且会使侥幸存活的藻类失去繁殖能力,还可以消除藻类以及腐烂物品产生的异味,有效地控制侵害有机体并产生异味的放线菌。二氧化氯除藻的原理可能主要是其以单分子扩散的形式进入藻细胞内,氧化光合色素——叶绿素的吡咯环,使环开裂,叶绿素失活,而藻类因失去叶绿素,无法进行光合作用等代谢而死亡;产生的自由基能氧化分解某些氨基酸,导致相关蛋白质结构和功能发生改变,从而影响细胞的正常功能。同时,自由基使藻细胞膜系统(细胞膜、细胞器膜、核膜系统)发生脂质过氧化,造成膜系统和细胞器结构的破坏,引起膜内物质的外漏,最终导致藻细胞死亡。

二氧化氯作为一种强氧化剂,具有较高的氧化—还原电势。它不同于氯气以亲电取代为主,而是以氧化反应为主。有机物被氧化后以降解为氧基因产物存在,而不是以三氯甲烷等卤代烃有害物质形式存在,且二氧化氯较氯气适应于更宽的 pH 范围。因此,从反应机制而言,二氧化氯较氯气具有更好的除藻、除腥效果,并能有效地控制卤代烃的生成量。电镜观察显示,低剂量的二氧化氯即可引起藻体细胞的局部损伤,较高剂量可导致细胞破裂,证明了二氧化氯可直接作用于细胞外壁,引起细胞壁开裂,并导致胞内物质流出。在自来水厂供水中的二氧化氯氧化,藻类去除率可稳定在84%左右。

二氧化氯被世界卫生组织列为安全高效消毒剂,同时被许多国际机构确认为最佳的杀菌消毒剂,被广泛应用于水处理、造纸及纺织品漂白、医疗卫生、制药、食品及农产品加工、农业种养殖等领域。

3)臭氧

臭氧在深度处理中的除藻作用也源自分子态臭氧的氧化能力。有研究表明,当叶绿素去除率较低时,投加低浓度臭氧气体,臭氧需要量少。除藻后绿藻、硅藻则等不容易被杀灭。

4)过氧化氢

在常用氧化剂中,过氧化氢是一种比较常见的氧化剂,其氧化还原电位介于氯和二氧化氯及臭氧之间,比氯高、比二氧化氯和臭氧低。过氧化氢是一种有效的预氧化剂,过氧化氢与其他的预氧化剂相比具有一个独特的优势,即它本身的氧化产物为水,不向水体增加任何副产物,且目前也未见其氧化产生其他副产物的报道。过氧化氢预氧化对水中藻类、有机物及浊度的去除实验表明,投加适量过氧化氢可以显著提高水中浊度、藻类和有机物的去除率。研究表明,低浓度的过氧化氢对微藻种群增长有微弱的促进作用,但随着浓度的增加,促进作用变为抑制作用,并且过氧化氢浓度越大、作用时间越长,则其毒性作用越大。过氧化氢预氧化与传统的预加氯工艺相比,其主要优点是不产生三卤甲烷等消毒副产物,对饮用水水质无副作用,因而在水华治理中将具有很好的应用前景。

用强电场放电方法把 H_2O、O_2 加工成强氧化羟基自由基水溶液,投入海水中,羟基浓度达到0.68 mg/L时,裸甲藻从 0.89×10^4 mL 减少至未检测出。羟基浓度为0.6 mg/L时,裸甲藻的叶绿素a、类胡萝卜素含量均低于检测方法的最低限值。结果表明,羟基在较低的浓度下便能完全杀灭裸甲藻,彻底分解叶绿素a和类胡萝卜素,并且残余羟基可自行降解成 H_2O、O_2,不引入有毒残留物,有效解决了海洋动力学冲击稀释药剂及其长期危害非赤潮生物的疑难问题。

5)高锰酸盐复合药剂

高锰酸盐复合药剂预处理与预氯化除藻效果对比实验结果表明,如果不采用任何预氧化处理措施,混凝剂投量即使很高,藻类的去除效率仍较低,高锰酸盐复合药剂预氧化能显著地提高除藻效率,从而降低出水中的藻,降低紫外吸光度,对藻类引起的臭味及有机污染物更具有显著的强化去除效果,效果明显优于传统的预氯化技术。张锦等的研究表明,单纯混凝对含藻水的净化效果较差,只能去除部分藻类,对藻类引起的臭味基本没有去除作用,采用高锰酸盐复合药剂预处理对混凝的强化效果要远远高于高锰酸钾预处理的效果,对水中的藻类、臭味及有机物的强化去除都有显著提高。投加高锰酸钾可以有效提高藻类的去除率,且对碱性水的除藻效果优于中性或酸性水。一般投加量为1~3 mg/L、接触时间大于1~2 h。但也有投加量为10 mg/L、接触时间为10~15 min的特殊情况(为了延长接触时间,亦可在引水管中投药)。但是,随着高锰酸钾投加量的增加,出水浊度也会随之增高。而且,高锰酸钾具有较重的颜色,投加后容易使水的色度增加甚至超标。另外,还要注意锰是否会超标。

6)高铁酸盐复合药剂

高铁酸盐是铁的六价化合物,在水中具有极强的氧化性和优良的多功能水质净化效能,且具有优异的混凝和助凝作用,被认为是一种具有较强氧化能力的绿色化学药剂。相关研究表明,高铁酸盐复合药剂具有优良的除污染功能,能显著地促进混凝。当采用高铁酸盐复合药剂预氧化除藻时,仅需少量的高铁酸盐复合药剂即可使除藻效果显著提高,下沉后除藻率可提高到70%以上,滤后除藻率可提高到80%以上。因此,高铁酸盐复合药剂预氧化可显著地提高对水中藻类的去除率,同时具有多功能的净水效果,并且对饮用水水质无副作用,因而在含藻水处理上将具有很大的应用潜力。苑宝玲等研究了高铁酸钾-光催化氧化体系去除水中藻毒素的效能,投加10 mg/L的高铁酸钾到光催化体系中,可将光催化效率从63%提高到100%。该技术属于高铁酸钾联用技术,尤其是高铁酸钾与光催化协同作用明显,可快速完全去除藻毒,且可大幅提高光催化效率,加速污染物的去除。

7)生石灰(氧化钙)

投加生石灰不仅可以提高水体pH,保持水中碱度,有利于混凝,又可使藻类吸附在石灰颗粒上,利于降浊。当然,氧化钙投量应随水体pH下降程度而定,一般控制在15~30 mg/L。氧化钙含量80%的生石灰在24 h、48 h和72 h抑制小球藻生长的半效应浓度分别为28.57 mg/L、10.77 mg/L和9.79 mg/L。生石灰是来源十分广泛且廉价的材料,使用效果显著且比较安全。

8)铜及混合物

$CuSO_4$法有一定毒性,却是最有效果的方法。近年,美国环保局仍注册有多种铜类化合物的除藻剂,日本也有使用$CuSO_4$治理赤潮的报道。铜离子对藻类有毒主要表现在影响藻类的生长代谢、抑制光合作用,影响原生质膜的渗透性。研究表明,藻类对铜离子有很强的吸附能力,这是铜离子除藻的重要原因。赵玲等将一定比例的Na_2CO_3、H_3BO_3、Al_2O_3、SiO_2混合(加入$CuSO_4$,制成掺铜可溶玻璃TB,再掺入0.2%~2.5% Ag_2O制成TB-Ag),结果表明,对于海洋原甲藻,在含铜可溶玻璃中引入一定量的Ag_2O,可以有效减少除藻材料中$CuSO_4$的用量。由于其具有同时缓释Cu^{2+}、Ag^+的作用,用量为2.0 mg/L时,藻细胞的去除率在12 h内可达到96.8%,并可维持7天以上时间。TB较$CuSO_4$而言避免了投药过程中易造成局部Cu^{2+}浓度过高而伤害鱼类的缺点。尹平河等分别投加不同量的蒙脱土、高岭土、可溶玻璃、硫酸铜和TB于6.3×10^4 cells/mL藻液中,结果表明,蒙脱土、可溶玻璃、高岭土均具有一定杀藻和控制藻细胞增长的能力,用量越大,藻细胞浓度的降低程度越大,除藻效率也越高。硫酸铜和TB对赤潮藻细胞灭杀和去除能力明显高于上述3种黏土类除藻剂,其用量显著减小。Cu^{2+}浓度在0.5 mg/L(相当于$CuSO_4\cdot5H_2O$用量2 mg/L)时,海洋原甲藻的去除率已达97.6%,TB($CuSO_4$ 15%)用量在3.5 mg/L时去除率为96.2%。TB用量仅为黏土类除藻剂用量的0.1%,接近使用硫酸铜的除藻效果。沸石作为载体吸附铜离子后投入水体中,能缓慢释放出铜离子,在100 mL浓度为1.0×10^6 cell/mL的藻液中加入2 mg沸石载铜除藻剂(FZT),第2天除藻率可达到86%,第5天藻细胞几乎全部被杀死,去除率达到100%。加入浓度为50 mg/L的氯化铁增效剂,可提高除藻剂的除藻效果,有效减少除藻剂的用量。

9)絮凝剂除藻

目前,国际上公认的一种方法是利用黏土微粒的絮凝、吸附作用去除水华生物,或者吸附藻毒素。曹西华等选用十六烷基三甲基溴化铵(HDTMAB)和高岭土配制阳离子交换量约为0.5 mmol/g 的有机高岭土,在浓度为0.01 g/L 时,对东海原甲藻的去除率为95%。吕英海等将蒙脱石(阳离子交换容量为74.25 mmol/100 g)进行钠化处理后,将浓度为0.012 moL/L HDTMAB 离心、洗涤、烘干,得到有机改性蒙脱石。吸附剂的最佳用量为0.2 g/L,去除东海原甲藻和亚历山大藻的效果优良。十二烷基二甲基卞基溴化铵(新洁而灭)通过破坏生物的细胞壁和原生质,进入菌体与蛋白质和酶作用,使微生物代谢异常,并能引起细胞产生自溶而死亡,且季铵盐类除藻剂不受水质的影响,低毒而无累积毒性。新洁而灭浓度为0.15 mg/L 时,2 天除藻率即可达到95%以上。在浓度为0.20 mg/L时,1 天除藻率即可达到95%以上。戊二醛是一种非氧化性杀菌剂,其最大特点是广谱、低毒、高效、无污染和无腐蚀性。单独使用戊二醛杀藻不理想,戊二醛和新洁而灭配比10:1效果为最佳,其杀藻效果好于使用单一除藻剂,投药1 天后除藻率就达到90%,能避免赤潮藻类对单一药品产生抗药性,提高除藻能力。刘英杰等按水体浓度10~30 mg/L称取明矾,溶解后泼洒,可沉淀水中悬浮物。

10)BC-655 杀菌灭藻剂

BC-655 是一种含溴新型杀菌灭藻剂,针对水处理用杀菌剂的特点,采用溶剂法合成出液体产品,克服固体产品在水处理应用中投加困难、难溶解、易降解、不易保存等缺点。BC-655 杀菌灭藻迅速、剥离黏泥效果好,而且毒性低,短时间内不存在抗药性问题,是一种值得推广的广谱、高效、低毒杀菌灭藻剂。

2.6.3 生物控藻

生物法是指合理调整水生食物链,利用营养与捕食关系,以及生物间的相互作用达到控制藻类的目的。生物法具有无污染、低消耗、可持续等优点,因此受到越来越多的关注。

利用鱼类控制藻类,是生物控藻技术中报道最早和最多的。目前研究最多的大型滤食性鱼类有鲢鱼、鳙鱼、罗非鱼等。白鲢、鳙滤食范围比较宽,它们栖息在水体中上部,主要摄食浮游藻类,成为用于生物控制的主要鱼种。罗非鱼通过吞食、视觉摄取、嚼食和刮食等多种摄食方式,摄食浮游植物、底栖藻类和有机碎屑。在藻类水华暴发的富营养湖泊中,必须放养密度合理的滤食性鱼,才能收到较好的控制效果。

植物抑制藻类生长的途径主要有抑制藻细胞生长、影响藻细胞光合作用、破坏细胞膜、影响某些酶的活性、抑制营养吸收和影响呼吸代谢等。某些底栖生物可以直接摄食藻类,用于生物控藻的底栖动物主要为蚌类,其属于滤食性无脊椎动物,生活在水底,具有较强的耐污能力。它们能够通过过滤大量水体摄取浮游植物和有机碎屑,被摄取的浮游植物中绿藻门最多,其次是硅藻门、裸藻门和蓝藻门。对于底栖生物控藻,目前还缺乏足够的理论支持。根据现有文献,能够用于控藻的底栖物种不多,而且其生活在水体底部,对浮游藻类种群的控制能力有限。目前主要研究方向为养蚌育珠并搭养适量鱼类以消耗水体营养盐,控制水体富营养化,并有一定的经济效益。

微生物控藻技术主要是向水体投加有效微生物群、溶藻细菌、藻类病毒等微生物来控制藻类的暴发,同时可改善污染水体水质。所谓有效微生物(Effective Microorganisms,简称EM),是指从自然界筛选出各种有益微生物,用特定的方法培养形成的微生物复合体系,其微生物组合以光合细菌、放线菌、酵母菌和乳酸菌为主。

利用生物技术控藻,是一项具有前景但又充满挑战的途径。其最大的优势在于相对低廉的成本、生态安全性,以及持久的控制效应。然而,每一种技术都有其特定的局限性,如果不能应用得当,可能得不到希望的控制效果,甚至有些方法还会引发新的生态问题。目前,还没有哪一种方法成熟到可以大范围推广应用,不少技术难点仍有待于进一步研究解决。

2.6.3.1 以藻制藻

1. 原理

由于某些藻类生长繁殖快、吸收肥料能力较强等特点而与藻类水华生长竞争水体中的营养(氮、磷等),从而抑制藻类水华的发生。

2. 特点

操作简便,无二次污染产生。

3. 具体

通常选择水网藻,隶属绿藻门,体长可达2 m,鲜黄绿色。研究表明,水网藻对水体氨氮、总氮和总磷的去除率均在70%以上。

2.6.3.2 微生物絮凝剂除藻

1. 原理

微生物絮凝剂除藻分为利用微生物细胞的絮凝剂、利用微生物细胞代谢产物的絮凝剂和利用微生物细胞壁提取物的絮凝剂三种类型。利用微生物本身或产生的多肽、黏多糖、纤维素、酯类、糖蛋白和核酸等作为絮凝剂,可以对包括藻类在内的大多数微生物产生絮凝作用,并且对环境不产生二次污染。在滇池草海约800 m围栏水域的现场实验中,光合细菌(PSB)净水剂对叶绿素a的去除率达到75%以上,藻量去除率达到90%以上,平均透明度从0.3 m增加到1.06 m。

2. 特点

操作简便,无二次污染产生。

3. 具体分类

利水剂、AEM菌、水体恢复功能菌(RB)、PSB光合菌等都有较好的除藻作用。

2.6.3.3 生物控制试剂控藻

1. 原理

潜在的生物控制试剂包括病毒、放线菌、细菌、真菌和原生动物等,主要通过这些生物对藻类的摄食或裂解来达到控制藻类的目的。

2. 特点

操作简便,无二次污染产生。

3. 具体分类

如寄生在蓝藻个体或群体的病毒能够裂解蓝藻,而这一类的病毒主要为长尾病毒科(Styloviridae)、肌病毒科(Myoviridae)和短尾病毒科(Podoviridae),被人们致力于控制藻类水华。而细菌、真菌、放线菌这类生物控制试剂主要是通过释放酶或胞外的抗生素来作用于蓝藻,从而达到裂解藻类的目的。此外,一些原生动物种类(如变形虫、鞭毛虫和纤毛虫等)能够直接摄食蓝藻。

2.6.3.4 高等植物克制藻类

1. 原理

植物之间存在对环境生长因子(光、肥、水等)的竞争,且向环境释放化学物质对其他植物产生影响,从而产生相生相克的相互作用。

2. 特点

操作简便,无二次污染产生。

3. 具体分类

如荸荠属水草、水花生、水浮莲、水葫芦、满江红、紫萍和西洋菜以及凤眼莲,对蓝藻、绿藻和衣藻均有抑制效应。

2.6.3.5 鱼类控藻

1. 原理

滤食性鱼类和杂食性鱼类能够直接滤食藻类,从而达到控藻的目的。

2. 特点

无二次污染产生,生态经济并重。

3. 具体分类

非经典生物操纵理论强调了滤食性鱼类鲢和鳙对蓝藻的直接摄食导致蓝藻的下降。以太湖梅梁湾约 1 km 的围栏水域为例,2005 年 1 月放养白鲢鱼种 24 775 kg 和花鲢8 005 kg,12 月捕获成鱼共约 14 万 kg,其中花鲢比例占 37.4%。通过估算在蓝藻暴发高峰时期(8 月)鲢、鳙对藻类的控制效果,表明围网中的鲢、鳙对微囊藻生物量的控制达 38%,且可大幅度降低水体中的藻毒素含量(>50%)。此外,通过推算,2005 年鲢、鳙的投入:产出 =1:1.75,可见鲢、鳙的放养带来了显著的经济效益。

选择滤食性鱼类控制藻类是由于它们具有特殊的滤食器官。鲢、鳙、罗非鱼都属于滤食性鱼类,在淡水中为上层鱼类,其独特的摄食性取决于它多孔的膜质鳃耙。处于不同个体发育阶段的鲢、鳙,其摄食方式也有所不同,6.4 ~7.14 mm 为吞食阶段,15 ~19 mm 为吞食向滤食转化阶段,30 mm 以上为滤食阶段。实验表明,鳙鱼食物组成中浮游动物与浮游植物个数的比例平均为 1:45,而鲢鱼的比例则为 1:248。Cremer 等对肠含物的分析表明,鲢滤食的颗粒物(微型、大型浮游植物及碎屑)的大小为 8 ~100 μm(其中大部分浮游植物为 17 ~50 μm)。

自 20 世纪 90 年代初在武汉东湖围隔中证实鲢、鳙能成功控制微囊藻水华之后,鱼类控藻技术在国内中小水源地有所实践。刘建康等的研究表明,鲢、鳙遏制水华的有效放养密度(有效生物量)为 46 ~50 g/m^3。

浮游植物中,鲢、鳙易消化的主要食料是硅藻、隐藻、金藻和部分甲藻、裸藻,黄藻类的黄丝藻及大部分绿藻和蓝藻等也是常见的消化种类。石志中等用^{32}P 进行了鲢鱼对鱼腥藻的摄食量和利用率的示踪实验,结果表明,螺旋鱼腥藻是鲢鱼易消化利用的良好食物,鲢鱼对其平均利用率高达 71.3%。朱惠、邓文瑾研究表明,鲢鱼能吸收栅藻,吸收率为

47.4% ~63.6,对铜绿微囊藻的消化吸收率在50%左右。Panov 等用^{14}C的研究结果表明,鲢鱼喜食蓝藻,对鱼腥藻、束丝藻的吸收和对小球藻、纤维藻的消化吸收率也较高。随季节及环境因素的影响,鲢、鳙的食性也随之变化。白鲢春季食物中腐屑占 90% ~99%,夏季食物中浮游藻类占绝对优势,秋季以后随河流中浮游植物的减少,食物中腐屑又占主要地位。在河流、水库和湖泊中,白鲢以硅藻为主要食物;池塘中以绿球藻鞭毛藻为主要食物;生活在肥水中,白鲢的主要食物是蓝绿藻。

国内外有很多学者研究白鲢和其他鱼类、浮游动物、水生植物混养以及在其他辅助措施下改善水质的潜力。宁波月湖 2000 年初夏发生大面积蓝藻水华,同年 8 月 1 日水面喷洒 55.6 g 改性明矾浆应急除藻后,蓝藻水华基本消失。随后放养鲢、鳙和三角蚌,2001 年和 2002 年不再出现蓝藻水华,水体表观质量明显提高,透明度保持在 100 cm 以上。2001年 8 月月湖浮游蓝藻数量比 2000 年同期下降 87.5%,总氮下降26.0%,总磷下降70.0%。武汉东湖围隔中鲢鱼和苴草混养实验表明,放鱼 2 个月后,在生物操纵的围隔中同时种入苴草,在 75 g/m^3 的鲢控藻的围隔中,苴草长势良好,水体中浮游植物的多样性也明显增加,浮游动物大量出现,透明度进一步增加。

第 3 章　水环境污染物综合应急处置技术

3.1　突发性水污染事故综合应急方案优选技术理论体系

水环境污染物综合应急方案优选技术是指为了提高应急处置时效性，通过对水污染处理技术和工程实施现场条件的全面估量和分析，确定合理有效的应急处置技术，实现应急处置目标，降低突发性水污染事故带来的环境、社会和经济危害。突发性水污染事件应急方案优选技术理论体系如图 3-1 所示。

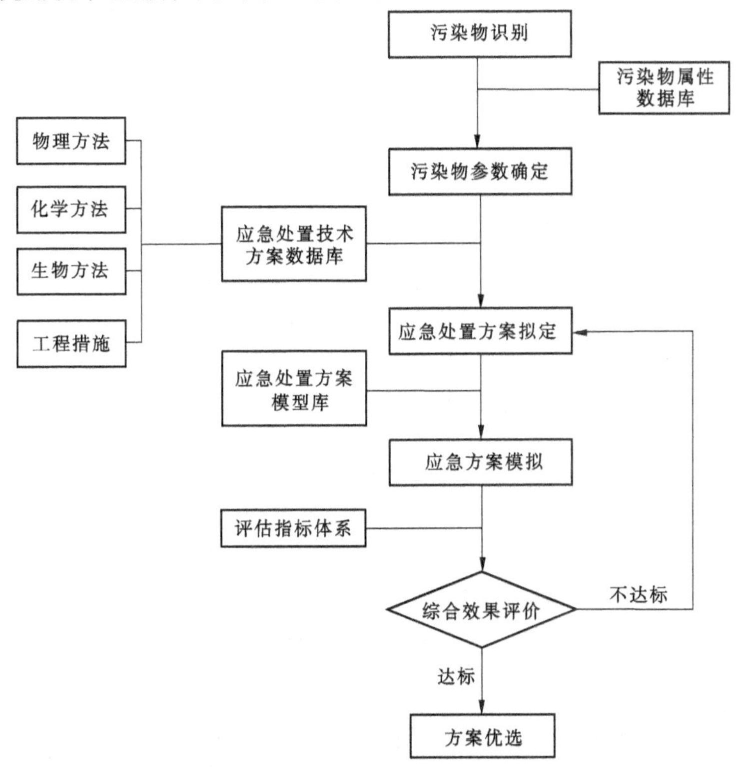

图 3-1　突发性水污染事件应急方案优选技术理论体系

在本技术理论体系中，污染物属性数据库主要包括污染物的物理属性、化学属性。根据物理属性可以判断处理污染物的物理措施和工程措施，根据化学属性可以判断处理污染物的化学方法及生物方法。

污染物应急处置技术方案数据库主要包含处理各类污染物的物理方法、化学方法、生物方法以及工程措施。

应急处置方案模型库主要是构建各种突发污染物在不同河流环境，采取不同应急处置方案后的迁移扩散过程的模型库,用于某具体突发污染事故发生时的快速模拟,可为最优决策做出模型预测。

3.2 突发性水污染事故典型污染物属性数据库

突发性水污染事故典型污染物属性数据库主要作用是:在明确突发事件污染物类型后,根据属性数据库,可以迅速得到该物质的物理属性、化学属性以及生物毒性等,为下一步制定对应应急措施提供基础条件。

3.2.1 突发性水环境风险典型污染物种类

突发性水环境风险典型污染物种类见表 3-1。

表 3-1 突发性水环境风险典型污染物种类

污染物类型	分类说明	亚类	代表性污染物		性质
有机污染物	油类	重油与轻油不同;非极性溶剂类与轻油类似,而挥发性有差异	重油	船舶重油	不可溶性漂移污染物
			轻油	柴油	
			其他与水不互溶的液体	卤代烃、卤代烯、卤代醚	
	苯系物	苯系物以苯、甲苯和二甲苯 BTX 等为代表;硝基苯、卤代苯的挥发性、溶解性等性质与 BTX 相似;极性取代苯则有所不同	苯系物 BTX	苯	非持久性污染物
			非极性取代苯	硝基苯	
			极性取代苯	氯苯类	
	酚类	是芳烃的含羟基衍生物,酚类化合物的毒性以苯酚为最大	苯酚类	苯酚	
			氯酚	2,4,6 - 三氯酚	
			硝基酚类	2,4 - 二硝基酚	
	胺类	胺类是极性化合物。低级胺易溶于水。可溶于醇、醚、苯等有机溶剂	苯胺类	苯胺	
			联苯胺类	联苯胺	
	多环芳烃	多环芳烃是分子中含有两个以上苯环的碳氢化合物,包括萘、蒽、菲、芘等 150 余种化合物		萘、菲	

续表 3-1

污染物类型	分类说明	亚类	代表性污染物		性质
有机污染物	多氯联苯	多氯联苯是联苯苯环上的氢被氯取代而形成的多氯化合物		多氯联苯	持久性污染物
	有机氯农药	有机氯农药是含有有机氯元素的有机化合物		DDT,七氯	
	钛酸酯类	在热塑性塑料、热固性塑料及橡胶等填料体系中作为偶联剂		邻苯二甲酸二甲酯	非持久性污染物
无机污染物	营养盐类	造成水体富营养化的物质		氮、磷	
	氰化物类	各种金属元素的氰化物,氢氰酸等		氰化钾	
	金属类	As、Hg 等	类金属	Hg、As	持久性污染物
		Pb、Cr、Cd 等	重金属	Cr、Cd、Cs	

3.2.2 典型风险污染物参数表

典型风险污染物参数见表 3-2 ~ 表 3-19。

表 3-2　典型风险污染物氯代乙烷参数

化合物名称	相对分子质量	相对密度	K_{OW}	K_{OC}	P_V	K_b	BCF	溶解性	水解速率[L/(mol·s)]	气相 OH 氧化反应速率[cm³/(mol·s)]
1,2－二氯乙烷	98.96	(水＝1)1.26；(空气＝1) 3.35	63	30	180(20 ℃)	—	177.7	微溶于水，可混溶于醇、醚、氯仿	4.686E－007	0.255 5E－12
1,1,1－三氯乙烷	133.41	(水＝1)1.35；(空气＝1)4.6	320	152	123(25 ℃)	—	765.8	不溶于水，溶于乙醇、乙醚等	7.434E－009	0.009 4E－12
六氯乙烷	236.74	(水＝1) 2.09	4.20E＋04	2.00E＋04	0.4(20 ℃)	1.00E－10	6.10E＋04	不溶于水，溶于醇、苯、氯仿、油类等多数有机溶剂	—	0.000 0E－12
1,2－二氯乙烷	98.96	—	30	14	61(20 ℃)	1.00E－10	91.2	—	4.686E－007	0.255 5E－12
1,1,2－三氯乙烷	133.41	(水＝1)1.44；(空气＝1)4.55	117	56	19(20 ℃)	3.00E－12	309.96	不溶于水，可混溶于乙醇、乙醚等	1.876E－002	0.228 6E－12
1,1,2,2－四氯乙烷	167.85	(水＝1)1.60	245	118	5(20 ℃)	3.00E－12	6.00E＋02	微溶于水，溶于乙醇、乙醚等	1.469E＋000	0.201 7E－12
氯乙烷	64.52	(水＝1) 0.92 (空气＝1) 2.20	30.9	14.9	1E3(20 ℃)	—	93.6	微溶于水，溶于乙醇、乙醚等	1.170E－011	0.403 9E－12

表 3-3　典型风险污染物苯酚类参数

化合物名称	相对分子质量	相对密度	K_{OW}	K_{OC}	P_V	K_b	BCF	溶解性	水解速率[L/(mol·s)]	气相 OH 氧化反应速率[cm³/(mol·s)]
苯酚	94.11	(水＝1)1.07；(空气＝1)3.24	30	14.2	0.341(25 ℃)	3.00E－06	91.2	可混溶于乙醇、醚、氯仿、甘油	—	33.467 3E－12
2,4－二甲酚	122.2	0.97 g/cm³	200	96	0.062(20 ℃)	1.00E－07	501.9	溶于水	—	50.493 8E－12

表 3-4　典型风险污染物氯酚类参数

化合物名称	相对分子质量	相对密度	K_{OW}	K_{OC}	P_V	K_b	BCF	溶解性	水解速率 [L/(mol·s)]	气相 OH 氧化反应速率 [cm^3/(mol·s)]
2,4,6－三氯酚	197.5	(水=1) 1.4901 (75/4 ℃)	4.10E+03	2.0	0.012 (25 ℃)	3.00E－09	4.80E+05	溶于水，易溶于醇、醚、氯仿	—	0.607 3E－12
2,4－二氯酚	163	(水=1)1.38；(空气=1)5.62	790	380	0.059 (20 ℃)	1.00E－07	1.70E+03	微溶于水，易溶于多数有机溶液	—	2.981 1E－12
2－氯酚 (邻氯苯酚)	128.56	1.241 g/mL (在 25 ℃)	151	73	1.77 (20 ℃)	1.00E－07	3.90E+02	微溶于水，溶于乙醇、乙醚和碱溶液	—	9.870 6E－12
五氯苯酚	266.4	(水=1)1.98；(空气=1)9.2	1.10E+05	5.30E+04	1.1E－4 (20 ℃)	3.00E－09	1.50E+05	不溶于水，溶于大多数有机溶剂	—	0.550 5E－12
对氯间甲酚	142.6	1.37	1 259	604	0.05 (20 ℃)	3.00E－09	2 623.8	易溶于有机溶剂和强碱水溶液	—	25.678 7E－12

表 3-5 典型风险污染物氯苯类参数

化合物名称	相对分子质量	相对密度	K_{OW}	K_{OC}	P_V	K_b	*BCF*	溶解性	水解速率 [L/(mol·s)]	气相 OH 氧化反应速率 [cm^3/(mol·s)]
1,2-二氯苯	147.01	(水=1)1.30;(空气=1)5.05	3.60E+03	1.70E+03	1.0(20 ℃)	1.00E-10	6.70E+03	不溶于水,溶于多数有机溶剂	—	0.400 5E-12
1,3-二氯苯	147.01	1.288 g/mL (25 ℃)(lit.)	3.60E+03	1.70E+03	2.28(25 ℃)	1.00E-10	6.70E+03	溶于乙醇、乙醚,不溶于水	—	0.964 9E-12
1,4-二氯苯	147.01	(水=1)1.46;(空气=1)5.08	3.60E+03	1.70E+03	1.18(25 ℃)	1.00E-10	6.70E+03	不溶于水,溶于乙醇、乙醚、苯	—	0.400 5E-12
1,2,4-三氯苯	181.45	1.45(水=1)	1.90E+04	9.20E+03	0.29(25 ℃)	1.00E-10	3.00E+05	不溶于水,溶于乙醚	—	0.281 7E-12
氯苯	112.56	(水=1)1.10;(空气=1)3.9	690	330	11.7(20 ℃)	3.00E-09	1.50E+03	不溶于水,溶于多数有机溶剂	—	1.371 6E-12
六氯苯	284.79	(水=1)2.44;(空气=1)9.8	2.60E+06	1.20E+06	1.09E-5 (20 ℃)	3.00E-12	2.50E+06	不溶于水,溶于多数有机溶剂	—	0.016 9E-12

表 3-6　典型风险污染物硝基苯类参数

化合物名称	相对分子质量	相对密度	K_{OW}	K_{OC}	P_V	K_b	*BCF*	溶解性	水解速率［L/(mol·s)］	气相 OH 氧化反应速率［cm^3/(mol·s)］
硝基苯	123.11	(水=1)1.20；(空气=1)4.25	74	36	0.15(20 ℃)	3.00E-09	2.10E+02	不溶于水，溶于多数有机溶剂	—	0.243 7E-12
2,4-二硝基甲苯	182.14	(水=1)1.52；(空气=1)6.27	95	45	5.1E-3(20 ℃)	1.00E-07	2.60E+02	微溶于水、乙醇、乙醚，易溶于苯、丙酮	—	0.215 5E-12
2,6-二硝基甲苯	182.14	1.283	190	92	0.018(20 ℃)	1.00E-07	4.80E+02	溶于乙醇	—	0.215 5E-12

表 3-7　典型风险污染物卤代醚类参数

化合物名称	相对分子质量	相对密度	K_{OW}	K_{OC}	P_V	K_b	*BCF*	溶解性	水解速率［L/(mol·s)］	气相 OH 氧化反应速率［cm^3/(mol·s)］
双2-氯异丙基醚(二氯异丙基醚)	171.1	1.11 g/mL(在25 ℃)	126	61	0.85(20 ℃)	1.00E-10	3.30E+02	不溶于水，可混溶于多数有机溶剂	—	2.604 5E-12
2-氯乙基乙烯醚	116.6	1.048 g/mL(在25 ℃)	13.8	6.6	26.75(20 ℃)	1.00E-10	45.4	微溶于水	—	37.483 3E-12

续表 3-7

化合物名称	相对分子质量	相对密度	K_{OW}	K_{OC}	P_V	K_b	BCF	溶解性	水解速率[L/(mol·s)]	气相 OH 氧化反应速率[cm^3/(mol·s)]
4-氯苯基苯醚	204.66	1.193 g/mL（在 25 ℃）	1.20E+05	5.80E+04	2.70E-03	1.00E-07	1.60E+05	易溶于多数有机溶剂	—	5.164 0E-12
4-溴苯基苯醚	249.11	—	8.70E+04	4.20E+04	1.5E-03（20 ℃）	3.00E-09	1.20E+05	—	—	5.137 6E-12
双 2-氯乙醚	143	—	29	13.9	—	3.00E-09	88.4	—	—	3.156 9E-12
双氯代甲醚	115	—	2.4	1.2	30(22 ℃)	—	9.4	—	—	0.709 8E-12

表 3-8　典型风险污染物卤代甲烷类参数

化合物名称	相对分子质量	相对密度	K_{OW}	K_{OC}	P_V	K_b	BCF	溶解性	水解速率[L/(mol·s)]	气相 OH 氧化反应速率[cm^3/(mol·s)]
二氯甲烷	84.94	(水=1)1.33;(空气=1)2.93	18.2	8.8	362.4（20 ℃）	—	58.2	微溶于水，易溶于乙醇、乙醚	5.095E-009	0.134 9E-12
四氯甲烷	153.82	(水=1)1.60;(空气=1)5.3	912	439	90(20 ℃)	1.00E-10	1.96E+03	微溶于水，易溶于多数有机溶剂	—	0.000 0E-12

续表 3-8

化合物名称	相对分子质量	相对密度	K_{OW}	K_{OC}	P_V	K_b	*BCF*	溶解性	水解速率 [L/(mol·s)]	气相 OH 氧化反应速率 [cm^3/(mol·s)]
氯甲烷	50.49	(水=1) 0.9159	8.9	4.3	3.76E+03 (20 ℃)	—	30.6	微溶于水,溶于乙醇、苯、四氯化碳,与氯仿、乙醚和冰醋酸混溶	9.780E-006	0.051 7E-12
溴甲烷	94.94	(水=1) 1.732	12.3	5.9	1.42E+08 (20 ℃)	—	40.9	易溶于多数有机溶液	1.795E-004	0.038 1E-12
溴代二氯甲烷	163.83	1.98 g/mL (25 ℃)	126	16	50(20 ℃)	1.00E-10	3.30E+02	—	1.183E-003	0.078 4E-12
二溴氯甲烷	208.29	2.451 g/mL (25 ℃)	174	84	76(20 ℃)	1.00E-10	4.40E+02	难溶于水,溶于醇、苯醚等有机溶剂	3.140E-004	0.057 8E-12
二氯二氟甲烷	120.91	1.329	120	58	4.87E+03 (25 ℃)	—	3.20E+02	不溶于水,溶于乙醇、乙醚	—	0.000 0E-12
三氯氟甲烷	137.4	1.494	331	159	667.4 (20 ℃)	—	7.90E+02	几乎不溶于水,溶于某些有机溶剂	—	0.000 0E-12
三氯甲烷	119.38	(水=1)1.50;(空气=1)4.12	91	44	150.5 (20 ℃)	—	2.50E+02	不溶于水,溶于醇、醚、苯	6.445E-005	0.106 5E-12
双二氯乙氯基甲烷[双(2-氯乙氧基)甲烷]	173.1	1.18	10.7	5.2	<0.1 (20 ℃)	3.00E-12	36.1	—	—	7.520 6E-12

表 3-9　典型风险污染物硝基酚类参数

化合物名称	相对分子质量	相对密度	K_{OW}	K_{OC}	P_V	K_b	*BCF*	溶解性	水解速率[L/(mol·s)]	气相 OH 氧化反应速率[cm^3/(mol·s)]
2-硝基酚	139.1	1.495	56	27	0.151(20 ℃)	3.00E-09	1.60E+02	难溶于热水、乙醇、乙醚、苯、二硫化碳和氢氧化碱等，微溶于冷水	—	4.305 2E-12
4-硝基酚	139.1	(水=1)1.49	93	35	2.2(46 ℃)	1.00E-07	2.50E+02	溶于热水、醇、醚	—	4.305 2E-12
2,4-二硝基酚	184.1	1.683 g/cm^3	34.7	16.6	1.49E-5(18 ℃)	3.00E-09	1.00E+02	溶于热水、多数有机溶液，不溶于冷水	—	0.660 6E-12
2,4-二硝基邻甲酚	198.1	1.593	500	240	5E-2(20 ℃)	3.00E-09	1.10E+03	微溶于水，易溶于乙醇、丙酮、乙醚	—	0.302 8E-12

表 3-10　典型风险污染物亚硝基胺类参数

化合物名称	相对分子质量	相对密度	K_{OW}	K_{OC}	P_V	K_b	*BCF*	溶解性	水解速率[L/(mol·s)]	气相 OH 氧化反应速率[cm^3/(mol·s)]
二甲基亚硝胺	74.1	(水=1)1.00；(空气=1)2.56	0.21	0.1	8.1(25 ℃)	3.00E-12	1.1	溶于水、乙醇、乙醚等	—	2.529 6E-12
联苯亚硝胺	198.2		1 349	648	0.1(25 ℃)	1.00E-10	2.70E+03		—	24.833 0E-12
二正丙基亚硝胺	130.2	(水=1)0.916 3	31	15	0.4(37 ℃)	3.00E-14	93.9	溶于水、乙醇和乙醚	—	24.000 3E-12

表 3-11 典型风险污染物多环芳烃类参数

化合物名称	相对分子质量	相对密度	K_{OW}	K_{OC}	P_V	K_b	BCF	溶解性	水解速率 [L/(mol·s)]	气相 OH 氧化反应速率 [cm^3/(mol·s)]
萘	128.2	(水=1)1.16;(空气=1)4.42	1.95E+03	940	0.087(25 ℃)	1.00E-07	3.90E+03	不溶于水,溶于无水乙醇、醚、苯	—	21.600 0E-12
蒽	178.2	1.283(25 ℃/4 ℃)	2.80E+04	1.40E+04	1.7E-5(25 ℃)	3.00E-08	4.30E+04	不溶于水,能溶于苯、氯仿和二硫化碳	—	40.000 0E-12
苯并[a]蒽	228.3	1.25(27 ℃);1.283(25 ℃)	4.10E+05	2.00E+05	2.2E-8(20 ℃)	1.00E-10	4.70E+05	不溶于水,可溶于其他有机溶剂	—	50.000 0E-12
苯并[b]荧蒽	252.3	1.286 g/cm^3	1.15E+06	5.50E+05	5E-7(20 ℃)	3.00E-12	1.20E+06	不溶于水,表面活性剂可增加其在水中的溶解度,在橄榄油中的溶解度为0.6 mg/mL	—	18.554 0E-12
苯并[k]荧蒽	252.3	1.32	1.15E+06	5.50E+05	5.00E-07	3.00E-12	1.20E+06	不溶于水,表面活性剂可增加其在水中的溶解度,在橄榄油中的溶解度为0.6 mg/mL	—	53.614 7E-12
苯并[ghi]芘	276	1.3 g/cm^3	3.20E+06	1.60E+06	1.03E-10	3.00E-12	3.00E+06	不溶于水,溶于多数有机溶液	—	86.862 0E-12

续表 3-11

化合物名称	相对分子质量	相对密度	K_{OW}	K_{OC}	P_V	K_b	*BCF*	溶解性	水解速率 [L/(mol · s)]	气相 OH 氧化反应速率 [cm^3/(mol · s)]
苯并[a]芘	252	(水 =1)1.35	1.15E +06	5.50E +06	5.6E −9 (25 ℃)	3.00E −12	1.20E +06	不溶于水,微溶于有机溶剂	—	50.000 0E −12
荧蒽	202.3	(水 =1)1.252 (0 ℃/4 ℃)	7.90E +04	3.80E +04	5E −6 (25 ℃)	1.00E −10	1.10E +05	不溶于水,溶于有机溶剂	—	29.227 3E −12
二苯并[a,h]蒽	278.4	(水 =1)1.28	6.90E +06	3.30E +06	1E −10 (20 ℃)	3.00E −12	6.00E +06	不溶于水	—	50.000 0E −12
并[1,2,3 −cd]芘	276.3		3.20E +06	1.60E +06	1E −10 (20 ℃)	3.00E −12	3.00E +06	不溶于水,表面活性剂可增加其在水中的溶解度,在橄榄油中的溶解度为 0.6 mg/mL	—	64.473 9E −12
芴	116.2 (166.2)	(水 =1)1.2	1.50E +04	7.30E +03	7.10E −04	3.00E −09	2.40E +04	不溶于水	—	8.851 5E −12
菲	178.2	1.063 g/mL [25 ℃(lit.)]	2.80E +04	1.40E +04	9.6E −4 (20 ℃)	1.60E −07	4.20E +04	不溶于水	—	13.000 0E −12
芘	202.3	(水 =1) 1.271	8.00E +04	3.80E +04	2.5E −6 (25 ℃)	1.00E −10	1.10E +05	难溶于水	—	50.000 0E −12

表 3-12　典型风险污染物有机氯农药类参数

化合物名称	相对分子质量	相对密度	K_{OW}	K_{OC}	P_V	K_b	*BCF*	溶解性	水解速率 [L/(mol·s)]	气相 OH 氧化反应速率 [cm^3/(mol·s)]
狄氏剂	381	(水=1) 1.75	3.50E+03	1.70E+03	1.78E-7 (20 ℃)	3.00E-12	6.60E+03	不溶于水，溶于有机溶剂	1.713E-002	9.200 8E-12
异狄氏剂	381	(水=1)1.65	3.50E+03	1.70E+03	2E-7 (25 ℃)	3.00E-09	2.90E+03	不溶于水，溶于苯、丙酮、二甲苯	1.713E-002	9.200 8E-12
异狄氏剂醛	381	1.72	1.43E	670	2E-7 (25 ℃)	3.00E-09	2.90E+03	—	—	33.730 6E-12
氯丹	409.8	(水=1)1.61	3.00E+05	1.40E+05	1E-5 (25 ℃)	3.00E-12	3.60E+05	不溶于水，溶于多数有机溶剂	—	5.038 5E-12
毒杀芬	414	(水=1)1.65	2.00E+03	964	0.2-0.4 (25 ℃)	3.00E-12	3.90E+03	不溶于水，易溶于有机溶剂	6.575E-011	2.252 1E-12
艾氏剂	365	(水=1)1.56	2.00E+05	9.60E+04	6E-6 (25 ℃)	3.00E-09	2.50E+05	不溶于水，溶于多数有机溶剂	—	64.589 5E-12
七氯	373.5	(水=1)1.57~1.59(20 ℃/4 ℃)	2.60E+04	1.20E+04	3E-4 (25 ℃)	—	3.90E+04	不溶于水，溶于多数有机溶剂	—	61.111 5E-12
环氧七氯	389.2	1.73	450	2.20E+02	1.10E+02	3.00E-12	20	微溶于水，溶于多数有机溶剂	6.855E-005	5.174 4E-12
α-硫丹	406.9	—	0.02	9.60E-03	1E-5 (25 ℃)	3.00E-09	0.128	—	—	8.167 1E-12

续表 3-12

化合物名称	相对分子质量	相对密度	K_{OW}	K_{OC}	P_V	K_b	*BCF*	溶解性	水解速率[L/(mol·s)]	气相 OH 氧化反应速率[cm^3/(mol·s)]
β-硫丹	406.9	—	0.02	9.60E-03	1.9E-05 (25 ℃)	3.00E-09	0.128	<0.1 g/100 mL (23 ℃)	—	8.167 1E-12
硫丹硫酸盐	422.9	1.94 g/cm^3	0.05	0.024	1E-05 (25 ℃)	1.00E-10	0.29		—	8.167 1E-12
DDD	320	—	1.60E+06	7.70E+05	1.02E-06	1.00E-10	1.60E+06	不溶于水,溶于多数有机溶剂	—	4.344 2E-12
DDE	318	—	9.10E+05	4.40E+06	6.50E-06	3.00E-12	9.80E+05	溶于多数有机溶剂	—	7.430 1E-12
DDT	354.5	1.55 (25 ℃)	8.10E+06	3.90E+06	1.9E-07 (25 ℃)	3.00E-12	6.96E+06	在水中极不易溶解	—	3.435 0E-12
α-六六六	291	1.87 (20 ℃/4 ℃)	7.80E+03	3.80E+03	2.5E-05 (20 ℃)	1.00E-10	1.40E+04	不溶于水,溶于苯和氯仿	6.174E-012	0.573 2E-12
β-六六六	291	1.87 (20 ℃/4 ℃)	7.80E+03	3.80E+08	2.8E-07 (20 ℃)	1.00E-10	1.40E+04	不溶于水,溶于苯和氯仿	6.174E-012	0.573 2E-12
δ-六六六	291	1.87 (20 ℃/4 ℃)	1.40E+04	6.60E+03	1.7E-05 (20 ℃)	1.00E-10	2.30E+04	不溶于水,溶于苯和氯仿	6.174E-012	0.573 2E-12
γ-六六六	291	1.87 (20 ℃/4 ℃)	7.80E+03	3.80E+03	1.6E-04 (20 ℃)	1.00E-10	1.40E+04	在室温水中的溶解度为 10 mg/L,溶于丙酮、芳烃和氯代烃	6.174E-012	0.573 2E-12

表 3-13　典型风险污染物氯代烯类参数

化合物名称	相对分子质量	相对密度	K_{OW}	K_{OC}	P_V	K_b	*BCF*	溶解性	水解速率[L/(mol·s)]	气相 OH 氧化反应速率[cm^3/(mol·s)]
氯乙烯	62.5	0.91	17	8.2	2.66E+03(25 ℃)	—	54.7	微溶于水，溶于乙醇、乙醚、丙酮、苯等多数有机溶剂	—	5.523 0E-12
三氯乙烯	131.39	(水=1)1.46;(空气=1)4.53	263	126	57.9(20 ℃)	1.00E-10	6.40E+02	不溶于水，可混溶于多数有机溶剂	—	0.804 8E-12
四氯乙烯	165.83	(空气=1)5.83	759	364	14(20 ℃)	1.00E-10	1.70E+03	不溶于水，可混溶于乙醇、乙醚等多数有机溶剂	—	0.213 9E-12
六氯丁二烯	260.76	1.68	6.00E+04	2.90E+04	0.15(20 ℃)	1.00E-10	8.50E+04	不溶于水，溶于醇、醚	—	0.030 0E-12
六氯环戊二烯	272.77	(水=1)1.70;(空气=1)9.42	1.00E+04	4.80E+03	0.081(25 ℃)	1.00E-10	1.60E+04	不溶于水，溶于乙醚、四氯化碳等多数有机溶剂	—	0.393 2E-12
1,3-二氯丙烯	110.98	(水=1)1.22;(空气=1)3.8	100	48	25(20 ℃)	1.00E-10	2.70E+02	不溶于水，溶于乙醇、乙醚、苯等多数有机溶剂	—	9.356 4E-12
1,1-二氯乙烯	96.94	(水=1)1.21;(空气=1)3.4	135	65	591(25 ℃)	—	3.50E+02	不溶于水	—	2.266 7E-12
1,2-反式二氯乙烯	96.94	1.26 g/mL(20 ℃/4 ℃)	123	59	326(20 ℃)	—	3.20E+02	微溶于水，能与乙醇、乙醚等多种有机溶剂混溶	—	2.487 2E-12

表 3-14　典型风险污染物氯化联苯类参数

化合物名称	相对分子质量	相对密度	K_{OW}	K_{OC}	P_V	K_b	*BCF*	溶解性	水解速率 [L/(mol·s)]	气相 OH 氧化反应速率 [cm^3/(mol·s)]
多氯联苯 1016	257.9	(水=1)1.44 (30 ℃)	3.80E+05	1.80E+05	4E-4 (25 ℃)	3.00E-09	4.40E+05	不溶于水，易溶于多数有机溶剂	—	1.185 6E-12
多氯联苯 1221	200.7	(水=1)1.44 (30 ℃)	1.20E+04	5.80E+03	6.7E-3 (25 ℃)	3E-9 ~ 3E-12	1.99E+04	不溶于水，易溶于多数有机溶剂	—	3.484 8E-12
多氯联苯 1232	232.2	(水=1)1.44 (30 ℃)	1.60E+03	771	4.06E-3 (25 ℃)	3E-9 ~ 3E-12	3.30E+03	不溶于水，易溶于多数有机溶剂	—	3.484 8E-12
多氯联苯 1242	266.5	(水=1)1.44 (30 ℃)	1.30E+04	6.30E+03	1.3E-3 (25 ℃)	3E-9 ~ 3E-12	2.10E+04	不溶于水，易溶于多数有机溶剂	—	0.813 4E-12
多氯联苯 1248	209.5	(水=1)1.44 (30 ℃)	5.75E+05	2.77E+05	4.94E-4 (25 ℃)	3E-9 ~ 3E-12	6.50E+05	不溶于水，易溶于多数有机溶剂	—	1.286 3E-12
多氯联苯 1254	328.4	(水=1)1.44 (30 ℃)	1.10E+06	5.30E+05	7.71E-5 (25 ℃)	3E-9 ~ 3E-12	1.20E+06	不溶于水，易溶于多数有机溶剂	—	0.334 8E-12
多氯联苯 1260	375.7	(水=1)1.44 (30 ℃)	1.40E+07	6.70E+06	4.05E-5 (25 ℃)	3E-9 ~ 3E-12	1.10E+07	不溶于水，易溶于多数有机溶剂	—	0.202 8E-12

表 3-15　典型风险污染物酞酸酯类参数

化合物名称	相对分子质量	相对密度	K_{OW}	K_{OC}	P_V	K_b	BCF	溶解性	水解速率［L/(mol·s)］	气相 OH 氧化反应速率［cm^3/(mol·s)］
邻苯二甲酸二甲酯	194.2	1.189 (20 ℃/4 ℃)	3.63	17.4	4.19E−3 (25 ℃)	5.20E−06	13.7	溶于水，溶于一般的有机溶剂	7.995E−002	0.574 8E−12
邻苯二甲酸二乙酯	222.2	(水=1)1.12	295	142	3.5E−3 (25 ℃)	1.00E−07	7.10E+02	不溶于水，溶于醇、醚、丙酮等多数有机溶剂	7.551E−002	3.465 8E−12
邻苯二甲酸二正丁酯	278.3	1.045～1.050 (20 ℃/4 ℃) (水=1)1.05；(空气=1)9.58；(空气=1)1.00 (20 ℃)	3.60E+05	1.70E+05	1E−5 (25 ℃)	1.9E−8～4.4E−8	4.20E+05	溶于水和其他有机溶剂	6.408E−002	9.277 0E−12
邻苯二甲酸二正辛酯	391	0.982 (20 ℃/4 ℃)	7.40E+09	3.60E+09	1.4E−4 (25 ℃)	3.10E−10	3.20E+09	不溶于水、甘油、乙二醇，溶于其他有机溶剂	2.854E−002	20.581 4E−12
苯二甲酸双 2−乙基己酯	391		4.10E+09	2.00E+09	2E−7 (25 ℃)	4.20E−12	1.90E+09	—	4.117E−002	21.955 4E−12
苯二甲酸丁酯	312		3.60E+06	1.70E+03	6.00E−05	3.00E−09	3.40E+06	—		

表 3-16　典型风险污染物苯系物参数

化合物名称	相对分子质量	相对密度	K_{OW}	K_{OC}	P_V	K_b	BCF	溶解性	水解速率 [L/(mol·s)]	气相 OH 氧化反应速率 [cm^3/(mol·s)]
苯	78.12	(水=1)0.88;(空气=1)2.77	135	65	95.2 (25 ℃)	1.00E-07	352.5	不溶于水,溶于多数有机溶剂	—	1.949 8E-12
甲苯	92.13	(水=1)0.87;(空气=1)3.14	620	300	28.7 (20 ℃)	1.00E-07	1.40E+03	不溶于水,可混溶于多数有机溶剂	—	5.226 3E-12
乙苯	106.16	(水=1)0.87;(空气=1)3.66	2.20E+03	1.10E+03	7(20 ℃)	3.00E-09	4.30E+03	不溶于水,可混溶于多数有机溶剂	—	5.946 3E-12

表 3-17　典型风险污染物联苯胺类参数

化合物名称	相对分子质量	相对密度	K_{OW}	K_{OC}	P_V	K_b	BCF	溶解性	水解速率 [L/(mol·s)]	气相 OH 氧化反应速率 [cm^3/(mol·s)]
联苯胺	184.2	1.25 (水=1)	21.9	10.5	5.00E-04	1.00E-10	68.7	难溶于冷水,溶于热水,易溶于有机溶液	—	153.804 8E-12
3,3′-二氯联苯胺	253.1	(空气=1) 8.73	3.24E+03	1 553	1E-5 (22 ℃)	3.00E-12	6.10E+03	微溶于水,溶于醇、醚	—	39.570 4E-12

表 3-18　典型风险污染物其他类参数

化合物名称	相对分子质量	相对密度	K_{OW}	K_{OC}	P_V	K_b	*BCF*	溶解性	水解速率[L/(mol·s)]	气相 OH 氧化反应速率[cm^3/(mol·s)]
1,2－联苯肼	184.2	1.156 g/mL [25 ℃ (lit.)]	871	418	2.6E－5 (25 ℃)	1.00E－10	1.90E＋03	3 g/L (20 ℃)	—	85.315 9E－12
1,2－二氯丙烷	112.99	(水＝1) 0.923 0; (空气＝1)4.77	105	51	42(20 ℃)	1.00E－10	2.80E＋02	微溶于水,易溶于多数有机溶剂	3.803E－007	0.442 1E－12
异佛尔酮	138	0.925 5 g/mL (20 ℃); (水＝1)0.923	180	87	0.38 (20 ℃)	3.00E－09	4.60E＋02	溶于水,易溶于多数有机溶剂	—	80.691 0E－12
丙烯醛	56.06	(水＝1)0.81; (空气＝1)1.83	1.02	0.49	220(20 ℃)	3.00E－09	4.38	微溶于水,易溶于多数有机溶剂	—	25.820 0E－12
丙烯腈	53.1	1.156 g/mL [25 ℃ (lit.)]	1.78	0.85	100(23 ℃)	3.00E－09	7.2	3 g/L (20 ℃)	—	4.208 0E－12

表 3-19　典型风险污染物重金属参数

重金属	解吸系数	再悬浮系数	沉降系数	底泥和水中的分配系数	悬浮物和水中的分配系数	水解速率 [L/(mol·s)]	气相 OH 氧化反应速率 [cm^3/(mol·s)]
六价铬	1.7E-12	5.5E-11	6.0E-09	4.0E+03	2.0E+04	—	0.000 0E-12
镉	2.6E-12	1.1E-10	9.0E-10	4.0E+03	2.0E+04	—	0.000 0E-12
铅	1.2E-12	1.7E-10	1.3E-09	4.0E+03	2.0E+04	—	0.000 0E-12
砷	1.4E-12	2.2E-10	7.0E-10	4.0E+03	2.0E+04	—	0.000 0E-12
汞	4.6E-12	2.8E-10	7.0E-10	4.0E+03	2.0E+04	—	0.000 0E-12
硒	1.8E-12	3.3E-10	8.0E-09	4.0E+03	2.0E+04	—	65.000 0E-12
铜	4.7E-12	3.9E-10	1.5E-09	4.0E+03	2.0E+04	—	0.000 0E-12
锌	1.5E-12	4.4E-10	2.5E-07	4.0E+03	2.0E+04	—	0.000 0E-12

3.3 突发性水污染事故典型污染物应急处置方案库

在深入研究突发水污染事故及其应急处置技术制定过程的基础上，通过调研、分析、归纳、整理国内外相关技术资料，分析水源地应急处理的相关技术成果，并对其进行分类梳理，大体可将突发性水污染事故应急处置技术分为未明污染物普适技术、渠道原位处置技术、引流异地处置技术三个领域（见图 3-2）。

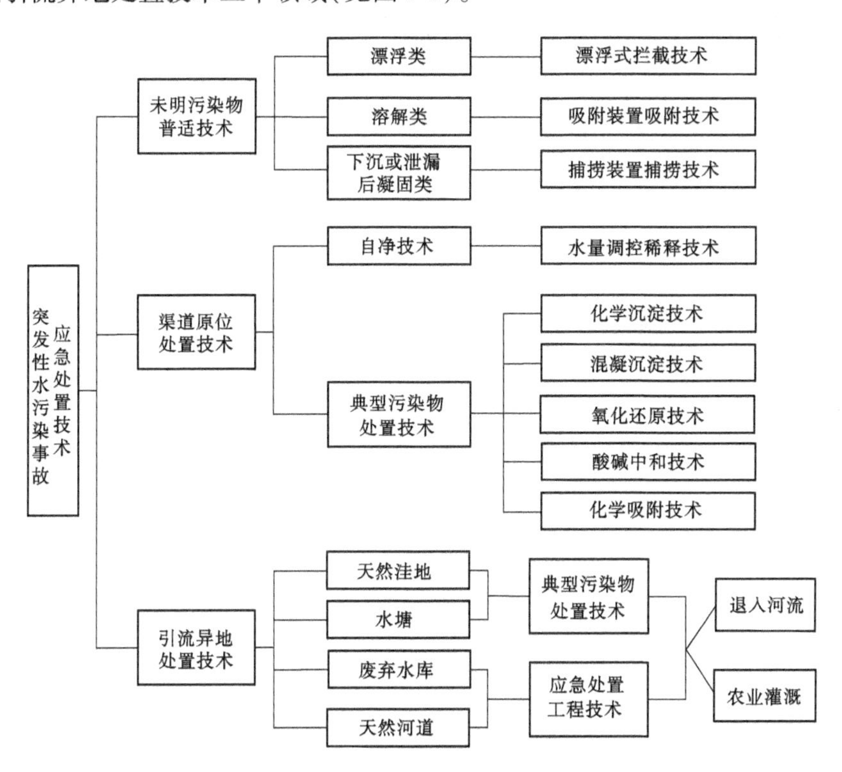

图 3-2 突发性水污染事故应急处置技术分类

未明污染物普适技术：在总干渠突发性水污染事故刚发生，且不清楚污染物种类的情况下，根据进入渠道污染物的水溶性、相对密度等物理特性，将泄漏化学品分为下沉类、漂浮类、泄漏后凝固类和溶解类等四类，分别采取普遍适用的应急措施进行处置，以最大限度减少污染的影响。其中，漂浮于水面的化学品采用漂浮式拦截技术，如活性炭、稻草、棉布等吸附水体中的污染物质；下沉或泄漏后凝固的化学品采用水力捕捞装置等进行捕捞回收；溶解于水的化学品采用活性炭吸附装置等进行吸附。

渠道原位处置技术：对于轻微水污染事件，应采取污水河道内净化处理措施。如利用闸坝水库系统进行水量调控，依靠水体的自净能力运移、稀释。总结国内外重点的、典型的污染物处理技术，形成适合河流的不同污染物的处置工艺方案。渠道原位处置技术包括水体自净技术和典型污染物处置技术。其中，典型污染物处置技术主要包括化学沉淀技术、混凝沉淀技术、氧化还原技术、酸碱中和技术、化学吸附技术等。

引流异地处置技术：对于严重水污染事件，应紧急利用下游闸坝调度以及在河道侧边开挖引流渠等方式，将污染水体排到主河道外进行处理。尽量利用下游河道附近的天然洼地、水塘和废弃水库等地形蓄滞污水，为防止发生次生事件或灾害，污水必须进行集中处理，达标后再排放至天然河流，或用于农业灌溉。处置技术包括典型污染物处置技术和应急处置工程技术。其中，应急处置工程技术主要包括拦截技术、截留处理技术、吸附技术等。

3.4 突发性水污染事故综合应急处置技术模型库

3.4.1 河流水动力学水质模型

3.4.1.1 中小型河流水动力学水质模型

对于中小型河流来说，其深度和宽度相对于它的长度是非常小的，排入河流的污水，经过一段距排污口很短的距离，便可在断面上混合均匀。因此，绝大多数中小河流的水质计算常常简化为一维问题，即假定污染浓度在断面上均匀一致，只随水流方向变化。中小型河流水动力学和水质模型的适用范围包括山区、平原的中小型河流和潮汐河流。

连续方程：

$$\frac{\partial A}{\partial t} + \frac{\partial Q}{\partial x} = q \tag{3-1}$$

动量方程：

$$\frac{\partial Au}{\partial t} + \frac{\partial Qu}{\partial x} + gA\frac{\partial z}{\partial x} + g\frac{n^2 Q^2}{AR^{4/3}} = 0 \tag{3-2}$$

式中 A——过水断面面积，m^2；

t——时间，s；

z——水位，m；

$\frac{\partial z}{\partial x}$——水面坡降；

Q——流量，m^3/s；

g——重力加速度，m/s^2；

u——x 方向的断面平均流速，m/s；

n——河床糙率；

R——断面的水力半径，m。

污染物对流扩散基本方程：

$$\frac{\partial C}{\partial t} + u\frac{\partial C}{\partial x} = E\frac{\partial^2 C}{\partial x^2} + \sum S_i \tag{3-3}$$

式中 C——水质指标的浓度，mg/L；

x——河水的流动距离，m；

E——河段水流的综合扩散系数，m^2/s；

$\sum S_i$——河段水体污染物的源漏项，mg/(L·s)。

3.4.1.2 河网水动力学水质模型

1.基本方程

采用圣维南方程描述平原一维河网的水动力学过程，基本方程如下。

连续方程：

$$\frac{\partial A}{\partial t}+\frac{\partial Q}{\partial x}=q \tag{3-4}$$

式中 Q——管道的流量，m^3/s；

x——距离（沿管道水流方向的长度），m；

A——过水断面面积，m^2；

t——时间，s；

q——侧流汇入或流出的流量，m^3/s。

动量方程：

$$\frac{\partial Au}{\partial t}+\frac{\partial Qu}{\partial x}+gA\frac{\partial z}{\partial x}+\frac{gn^2Q^2}{AR^{4/3}}=0 \tag{3-5}$$

式中 u——x 方向的断面平均流速，m/s；

g——重力加速度，m/s；

z——水位，m；

n——河床糙率；

R——水力半径，m。

污染物对流扩散方程：

$$\frac{\partial(hc_i)}{\partial t}+\frac{\partial(uhc_i)}{\partial x}=\frac{\partial^2(Ehc_i)}{\partial x^2}+h(C_{is}+C_{id}) \tag{3-6}$$

式中 c_i——溶质浓度，mg/L；

h——x 方向断面平均水深，m；

E——x 方向的扩散系数，m^2/s；

C_{is}、C_{id}——污染物输移的源漏项，mg/(L·s)。

2.节点的连续性方程

节点的连续性方程如下：

$$z_{j_1}=z_{j_2}=\cdots=z_{j_n} \tag{3-7}$$

$$A_{s_{j_i}}\frac{\Delta z_{j_i}}{\Delta t}=\sum Q_{j_i} \tag{3-8}$$

$$c_{s_{j_i}}=\frac{\sum\limits_{i_{\text{in}}}c_{i_{\text{in}}}Q_{i_{\text{in}}}}{\sum\limits_{i_{\text{out}}}Q_{i_{\text{out}}}} \tag{3-9}$$

式中 Δt——时间步长，s；

$Q_{i_{\text{in}}}$、$Q_{i_{\text{out}}}$——对应于节点 j_i 的流进和流出的流量，m^3/s；

$A_{s_{j_i}}$——节点 j_i 的面积,m^2;

z_{j_i}——节点 j_i 的水位,m;

Q_{j_i}——节点 j_i 的流量,m^3/s;

$c_{s_{j_i}}$——节点 j_i 的水质指标的浓度,mg/L。

3.4.1.3 大型和特大型河流水动力学水质模型

平原地区大型和特大型河流采用一维断面与二维模型网格相嵌套,一维与二维耦合的非恒定水动力学模型,一维模型和二维模型均采用非交错格式,并利用 FVM 方法,建立典型水域突发性水环境风险预测水动力模型。

1.一维模型方程

连续方程:

$$\frac{\partial A}{\partial t}+\frac{\partial Q}{\partial x}=q \tag{3-10}$$

动量方程:

$$\frac{\partial Au}{\partial t}+\frac{\partial Qu}{\partial x}+gA\frac{\partial z}{\partial x}+\frac{gn^2Q^2}{AR^{4/3}}=0 \tag{3-11}$$

式中 A——过水断面面积,m^2;

z——断面平均水深,m;

$\frac{\partial z}{\partial x}$——水面坡降;

Q——流量,m^3/s;

g——重力加速度,m/s^2;

u——流速,m/s;

n——河床糙率;

R——断面的水力半径,m。

由水文气象和河段地形等资料,可求得断面的平均水深 z、流量 Q、流速 u 等水力因素沿程 x 和随时间 t 的变化规律。这步工作常在计算水质迁移转化方程之前完成,作为求解水质方程的条件给出。

一维模型的计算结果为二维模型提供边界条件。

2.平面二维基本方程

连续方程:

$$\frac{\partial h}{\partial t}+\frac{\partial (uh)}{\partial x}+\frac{\partial (vh)}{\partial y}=0 \tag{3-12}$$

式中 h——水深,m;

u——x 方向的流速,m/s;

v——y 方向的流速,m/s。

动量方程:

$$\frac{\partial u}{\partial t}+u\frac{\partial u}{\partial x}+v\frac{\partial u}{\partial y}=fv-g\frac{\partial z}{\partial x}-\frac{gu\sqrt{u^2+v^2}}{(C^2h)}+2\frac{\partial}{\partial x}\left(\xi_x\frac{\partial u}{\partial x}\right)+\frac{\partial}{\partial y}\left[\xi_y\left(\frac{\partial u}{\partial y}+\frac{\partial v}{\partial x}\right)\right]+\frac{\tau_x}{\rho h} \tag{3-13}$$

$$\frac{\partial v}{\partial t}+u\frac{\partial v}{\partial x}+v\frac{\partial v}{\partial y}=-fu-g\frac{\partial z}{\partial y}-\frac{gv\sqrt{u^2+v^2}}{(C^2h)}+\frac{\partial}{\partial x}\left[\xi_x\left(\frac{\partial u}{\partial y}+\frac{\partial v}{\partial x}\right)\right]+2\frac{\partial}{\partial y}\left(\xi_y\frac{\partial v}{\partial y}\right)+\frac{\tau_y}{\rho h} \tag{3-14}$$

式中　g——重力加速度,m/s^2;

ρ——水体密度,kg/m^3;

C——谢才系数;

f——柯氏力常数,单位修正常数,s^{-1};

ξ_x、ξ_y——x、y 方向上的涡动黏滞系数,m/s^2;

τ_x、τ_y——x、y 方向上的风切应力。

τ_x、τ_y 表达形式为:

$$\tau_x=C_a\rho_aW_x(W_x^2+W_y^2)^{1/2} \tag{3-15}$$

$$\tau_y=C_a\rho_aW_y(W_x^2+W_y^2)^{1/2} \tag{3-16}$$

C_a——风阻力系数;

ρ_a——空气密度,kg/m^3;

W_x、W_y——x、y 方向上的风速,m/s。

污染物对流扩散方程

$$\frac{\partial(Ch)}{\partial t}+\frac{\partial(uCh)}{\partial x}+\frac{\partial(vCh)}{\partial y}=\frac{\partial}{\partial x}\left(E_xh\frac{\partial C}{\partial x}\right)+\frac{\partial}{\partial y}\left(E_yh\frac{\partial C}{\partial y}\right)+h\sum S_i \tag{3-17}$$

式中　E_x——x 方向的分子扩散系数、紊动扩散系数和离散系数之和,m^2/s;

E_y——y 方向的分子扩散系数、紊动扩散系数和离散系数之和,m^2/s。

3.4.1.4　河道水流计算方法

当河道为非感潮,且在平水或枯水季节,河道中的水流可考虑为恒定流运动,其基本方程如下。

1.恒定均匀流

$$v=C\sqrt{RS_0} \tag{3-18}$$

$$Q=vA \tag{3-19}$$

式中　v——断面流速,m/s;

R——水力半径,m;

S_0——水面坡降或底坡;

C——谢才系数;

A——过水断面面积,m^2;

Q——流量,m^3/s;

2.恒定渐变流

$$\mathrm{d}z+\mathrm{d}\left(\frac{v^2}{2g}\right)+\mathrm{d}h_f+\mathrm{d}h_j=0 \tag{3-20}$$

式中　z——水位,m;

g——重力加速度,m/s^2;

h_f——沿程摩阻损失,m;

h_j——局部损失,m。

3.柱形河道不恒定流

$$\frac{\partial h}{\partial t} + v\frac{\partial h}{\partial x} + h\frac{\partial v}{\partial x} = 0 \tag{3-21}$$

$$\frac{\partial v}{\partial t} + v\frac{\partial v}{\partial x} + g\frac{\partial h}{\partial x} = g(S_0 - S_f) \tag{3-22}$$

式中 h——水深,m;

x——河水流动的距离,m;

t——时间,s;

S_0——$\frac{\partial z_0}{\partial x}$;

z_0——河底高程,m;

S_f——沿程摩阻坡度,通常可表达为 $S_f = n^2 v|v|/R^{\frac{4}{3}}$ 或 $S_f = n^2 Q|Q|/(A^2 R^{\frac{4}{3}})$。

4.棱柱形河道不恒定流(有侧向入流)

$$\frac{\partial A}{\partial t} + \frac{\partial Q}{\partial x} = q \tag{3-23}$$

$$\frac{\partial Q}{\partial t} + 2\frac{Q}{A}\frac{\partial Q}{\partial x} + \left(gA - \frac{Q^2}{A^2}B\right)\frac{\partial z}{\partial x} = -g \cdot S_f + \frac{Q^2}{A^2}\left.\frac{\partial A}{\partial x}\right|_z + q(v_q - v) \tag{3-24}$$

式中 B——河道水面宽度,m;

$\left.\frac{\partial A}{\partial x}\right|_z$——相应于某一高程 z 断面沿程变化;

q——单位河长侧向入流,入流为正,出流为负,m^3/s;

v_q——侧向入流流速沿主流方向上的分量,m/s;

5.其他

当河道交叉或多条河道相连呈网状时,在岔口处还需考虑水量平衡方程及能量守恒方程,即

$$\sum_k^K Q_k = \frac{d(F \cdot z_F)}{\Delta t} \tag{3-25}$$

$$\left(z + \frac{v^2}{2g}\right)_k = \left(z + \frac{v^2}{2g}\right)_{k+1} + \Delta z_k \quad (k = 1,2,\cdots,K-1) \tag{3-26}$$

式中 F——岔口水域面积,m^2;

z_F——岔口处水位,m;

Δz_k——相邻两分支间的局部水头损失,m;

K——岔口处分支总数。

当岔口水域面积相对较小,且流速较低和 Δz_k 可以忽略时,式(3-25)和式(3-26)可简化为:

$$\sum_{k}^{K} Q_k = 0 \tag{3-27}$$

$$z_k = z_{k+1} \quad (k = 1,2,\cdots,K-1) \tag{3-28}$$

当河道上有过流建筑物时，其泄流公式可写为

$$Q = f(z) \tag{3-29}$$

$$Q = f(z_{上}, z_{下}) \tag{3-30}$$

式中 $z_{上}$、$z_{下}$——建筑物上、下游的水位，m；

f——某种函数关系。

3.4.2 水库水动力学水质模型

水库具有水面宽广、水体大、水流迟缓、更新期较长等特点，并且由于水库内流速减小，使污染物扩散能力减弱，水深增加使复氧能力减弱，从而影响水体的自净能力。针对不同的水库规模、水库运行等特点，模拟水库水质特征的数学模型有零维、一维、二维和三维水质数学模型。对于小型水库采用零维模型进行模拟；对于河道型中型水库，采用二维模型模拟；对于大型水库，可以选用一、二维或一、三维嵌套水质模型来模拟污染物的空间分布。同时，由于水库调度运行方式不同，对水库水流状态产生的影响不同，污染物的迁移扩散也不同，因此模型模拟需要对水库污染物的迁移运动以及运行流量和出水口位置变化对污染物下泄的影响进行分析，模拟运用溢洪道、导流堤等水工建筑物的疏导作用减小突发水污染事件的影响程度，为水库突发性污染事故提出应急运行措施建议。

3.4.2.1 小型水库水动力学水质模型

1.基本方程

对面积小、深度不大、封闭性强的小型水库，污染物进入该水域后，滞留时间长，加之湖流、风浪等的作用，水库中水与污染物可得到比较充分的混合，使整个水体的污染浓度基本均匀。此时，可近似采用零维水动力模型计算和预测水库中的水流动力过程和污染变化。

$$\frac{\mathrm{d}V}{\mathrm{d}t} = Q_{\mathrm{in}} - Q_{\mathrm{out}} \tag{3-31}$$

根据入流 Q_{in} 和水体蓄泄关系 $V=f(Q)$，由式(3-31)可解得水体的蓄水变化 $V(t)$ 和出流过程 $Q(t)$，为应用水质迁移转化方程进行水质模拟预测提供必需的水动力学条件。

污染物对流扩散方程

$$\frac{\mathrm{d}VC}{\mathrm{d}t} = Q_{\mathrm{in}}C_i - Q_{\mathrm{out}}C + V\sum S_i \tag{3-32}$$

式中 C——反应单元内 t 时的污染物浓度，mg/L；

C_i——流入反应单元的水流污染物浓度，mg/L；

Q_{in}、Q_{out}——t 时流入、流出反应单元的流量，$\mathrm{m^3/s}$；

V——反应单元内水的体积，$\mathrm{m^3}$；

$\sum S_i$——反应单元的源漏项，表示各种作用(如生物降解作用，沉降作用等)使单位水体的某项污染物在单位时间内的变化量，mg/(L·s)，增加时取正号，

称源，减少时取负号，称漏。

2.模型求解

方程的解析解：

$$C=\frac{RC_0}{1+K_1T}[1-e^{-(\frac{1}{T}+K_1)t}]+C_0e^{-(\frac{1}{T}+K_1)t} \tag{3-33}$$

式中 C_0、C——时间 $t=0$ 和 $t=t$ 时的水体污染物平均浓度，mg/L；

R——水体的入流量与出流量之比，$R=\frac{Q_{in}}{Q_{out}}$。

显然，当 $R=1.0$ 时，如水库的枯水期，入湖流量近似等于出湖流量，式(3-33)则变为

$$C=\frac{C_0}{1+K_1T}[1-e^{-(\frac{1}{T}+K_1)t}]+C_0e^{-(\frac{1}{T}+K_2)t} \tag{3-34}$$

3.4.2.2 河道型中型水库水动力学水质模型

河道型中型水库的水质模拟采用一维水动力学水质模型，采用 FVM 方法进行空间数值离散，时间方向采用向前差分离散，若有闸坝控制的，使其满足水力学经验模式，在网格控制体进行数值离散，并与水流控制方程组耦合求解。

河道型中型水库的水质模拟采用一维、二维水动力学水质模型嵌套的方法，一维模型为二维模型的计算提供边界条件。

1.一维模型方程

连续方程：

$$\frac{\partial A}{\partial t}+\frac{\partial Q}{\partial x}=q \tag{3-35}$$

动量方程：

$$\frac{\partial Au}{\partial t}+\frac{\partial Qu}{\partial x}+gA\frac{\partial z}{\partial x}+g\frac{n^2|Q|u}{R^{4/3}}=0 \tag{3-36}$$

式中 A——过水断面面积，m^2；

z——水位，m；

$\frac{\partial z}{\partial x}$——水面坡降；

Q——流量，m^3/s；

g——重力加速度，m/s^2；

u——断面平均流速，m/s；

q——侧向入汇，$m^3/(s\cdot m)$；

n——河床糙率；

R——断面的水力半径，m。

由水文气象和河段地形等资料，可求得河段的水位 z、流量 Q、流速 u 等水力因素沿程 x 和随时间 t 的变化规律。这步工作常在计算水质迁移转化方程之前完成，作为求解水质方程的条件给出。

一维模型的计算结果为二维模型提供边界条件。

2.二维模型基本方程

连续方程：

$$\frac{\partial h}{\partial t}+\frac{\partial(uh)}{\partial x}+\frac{\partial(vh)}{\partial y}=0 \tag{3-37}$$

式中　h——水深，m；

u——x 方向的流速，m/s；

v——y 方向的流速，m/s。

动量方程：

$$\frac{\partial u}{\partial t}+u\frac{\partial u}{\partial x}+v\frac{\partial u}{\partial y}=fv-g\frac{\partial z}{\partial x}-\frac{gu\sqrt{u^2+v^2}}{(C^2h)}+2\frac{\partial}{\partial x}\left(\xi_x\frac{\partial u}{\partial x}\right)+\frac{\partial}{\partial y}\left[\xi_y\left(\frac{\partial u}{\partial y}+\frac{\partial v}{\partial x}\right)\right]+\frac{\tau_x}{\rho h} \tag{3-38}$$

$$\frac{\partial v}{\partial t}+u\frac{\partial v}{\partial x}+v\frac{\partial v}{\partial y}=-fu-g\frac{\partial z}{\partial y}-\frac{gv\sqrt{u^2+v^2}}{(C^2h)}+\frac{\partial}{\partial x}\left[\xi_x\left(\frac{\partial u}{\partial y}+\frac{\partial v}{\partial x}\right)\right]+2\frac{\partial}{\partial y}\left(\xi_y\frac{\partial u}{\partial y}\right)+\frac{\tau_y}{\rho h} \tag{3-39}$$

式中　g——重力加速度，m/s^2；

ρ——水体密度，kg/m^3；

C——谢才系数；

f——柯氏力常数，$f=2\Omega\sin\varphi$，φ 为纬度，Ω 为地转角速度，约为 $2\pi/(24\times3\ 600)s^{-1}$；

ξ_x、ξ_y——x、y 方向上的涡动黏滞系数；

$\nabla^2=\frac{\partial^2}{\partial x^2}+\frac{\partial^2}{\partial y^2}$；

τ_x、τ_y——x、y 方向上的风切应力，其表达形式为：

$$\tau_x=C_a\rho_aW_x(W_x^2+W_y^2)^{1/2} \tag{3-40}$$

$$\tau_y=C_a\rho_aW_y(W_x^2+W_y^2)^{1/2} \tag{3-41}$$

式中　C_a——风阻力系数；

ρ_a——空气密度，kg/m^3；

W_x、W_y——x、y 方向上的风速，m/s。

污染物对流扩散方程

$$\frac{\partial(Ch)}{\partial t}+\frac{\partial(uCh)}{\partial x}+\frac{\partial(vCh)}{\partial y}=\frac{\partial}{\partial x}\left(E_xh\frac{\partial C}{\partial x}\right)+\frac{\partial}{\partial y}\left(E_yh\frac{\partial C}{\partial y}\right)+h\sum S_i \tag{3-42}$$

式中　E_x——x 方向的分子扩散系数、紊动扩散系数和离散系数之和，m^2/s；

E_y——y 方向的分子扩散系数、紊动扩散系数和离散系数之和，m^2/s。

需要结合水库运行方式等影响水域水动力、水质条件的因素来考虑水库的水动力条件。

由于水库的调蓄作用，改变了坝下河段径流的年内分配，在水库运行期间，坝下流量过程将发生变化，具体变化情况与水库运行调度方式密切相关。坝下流量过程的变化会导致坝下河段水环境容量的变化，对坝下河段水质影响较大。

水库建成后,坝下水位变化情况与流量变化过程相对应,除枯水期为满足航运等特殊要求而人为调节坝下河段水位外,坝下水位一般随水库正常调度的下泄流量变化而涨落。坝下河段流速变化情况亦与流量变化过程相对应,其变化与水位变化情况相一致,对河段水动力学的模拟过程影响较大。

3.4.2.3 大型水库水动力学水质模型

对于大型水库,可以选用一、二维或一、三维嵌套水质模型来模拟污染物的空间分布。

1.一维模型方程

库区总体环境容量的计算采用一维圣维南方程和点、面源汇入的一维对流扩散方程。

连续方程:

$$\frac{\partial A}{\partial t}+\frac{\partial Q}{\partial x}=q \tag{3-43}$$

动量方程:

$$\frac{\partial Au}{\partial t}+\frac{\partial Qu}{\partial x}+gA\frac{\partial z}{\partial x}+\frac{gn^2Q^2}{AR^{4/3}}=0 \tag{3-44}$$

式中 A——过水断面面积,m^2;

z——水位,m;

Q——流量,m^3/s;

u——断面平均流速,m/s;

g——重力加速度,m/s^2;

n——河床糙率;

R——断面的水力半径,m。

污染物对流扩散方程

$$\frac{\partial hc_i}{\partial t}+\frac{\partial huc_i}{\partial x}=\frac{\partial}{\partial x}(hE_x\frac{\partial c_i}{\partial x})+Sc_i \tag{3-45}$$

式中 c_i——水质指标的浓度,mg/L;

h——水深,m;

E_x——x 方向的扩散系数,m^2/s;

Sc_i——水质指标的源和漏顶,mg/(L·s)。

一维污染物对流扩散方程

将式(3-43)~式(3-45)改写成统一的形式,即

$$\frac{\partial h\varphi}{\partial t}+\frac{\partial Q\varphi}{\partial x}=\frac{\partial}{\partial x}(\Gamma\frac{\partial \varphi}{\partial x})+S_{\varphi i} \tag{3-46}$$

一维模型的计算结果为二维模型提供边界条件。

2.二维基本方程

连续方程:

$$\frac{\partial h}{\partial t}+\frac{\partial (uh)}{\partial x}+\frac{\partial (vh)}{\partial y}=0 \tag{3-47}$$

式中　h——水深，m；

u——x 方向的流速，m/s；

v——y 方向的流速，m/s。

动量方程：

$$\frac{\partial u}{\partial t}+u\frac{\partial u}{\partial x}+v\frac{\partial u}{\partial y}=fv-g\frac{\partial z}{\partial x}-\frac{gu\sqrt{u^2+v^2}}{(C^2h)}+2\frac{\partial}{\partial x}\left(\xi_x\frac{\partial u}{\partial x}\right)+\frac{\partial}{\partial y}\left[\xi_y\left(\frac{\partial u}{\partial y}+\frac{\partial v}{\partial x}\right)\right]+\frac{\tau_x}{\rho h} \tag{3-48}$$

$$\frac{\partial v}{\partial t}+u\frac{\partial v}{\partial x}+v\frac{\partial v}{\partial y}=-fu-g\frac{\partial z}{\partial y}-\frac{gv\sqrt{u^2+v^2}}{(C^2h)}+\frac{\partial}{\partial x}\left[\xi_x\left(\frac{\partial u}{\partial y}+\frac{\partial v}{\partial x}\right)\right]+2\frac{\partial}{\partial y}\left(\xi_y\frac{\partial v}{\partial y}\right)+\frac{\tau_y}{\rho h} \tag{3-49}$$

式中　g——重力加速度，m/s^2；

ρ——水体密度，kg/m^3；

C——谢才系数；

f——柯氏力常数，$f=2\Omega\sin\varphi$，φ 为纬度，Ω 为地转角速度，约为 $2\pi/(24\times3\ 600)s^{-1}$；

ξ_x、ξ_y——x、y 方向上的涡动黏滞系数，m/s^2；

τ_x、τ_y——x、y 方向上的风切应力，其表达式为：

$$\tau_x=C_a\rho_aW_x(W_x^2+W_y^2)^{1/2} \tag{3-50}$$

$$\tau_y=C_a\rho_aW_y(W_x^2+W_y^2)^{1/2} \tag{3-51}$$

式中　C_a——风阻力系数；

ρ_a——空气密度，kg/m^3；

W_x、W_y——x、y 方向上的风速，m/s。

污染物对流扩散方程

$$\frac{\partial(Ch)}{\partial t}+\frac{\partial(uCh)}{\partial x}+\frac{\partial(vCh)}{\partial y}=\frac{\partial}{\partial x}\left(E_xh\frac{\partial C}{\partial x}\right)+\frac{\partial}{\partial y}\left(E_yh\frac{\partial C}{\partial y}\right)+h\sum S_i \tag{3-52}$$

式中　E_x——x 方向的分子扩散系数、紊动扩散系数和离散系数之和，m^2/s；

E_y——y 方向的分子扩散系数、紊动扩散系数和离散系数之和，m^2/s。

3.三维方程

连续方程：

$$\frac{\partial u}{\partial x}+\frac{\partial v}{\partial y}+\frac{\partial w}{\partial z}=0 \tag{3-53}$$

动量方程：

x 向动量方程

$$\frac{\partial u}{\partial t}+\frac{\partial uu}{\partial x}+\frac{\partial vu}{\partial y}+\frac{\partial wu}{\partial z}+\frac{1}{\rho}\frac{\partial \rho}{\partial x}=2\frac{\partial}{\partial x}\left(\gamma_t\frac{\partial u}{\partial x}\right)+\frac{\partial}{\partial y}\left[\gamma_t\left(\frac{\partial u}{\partial y}+\frac{\partial v}{\partial x}\right)\right]+\frac{\partial}{\partial z}\left[\gamma_t\left(\frac{\partial u}{\partial z}+\frac{\partial w}{\partial x}\right)\right] \tag{3-54}$$

y 向动量方程

$$\frac{\partial v}{\partial t}+\frac{\partial uv}{\partial x}+\frac{\partial vv}{\partial y}+\frac{\partial wv}{\partial z}+\frac{1}{\rho}\frac{\partial \rho}{\partial y}=\frac{\partial}{\partial x}\left[\gamma_t\left(\frac{\partial u}{\partial z}+\frac{\partial v}{\partial x}\right)\right]+2\frac{\partial}{\partial y}\left(\gamma_t\frac{\partial v}{\partial y}\right)+\frac{\partial}{\partial z}\left[\gamma_t\left(\frac{\partial w}{\partial z}+\frac{\partial v}{\partial y}\right)\right] \tag{3-55}$$

z 向动量方程：

$$\frac{1}{\rho}\frac{\partial \rho}{\partial z}=-g \tag{3-56}$$

其中，u、v、w 为直角坐标系(x,y,z)的 x 方向、y 方向和 z 方向的速度分量。

可溶性污染物对流扩散方程：

$$c_i+uc_{ix}+vc_{iy}+wc_{iz}=(\varepsilon_s c_{ix})_x+(\varepsilon_s c_{iy})_y+(\varepsilon_s c_{iz})_z+Sc_i \tag{3-57}$$

其中，c_i 为水质指标，mg/L；Sc_i 为源项，mg/(L·s)；ε_s 为紊动扩散系数，m/s^2。

在水流的动量方程和污染物对流扩散方程中包含相应的紊动扩散系数 ε_s。通常根据具体情况的不同，ε_s 可以分别采用零方程、单方程、$\kappa-\varepsilon$ 双方程，或应力代数的双方程的紊动模型来确定，或者采用经验公式来确定。

3.4.3 湖泊水动力学水质模型

根据湖泊自身的水环境特性，模拟湖泊水质特征的数学模型有零维、二维和三维水质数学模型。对于较小的湖泊，可采用零维模型进行模拟；对于大型湖泊，污染物质在湖泊水体中的空间稀释扩散过程具有三维结构，但某些湖泊水深与面积相比小得多，流速、浓度在深度方向上分布差异不是很明显，且二维水质数学模型输入数据较少，计算效率较高，可以选用二维水质模型来模拟大型浅水湖泊污染物的空间分布。

由于建造闸、坝等人为活动会对湖泊水动力、水质特征产生不同的影响，闸站的运行方式、丰水期和枯水期提水流量的不同对湖泊水流状态将产生影响。因此，发生突发性水环境污染事件后，考虑人为活动的影响，充分模拟采取不同应急措施（如修建临时坝等措施）对污染物扩散迁移的影响，从而对应该采取的措施提供科学依据。

3.4.3.1 中小型湖泊水动力学水质模型

中小型湖泊可以看作是一个完全混合的、水质浓度一致的反应单元。可近似采用零维水动力学模型计算和预测湖泊中的水流动力过程。

基本方程如下：

$$\frac{\mathrm{d}V}{\mathrm{d}t}=Q_{\mathrm{in}}-Q_{\mathrm{out}} \tag{3-58}$$

根据入流 Q_{in} 和水体蓄泄关系 $V=f(Q)$，由式(3-58)可解得水体的蓄水变化 $V(t)$ 和出流过程 $Q(t)$，为应用水质迁移转化方程进行水质模拟预测提供必需的水动力学条件。

污染物对流扩散方程

$$\frac{\mathrm{d}VC}{\mathrm{d}t}=Q_{\mathrm{in}}C_{\mathrm{in}}-Q_{\mathrm{out}}C+V\sum S_i \tag{3-59}$$

式中 C——反应单元内 t 时的污染物浓度，mg/L；

C_{in}——流入反应单元的水流污染物浓度，mg/L；

Q_{in}、Q_{out}——t 时流入、流出反应单元的流量，m^3/s；

V——反应单元内水的体积，m^3；

$\sum S_i$——反应单元的源漏项，表示各种作用（如生物降解作用、沉降作用等）使单位水体的某项污染物在单位时间内的变化量，mg/(L·s)，增加时取正号，称源，减少时取负号，称漏。

3.4.3.2 大型湖泊水动力学水质模型

大型湖泊水动力学水质模型采用二维模型技术方法，且需要考虑风力驱动因素及水下地形、出入湖水量水位过程。

基本方程具体如下：

描述大型湖泊风生流场变化的数学模型可以写为

连续方程：

$$\frac{\partial h}{\partial t}+\frac{\partial(uh)}{\partial x}+\frac{\partial(vh)}{\partial y}=Q \tag{3-60}$$

动量方程：

$$\frac{\partial u}{\partial t}+u\frac{\partial u}{\partial x}+v\frac{\partial u}{\partial y}=fv-g\frac{\partial z}{\partial x}-\frac{gu\sqrt{u^2+v^2}}{C^2h}+\frac{\partial^2}{\partial x}\left(\xi_x\frac{\partial u}{\partial x}\right)+\frac{\partial}{\partial y}\left[\xi_y\left(\frac{\partial u}{\partial y}+\frac{\partial v}{\partial x}\right)\right]+\frac{\tau_x}{\rho h} \tag{3-61}$$

$$\frac{\partial v}{\partial t}+u\frac{\partial v}{\partial x}+v\frac{\partial v}{\partial y}=-fu-g\frac{\partial z}{\partial y}-\frac{gv\sqrt{u^2+v^2}}{C^2h}+\frac{\partial^2}{\partial y}\left(\xi_y\frac{\partial v}{\partial y}\right)+\frac{\partial}{\partial x}\left[\xi_x\left(\frac{\partial u}{\partial y}+\frac{\partial v}{\partial x}\right)\right]+\frac{\tau_y}{\rho h} \tag{3-62}$$

式中 h——水深，m；

u、v——x、y 方向流速的分量，m/s；

Q——源或漏顶，表示降雨或水面蒸发强度，m/s；

C——谢才系数；

f——柯氏力常数，$f=2\Omega\sin\varphi$，φ 为纬度，Ω 为地转角速度，约为 $2\pi/(24\times3\ 600)\mathrm{s}^{-1}$；

g——重力加速度，$\mathrm{m/s^2}$；

ξ_x、ξ_y——x、y 方向的涡动黏滞系数，$\mathrm{m/s^2}$；

ρ——水体密度，$\mathrm{kg/m^3}$；

τ_x、τ_y——x、y 方向的风切应力。

τ_x、τ_y 表达形式为

$$\tau_x=C_a\rho_aW_x(W_x^2+W_y^2)^{1/2} \tag{3-63}$$

$$\tau_y=C_a\rho_aW_y(W_x^2+W_y^2)^{1/2} \tag{3-64}$$

式中 C_a——风阻力系数；

ρ_a——空气密度，$\mathrm{kg/m^3}$；

W_x、W_y——x、y 方向的风速，m/s。

污染物对流扩散方程为

$$\frac{\partial(Ch)}{\partial t}+\frac{\partial(uCh)}{\partial x}+\frac{\partial(vCh)}{\partial y}=\frac{\partial}{\partial x}\left(E_xh\frac{\partial C}{\partial x}\right)+\frac{\partial}{\partial y}\left(E_yh\frac{\partial C}{\partial y}\right)+h\sum S_i \tag{3-65}$$

式中 E_x——x 方向的分子扩散系数、紊动扩散系数和离散系数之和，$\mathrm{m^2/s}$；

E_y——y 方向的分子扩散系数、紊动扩散系数和离散系数之和，$\mathrm{m^2/s}$。

3.4.3.3 湖泊、水库流场计算方法

湖泊、水库中的水流形态主要包括以下 3 种：

(1)环流。随着湖泊、水库平面形态及底部地形的不同,水体在风等外力作用下,会出现环流流态。当水深较浅时,在水域中会出现一个或多个平面环流;而当水深较深时,会出现沿垂向的环流。

(2)假潮。由于风的剪切应力作用,在迎风侧的湖岸附近会造成水位下降,而在对岸则会使水位升高。随着风力大小、吹程长短的不同,其水位的变幅可达数十厘米甚至更多。

(3)津震。在复杂的外力作用下,湖泊和水库库内水位会呈现周期性变化,有时是由若干个不同周期的波动相叠加,其周期可达数十分钟甚至数小时。

上述流动现象都会对湖泊、水库水域内的污染物输移、扩散产生影响,因而应谨慎地选取合适的湖流模型进行模拟。

湖泊与水库均属于封闭水域,水库是由人工拦截河道造成的,历史较短,相对湖泊而言,水库形成的时间较短,淤积物中的有机质含量较少,近坝处水深而上游则水浅。湖泊、水库很少受到潮汐河道的出入流影响,洪水季节河道的非恒定流动对湖泊、水库这类大面积水域的流场影响也有限。因此,在通常情况下,湖泊、水库的流场均作恒定流考虑。

水库、湖泊水体流动一般比较缓慢,通常以风生环流为主,进出水流、太阳辐射、地球自转等外力作用也会产生流动,但在量级上往往小于风生环流,所以风场是湖泊、水库水流计算主要考虑的一个因素。

湖泊与水库均有深水型和浅水型,水面形态有宽阔型的,也有窄条型的。

(1)当湖泊的流场视为恒定流时,通常利用基本方程求解,仅需控制水边界为恒定流动,然后用时间相关法直接求解流场即可,一般不直接令基本方程中对时间的偏导数项为零进行求解。

(2)对深水湖泊、水库而言,在一定条件下,可能出现温度分层的现象,在水库里,由于洪水挟带泥沙入库等有可能造成异重流现象。针对不同的情况,需选用不同的模型进行研究。当湖泊、水库水深较深或具有明显分层现象或异重流现象时,通常可采用三维模型求解。注意在计算湖泊、水库的流场时,必须计及风应力的影响。因为风应力对湖流或水库中流场的影响往往远大于对河流中水流的影响。

风对水面的剪切应力常用公式为

$$\tau_W = \gamma_a^2 \rho_a \vec{w} \, |\bar{w}| \tag{3-66}$$

式中 γ_a^2——风的剪切系数(或风应力系数);

ρ_a——大气密度,kg/m^3;

$\vec{w}$——沿某坐标方向的风速,m/s;

$\bar{w}$——风速模,m/s。

由于影响风的剪切系数的因素很复杂,在计算中具体选取时可参考前人的资料。在求解三维问题时,层间应力的模拟通常为

$$\tau_i = \gamma_i^2 \rho_w (\vec{u}_{k+1} - \vec{u}_k) \, |\bar{u}_{k+1} - \bar{u}_k| \tag{3-67}$$

式中 u_k——第 k 层的流速,m/s;

$\vec{u}_k$——矢量；

$|\bar{u}_k|$——模；

γ_i^2——k 层与 $k+1$ 层之间的摩阻系数。

数值的大小与上下层的流动特性有关，具体应用时可查阅有关资料选取。

最底层的床底阻力的计算可采用与平面二维计算时相同的形式。

有关涡黏系数的选取需慎重。例如，日本霞浦湖在计算中取：

$$k_{xy}=\begin{cases}0.1\ \mathrm{m^2/s}(\text{湖岸一带})\\0.01\ \mathrm{m^2/s}(\text{湖心一带})\end{cases}\quad k_z/(u_*\cdot H)=0.04$$

$$u_*=(\tau_w*/\rho_w)^{0.5}$$

式中 H——水深，m；

ρ_w——水的密度，$\mathrm{kg/m^3}$；

τ_w——湖底剪切力；

k_z——z 方向的涡黏系数，取$10^{-4}\sim10^{-3}$ m/s。

具体选取时可参考有关文献。

由于三维模型计算工作量往往很大，因而可视具体情况对基本方程进行若干简化。例如，简化为二维分层求解，只考虑各层沿水平方向的变化等，也可在全域中，对二维与三维联合求解，在关心的水域采用三维模型，而在连接处将二维模型算得的沿水深的平均流速作为三维模型边界处各层的流速值进行计算。

（3）当湖泊或水库水深较浅时，或水平环流的作用远大于垂向环流时，可简化为平面二维模型计算。方程中各未知量均假定是沿垂直方向均匀分布的。相对而言，风力、风向对流态影响更为敏感。由于许多水库、湖泊缺乏长系列、大面积风场的观测资料，因而目前国内外所见的模型中，多作为均匀、恒定风场处理。

计算水库、湖泊平面二维流场，需在方程中加入风应力项。由于通常水库、湖泊内的流场可作恒定流处理，因而除采用时间，在边界处设定恒定的水位或流量条件外，也可将方程写成流函数的形式，采用有限单元法求解恒定的水流方程，通常用加权余数法处理方程后再进行离散后求解。

由于水库、湖泊中的水流流速往往很小，相对而言，对流项在基本方程中所占的权重也很小，故作为简化计算，也可将动量方程中的对流项忽略，这样既可减少计算工作量，也有利于计算的稳定性。

具体如何判别选取二维和三维（或准三维）模型，可参照如下方法：

垂直方向的分散系数

$$E_v=U_s^2\cdot h^2/300-k_z \tag{3-68}$$

水平方向的分散系数

$$E_h=U^2\cdot B^2/30-k_{xy} \tag{3-69}$$

式中 U_s——表面流速，m/s；

h——水深，m；

U——垂直方向平均流速，m/s；

B——水平环流的尺度(与湖泊的具体大小有关),m。

式(3-68)与式(3-69)的比值为

$$E_h/E_v = 10(k_z/k_{xy})(U/U_s)^2(B/h)^2 \tag{3-70}$$

其中,E_h 与 E_v 的比值越大,说明水平环流的影响越大,可考虑采用平面二维模型。如日本霞浦湖的推测结果:$E_h/E_v = 10^3 \sim 10^5$,可见水平环流的作用远大于垂直环流。

另外,若采用三维模型算得的流速沿垂向平均后与二维湖流模型算得的流速基本一致,也可考虑选用二维模型。

(4)对一些相对较窄长且水深较大的水库、湖泊,由于在水环境容量课题研究中需考虑浓度分层的可能性,而拟采用垂向二维模型,即沿水深方向及沿水流方向均进行离散处理。

(5)在实际工作中,有时因缺乏基础资料或出于对研究问题精度的考虑,在研究湖泊、水库时也可简化为空间一维问题考虑。例如,当水面呈窄条型,且出入水流基本顺纵轴线方向时,可直接用一维恒定流或不恒定流方程求解。

3.4.4 污染物反应动力学模型

污染物进入水环境后,会发生各种运动过程,如稀释扩散、沉降、吸附、凝聚、挥发等物理迁移过程,水解、氧化、分解、化合等化学转化过程,硝化、厌氧等生物化学转换过程。这些过程既与污染物本身的特性有关,也与水环境的许多条件密切联系。在这些过程综合作用下,污染物浓度会降低。污染物反应动力学过程为:

$$S_i = \sum_{n=1}^{N} R + S_{沉} + S_{挥} + S_{吸-解} \tag{3-71}$$

式中 $\sum_{n=1}^{N} R$——污染物的 N 种化学反应的源/漏项;

$S_{沉}$、$S_{挥}$、$S_{吸-解}$——污染物的沉降、挥发、吸附解吸附等过程;

R——不同污染物的各种化学反应源漏项。

由式(3-71)可知,污染物反应动力学过程主要包括化学转化过程、生物转化过程和物理迁移过程。

3.4.4.1 化学转化过程

1.水解

水解反应是指污染物与水的反应。污染物 R_x 的水解反应速度可写成:

$$-\frac{d[R_x]}{dt} = k_h[R_x] = k_B[OH^-][R_x] + k_A[H^+][R_x] + k_N[H_2O][R_x] \tag{3-72}$$

式中 k_B——碱性催化水解二级速度常数;

k_A——酸性催化水解二级速度常数;

k_N——中性水解二级速度常数;

k_h——水解二级速度常数。

在任一固定 pH 下,上述所有速率过程都可看作是准一级运动力学过程,其半衰期与

反应物浓度无关,即

$$t_{1/2} = 0.693/k_h \tag{3-73}$$

2.氧化

氧化反应是在水环境中常见的氧化剂与有机污染物所发生的反应。

氧化反应的速度可以简单地表达为

$$R_{ox} = K_{ox}[C][OX] \tag{3-74}$$

式中 R_{ox}——氧化反应速度;

K_{ox}——氧化反应的二级速度常数;

$[C]$——有机物的浓度;

$[OX]$——氧化剂的浓度。

在一个水环境系统中,往往存在若干种氧化剂。因此,有机物的总氧化速度应该等于该有机物与每一种氧化剂反应的氧化速度之和,即

$$R_{ox}(T) = (K_{ox_1}[OX_1] + K_{ox_2}[OX_2] + \cdots + K_{ox_n}[OX])[C] = [C]\sum_{i=1}^{n}(K_{ox_i}[OX_i]) \tag{3-75}$$

式中 $R_{ox}(T)$——有机物的总氧化速度;

K_{ox_1}、K_{ox_2}、…、K_{ox_n}——有机物与氧化剂 OX_1、OX_2、…、OX_n 反应的氧化速度;

$[OX_1]$、$[OX_2]$、…、$[OX_n]$——氧化剂 OX_1、OX_2、…、OX_n 的浓度。

3.光降解

光降解是有机化合物吸收光能而发生的分解过程。光转化过程又可分为直接光解和间接光解两种类型。直接光解是化合物直接吸收太阳能而进行的分解反应。间接光解又称为敏化光解,这是水体中存在的天然有机物被太阳光能激发后,将其能量转移给基态的有机化合物而发生的分解反应。

在直接光解过程中,当有机物在水体中的浓度很低时,该有机物的消失速度可表示为

$$-\frac{dc}{dt} = \Phi\frac{I\alpha_\lambda}{D}[1 - 10^{-(\alpha_\lambda+\varepsilon_\lambda c)l}][\frac{\varepsilon_\lambda c}{\varepsilon_\lambda c + \alpha_\lambda}] \tag{3-76}$$

式中 c——有机物在水中的浓度;

I_{α_λ}——射向水体中的光强;

α_λ——水体吸光强度;

ε_λ——化合物的吸光强度;

Φ——光量子场;

l——光程长;

D——水深。

在浅而清澈的水体中,水和化合物的总吸光强度

$$(\alpha_\lambda + \varepsilon_\lambda c) < 0.02$$

近似得

$$1 - 10^{-(\alpha_\lambda+\varepsilon_\lambda c)l} \approx 2.31(\alpha_\lambda + \varepsilon_\lambda c)l \tag{3-77}$$

简化为一级反应动力学形式后,解得

$$\ln(C/C_0) = -K_P t$$

式中 C_0——有机物的初始浓度;

K_P——直接光解速度常数,$K_P = 2.3\Phi\varepsilon\lambda I + \alpha_\lambda I/D$。

直接光解速度常数 K_P 与能进行光化学反应的光子数量成正比,光化学反应光子数与水体表面光子量、光的波长和有机物的吸光系数有关,到达水体表面的光子量又随所处的不同纬度、不同季节和一天之内的不同时间而变化。

4.凝聚过程

固体颗粒物在水环境中相互碰撞而凝聚可采用下式表示:

$$\frac{\mathrm{d}n_k}{\mathrm{d}t} = \frac{1}{2}\sum_{j=k-1}^{k-1} 4\pi D_{ij}R_{ij}n_i n_j - n_k \sum_{i=1}^{\infty} 4\pi D_{ik}R_{ik}n_i \tag{3-78}$$

式中 n_k——凝聚成大小为 k 的颗粒浓度;

n_i、n_j——颗粒为 i 和 j 的浓度;

R_{ij}——颗粒 i 和 j 的相互作用半径,通常采用两个颗粒的半径之和,即 R_i+R_j;

D_{ij}——颗粒 i 和 j 的相互扩散系数,近似为 D_i+D_j。

式(3-78)表示凝聚成大小为 k 颗粒浓度的变化速度,第一个加和项表示凝聚成大小为 k 的颗粒数,第二个加和项表示凝聚成大小为 k 以外的颗粒数。

假设固体颗粒大小相同,即 $D_{ij}R_{ij} = 2DR$,则得

$$\frac{N_t}{N_0} = \frac{1}{1 + t/T} \tag{3-79}$$

式中 N_t——t 时所有颗粒的浓度;

N_0——初始颗粒浓度;

T——凝聚半衰期,$T = \dfrac{1}{4\pi DRN_0}$。

5.气体溶解方程

气体溶解过程是在气液界面上,气体溶解于液体的一种气液界面的交换过程。在气相和液相界面中,存在气体和液体两层薄膜,通过薄膜的气体就会进行分子扩散,瞬间便可进入液体中,并假设液内分子扩散在浓度梯度一定时是稳定的。据此,气体的迁移系数可用下式表示:

$$K_L = D_M/L \tag{3-80}$$

式中 K_L——气体的迁移系数;

D_M——气体在液体中的扩散系数;

L——液膜厚度。

在液体里溶解气体的浓度变化速度为:

$$\frac{\mathrm{d}c}{\mathrm{d}t} = K_L \frac{A}{V}(C_s - C) \tag{3-81}$$

式中 C——气体在液体中的浓度;

C_s——气体在液体中的饱和浓度；

A——界面的面积；

V——液体的体积。

3.4.4.2 生物转化过程

1.碳化方程

在水环境中，有机物在好气条件下，好气性细菌对碳化合物氧化分解，使有机物产生的生化降解过程，反应式可写为：

$$10C_aH_bO_c+(5a+2.5b+5c)O_2+aNH_3 \longrightarrow aC_5H_7NO_2+5acO_2-(2a-5b)H_2O$$

反应速度按一级动力学公式描述，即反应速度与剩余有机物的浓度成正比：

$$\frac{dL}{dt}=-K_1L \tag{3-82}$$

解得

$$L=L_0\exp(-K_1t) \tag{3-83}$$

按有机物实际浓度表示：

$$Y=L_0[1-\exp(-K_1t)] \tag{3-84}$$

式中 L_0——有机物的初始浓度；

L——t 时刻降解的有机物浓度；

Y——t 时刻实际的有机物浓度；

K_1——有机物氧化衰减系数。

当有机物浓度较低时，反应速度也可按二级动力学公式描述：

$$\frac{dL}{dt}=-K'_1L^2 \tag{3-85}$$

积分公式为：

$$L=L_0/(1+L_0K'_1t) \tag{3-86}$$

按有机物实际浓度表示：

$$Y=L_0^2/(1+L_0K'_1t) \tag{3-87}$$

式中 K'_1——有机物二级氧化衰减系数。

2.硝化方程

在水中，氨氮和亚硝酸盐氮在亚硝化菌和硝化菌的作用下，被氧化成硝酸盐氮的过程，其生物化学反应方程式为：

$$2NH_4^++3O_2 \xrightarrow{\text{亚硝化菌}} 2NO_2^-+4H^++2H_2O$$

$$2NO_2^-+O_2 \xrightarrow{\text{硝化菌}} 2NO_3^-$$

对于由氨氮转化成亚硝酸盐氮的反应，其动力学方程可以写成如下的形式：

$$-E_m\frac{dx}{dt}=\frac{dC_m}{dt} \tag{3-88}$$

$$\frac{dC_m}{dt}=K_mC_m\frac{x}{k_s+X} \tag{3-89}$$

式中　C_m——亚硝化菌的浓度；

X——氨氮的浓度；

K_m——亚硝化菌的最大一级生长速度常数；

k_s——对应于亚硝化过程的饱和速度常数，其物理意义是，在反应系统中，细菌的生长速度等于最大生长速度的一半时，系统中氨的浓度；

E_m——亚硝化菌的产量系数。

对于由亚硝酸盐氮转化成硝酸盐氮的过程，其反应动力学方程为

$$-\frac{dy}{dt}=\frac{dC_B}{E_B dt}+f\frac{dx}{dt} \tag{3-90}$$

$$\frac{dC_B}{dt}=k_B C_B\frac{y}{k'_s+y} \tag{3-91}$$

3.厌氧方程

当水体中有机物(主要指耗氧有机物)含量超过一定限度时，从大气供给的氧满足不了耗氧的需求，水体便成为厌氧状态。这时有机物开始腐败，并有气泡冒出水面(主要是CH_4、H_2S、H_2 等气体)，发出难闻的气味。在这种条件下，引起激烈的酸性发酵，其 pH 在短时间内降低到 5.0~6.0。在这个发酵阶段，主要是碳水化合物被分解，然后是蛋白质被分解，乙酸、丙酸等低级脂肪酸积累，一般将这个时期称为酸性发酵期。当这个发酵期过去之后，有机酸和含氮的有机物开始分解，并生成氮、胺、碳酸盐及少量的碳酸气、甲烷、氢等气体。与此同时，还产生硫化氢、吲哚、3-甲基吲哚等恶臭气体。在水面上看到气泡冒出，并将固体物浮在水面。

如果用 $C_nH_aO_b$ 表示厌氧可分解的有机污染物，反应方程的一般形式为：

$$C_nH_aO_b+(n-a/4-b/2)H_2O \longrightarrow (n/2-a/8+b/4)CO_2+(n/2+a/8-b/4)CH_4$$

反应动力学方程为：

$$\frac{dX}{dt}=\frac{yKXS}{K_s+S}-bX \tag{3-92}$$

式中　X——厌氧菌的浓度；

$\frac{dX}{dt}$——厌氧菌的生长速度；

y——产量系数；

S——有机物浓度；

K——有机物减少的最大速度；

K_s——厌氧过程中厌氧菌最大生长速度的一半时有机物的浓度；

b——厌氧菌的死亡速度常数。

有机物的生化降解动力学系数，以 20 ℃作为标准温度，求得 $\theta=1.065$，得 k_T 与温度 T(℃)的经验关系式为：

$$k_T=k_{20}\theta^{(T-20)}$$

水温对综合降解系数影响较大，一般来说，对于北方河流，夏季的降解系数要比同河

段冬季的降解系数高出 1~2 倍,这也是有些河流枯水期水质恶化的一个重要原因。

3.4.4.3 物理迁移过程

1.沉降方程

沉降过程是污染物颗粒在重力作用下的下降过程。单一颗粒的沉降速度与颗粒本身的大小、形状、密度及液体的密度和黏度有关。假定悬浮颗粒是球形的,那么球形颗粒在液体中沉降的运动方程为:

$$\frac{\mathrm{d}v}{\mathrm{d}t}=\frac{(\rho_S-\rho_L)g}{\rho_S}-\frac{3}{4}p\left(\frac{v^2}{D_P}\right)\left(\frac{\rho_L}{\rho_S}\right) \tag{3-93}$$

式中 v——颗粒的沉降速度;

t——沉降时间;

g——重力加速度;

ρ_S——颗粒的密度;

ρ_L——液体的密度;

D_P——粒径;

p——液体的阻力系数。

当$\frac{\mathrm{d}v}{\mathrm{d}t}=0$时,其沉降速度为:

$$v=\sqrt{\frac{4gD_P(\rho_S-\rho_L)}{3\rho_L p}} \tag{3-94}$$

此外,影响颗粒物在水中的沉降和再悬浮过程,还有水的流动状况、河床特征等。

2.挥发方程

在气液界面,物质交换的另一个重要过程是挥发。对于许多物质,挥发作用是一个重要的过程。当溶质的化学势降低之后,就会发生溶质从液相向气相的挥发过程。在单位面积上出现的挥发速度 $N[\mathrm{mol/(m^2\cdot s)}]$通常假设与分压差 ΔP(大气压)成正比。即

$$N=K\Delta P/RT \tag{3-95}$$

式中 K——质量传递系数,与液体的扰动状况有关,在天然水中,K 与风速有关;

R——气体常数;

T——绝对温度。

假设挥发速度遵守一级动力学过程。即

$$C=C_0\exp\left(-\frac{K_L t}{z}\right) \tag{3-96}$$

式中 C_0——污染物在液体中的初始浓度;

K_L——污染物在液体中的传递系数;

t——时间;

Z——液体厚度。

挥发速率常数:

一些污染物质具有挥发性,因此在进行水质模型模拟计算时,除降解等特性外,还须

考虑其挥发特性,源漏项可表示如下:

$$S_{Ci} = -k_c C - \lambda/h \cdot c \tag{3-97}$$

式中 S_{Ci}——水质指标 i 衰减和底泥释放,或称总动态转化率,mg/(L · d);

k_c——降解系数;

λ——挥发速率;

h——水深。

污染物质的挥发速率可采用双膜理论进行计算:

$$\lambda = 1/R_t$$

$$R_t = R_g + R_L$$

式中 λ——总挥发速率常数;

R_t——总界面迁移阻力;

R_g——气相迁移阻力,h/m;

R_L——液相迁移阻力,h/m。

$$R_g = \frac{RT}{k_{H_2O} K_H \sqrt{18/M}} \tag{3-98}$$

式中 k_{H_2O}——水蒸气交换常数,m/h;

K_H——Henry 定律常数,Pa · m^3/mol;

M——化合物的摩尔质量,g/mol;

18——水的相对分子质量;

T——开氏温度,K;

R——气体常数,J/(mol · K)。

$$R_L = \frac{1}{k_{O_2} \sqrt{32/M}} \tag{3-99}$$

式中 k_{O_2}——氧的交换常数,m/h;

M——化合物的摩尔质量,g/mol;

32——氧的相对分子质量。

3.吸附—解吸附方程

污染物在固体颗粒物上的吸附过程是物理和化学作用的综合过程。这两种作用往往同时存在,只是由于污染物和颗粒物的性质、污染物浓度、水的 pH 等因素的不同,使某种作用占优势。描述污染物在固体颗粒物上的吸附和解吸过程一般采用单分子层吸附等温线的方法,即单位质量固体颗粒物吸附污染物的量与污染物浓度呈函数关系。其表达式为:

$$q = DbC/(1 + bC) \tag{3-100}$$

式中 q——被吸附的污染物质量/固体颗粒物质量;

D、b——与吸附有关的系数;

C——污染物的浓度。

非单层吸附和解吸过程模型为：

$$k' = k^{(N/N')} S_{max}^{(1-N/N')} \tag{3-101}$$

式中 k'——解吸系数；

k——吸附系数；

N'——解吸指数；

N——吸附指数；

S_{max}——在开始解吸之前的污染物浓度。

当解吸过程继续时，模式继续使用原来的 k' 和 N' 值计算。当解吸达到一定程度再开始吸附时，模式沿着解吸曲线返回，与单层吸附、解吸曲线相交会，并在这个曲线上继续下去，一直到新的解吸开始。在解吸新出现的地方计算新的 k' 值，便会产生新的解吸曲线。这种过程无限地继续下去，结果就形成了一系列从基本的单层吸附曲线发散出来的吸附、解吸曲线族。

4.K_{OC}、K_{OW}与水溶解度之间的关系

K_{OW}是描述一种有机化合物在水和沉积物中，有机质之间或水生生物脂肪之间分配的一个很有用的指标。分配系数的数值越大，有机物在有机相中的溶解度也越大，即在水中的溶解度越小。

K_{OC}是化合物在水和沉积物-土壤两相中的平衡浓度关系，它也是单位质量沉积物上吸附的化合物量除以单位体积环境水中溶解的该种化合物量的比值。K_{OC}是表示某化合物在固液两相中浓度分配的一个定量参数，通过这一参数并根据其在水中的浓度，来预测化合物在沉积物或土壤中的浓度分布。

Karichoff 等(1977)的工作揭示了 K_{OC}、K_{OW}之间有很好的关联性：

$$K_{OC} = 0.41K_{OW}$$

Karichoff 等和 Chiou 等(1977)早期的工作，曾广泛地研究化学物质包括脂肪烃、芳烃、芳香酸、有机氯和有机农药、多氯联苯等在内的辛醇-水分配系数和水中溶解度之间的关系，可适用于大小 8 个数量级溶解度和 6 个数量级的辛醇-水分配系数。辛醇-水分配系数 K_{OW}和溶解度的关系可表示为：

$$\lg K_{OW} = 5.00 - 0.670\lg\left(\frac{S_w}{M} \times 10^3\right) \tag{3-102}$$

式中 S_w——溶解度，mg/L；

M——有机物的相对分子质量。

3.4.5 模型特征参数库

3.4.5.1 河道水力学参数

不同类型河流的水文工程条件不同，水力参数也不同。不同类型河床断面的过水断面面积 ω、湿周χ、水力半径 R 和水面宽 B 的取值可以参照表 3-20。

表 3-20　河道断面类型划分和水力学参数选取

断面形式	ω	χ	R	B
矩形	bh	$b+2h$	$\frac{bh}{b+2h}$	b
梯形	$(b+mh)/h$	$b+2h\sqrt{1+m^2}$	$\frac{(b+mh)/h}{b+2h\sqrt{1+m^2}}$	$b+2mh$
复式断面	$(b_1+m_1h_1)h_1+[b_2+m_2(h-h_1)]\cdot(h-h_1)$	$b_2-2m_1h_1+2h_1\cdot\sqrt{1+m_1^2}+2(h-h_1)\cdot\sqrt{1+m_2^2}$	$\frac{\omega}{x}$	$\begin{bmatrix}b_2+2m_2\\(h-h_1)\end{bmatrix}$
U 形	$\frac{1}{2}\pi r^2+2r(h-r)$	$\pi r+2(h-r)$	$\frac{r}{2}\left[1+\frac{2(h-r)}{\pi r+2(h-r)}\right]$	$2r$
圆形	$\frac{d^2}{8}(\theta-\sin\theta)$	$\frac{d}{2}\theta$	$\frac{d}{4}(1-\frac{\sin\theta}{\theta})$	$2\sqrt{h(d-h)}$
抛物线形	$\frac{2}{3}Bh$	$\sqrt{(1+4h)}h+\frac{1}{2}\ln(2\sqrt{h}+\sqrt{1+4h})$	$\frac{\frac{4}{3}h^{1.5}}{\left[\sqrt{(1+4h)h}+\frac{1}{2}\ln(2\sqrt{h}+\sqrt{1+4h})\right]}$	$2\sqrt{h}$

3.4.5.2　河床糙率

1.河流的糙率值

对河道而言,一般河流河床组成、床面特性、平面形态、岸壁形式等变化较大,在可能的情况下可参考当地的实测数值加以修正,具体取值参照表 3-21～表 3-23。

表 3-21　河流糙率系数参考值

河槽类型及情况	最小值	正常值	最大值
一、小河(洪水位的水面宽度小于 30 m)			
1.平原河流			
(1)清洁、顺直、无浅滩深潭	0.025	0.030	0.033
(2)清洁、顺直、无浅滩深潭,但石块多,杂草多	0.030	0.035	0.040
(3)清洁、弯曲、有浅滩深潭	0.033	0.040	0.045
(4)清洁、弯曲、有浅滩深潭,但有石块、杂草	0.035	0.045	0.050
(5)清洁、弯曲、有浅滩深潭,水深较浅、河底坡度多变,平面上回流区较多	0.040	0.048	0.055

续表 3-21

河槽类型及情况	最小值	正常值	最大值
(6)清洁、弯曲、有浅滩深潭,但石块多	0.045	0.050	0.060
(7)多杂草,有深潭、流动缓慢的河段	0.050	0.070	0.080
(8)多杂草的河段、深潭多或林木滩地上的行洪	0.075	0.100	0.150
2.山区河流(河槽无草树、河岸较陡,岸坡树丛过洪时淹没)			
(1)河底为砾石、卵石,间有孤石	0.030	0.040	0.050
(2)河底为卵石和大孤石	0.040	0.050	0.070
二、大河(洪水位的水面宽度大于 30 m)			
相对于上述小河的各种情况,由于河岸阻力相对较小,n 值略小			
1.断面比较规则、不整齐,无孤石或丛木	0.025		0.060
2.断面不规则、不整齐,床面粗糙	0.035		0.100
三、洪水时期滩地漫流			
1.草地、无树丛			
(1)短草	0.025	0.030	0.035
(2)长草	0.030	0.035	0.050
2.耕地			
(1)未熟庄稼	0.020	0.030	0.040
(2)已熟成行庄稼	0.025	0.035	0.045
(3)已熟密植庄稼	0.030	0.040	0.050
3.矮树丛			
(1)稀疏,多杂草	0.035	0.050	0.070
(2)不密,夏季情况	0.040	0.060	0.080
(3)茂密,夏季情况	0.070	0.100	0.160
4.树木			
(1)平整田地,干树无枝	0.030	0.040	0.050
(2)平整田地,干树多新枝	0.050	0.060	0.080
(3)密林,树下植物少,洪水位在枝下	0.080	0.100	0.120
(4)密林,树下植物少,洪水位淹没树枝	0.100	0.120	0.160

表 3-22 天然河道单式断面(或主槽)较高水部分糙率参考值

类型		河段特征			n
		河床组成及床面特性	平面形态及水流流态	岸壁特性	
Ⅰ		河床由沙质组成,床面较平整	河段顺直,断面规整,水流通畅	两侧岸壁为土质或砂土质,形状较整齐	0.020~0.024
Ⅱ		河床由岩板、沙砾石或卵石组成,床面较平整	河段顺直,断面规整,水流通畅	两侧岸壁为砂土或石质,形状较整齐	0.022~0.026
Ⅲ	1	沙质河床,河底不太平顺	上游顺直,下游接缓弯,水流不够通畅,有局部回流	两侧岸壁为黄土,长有杂草	0.025~0.029
	2	河底由沙砾或卵石组成,底坡较均匀,床面尚平整	河段顺直段较长,断面较规整,水流较通畅,基本上无死水,斜流或回流	两侧岸壁为砂土、岩石,略有杂草、小树,形状较整齐	0.025~0.029
Ⅳ	1	细沙,河底中有稀疏水草或水生植物	河段不够顺直,上下游附近弯曲,有挑水坝,水流不顺畅	土质岸壁,一岸坍塌严重,为锯齿状,长有稀疏杂草及灌木;另一岸坍塌,长有稠密杂草或芦苇	0.030~0.034
	2	河床由砾石或卵石组成,底坡尚均匀,床面不平整	顺直段距上弯道不远,断面尚规整,水流尚通畅,斜流或回流不甚明显	一侧岸壁为石质陡坡,形状尚整齐,另一侧岸壁为砂土,略有杂草、小树,形状较整齐	0.030~0.034
Ⅴ		河底由卵石、块石组成,间有大漂石,底坡尚均匀,床面不平整	顺直段夹于两弯道之间,距离不远,断面尚规整,水流显出斜流、回流或死水现象	两侧岸壁均为石质、陡坡,形状尚整齐,另一侧岸壁为砂土,略有杂草、小树,形状尚整齐	0.035~0.040
Ⅵ		河床由卵石、块石、乱石或大块石、大乱石及大孤石组成;床面不平整,底坡有凹凸状	河段不顺直,上下游有急弯,或下游有急滩、深坑等;河段处于S形顺直段,不整齐,有阻塞或岩溶情况较发育;水流不通畅,有斜流、回流、旋涡、死水现象;河段上游为弯道或为两河汇口,落差大,水流急,河中有严重阻塞,或两侧有深入河中的岩石,伴有深潭或有回流等;上游为弯道,河段不顺直,水行于深槽峡谷间,多阻塞,水流湍急,水声较大	两侧岸壁为岩石及砂土,长有杂草、树木,形状尚整齐;两侧岸壁为石质砂夹乱石、风化页岩,崎岖不平整,上面生长杂草、树木	0.04~1.0

表 3-23　天然河道滩地部分糙率参考值

类型	特征描述			n	
	平面纵横形态	床质	植被	变化幅度	平均值
Ⅰ	平面顺直,纵断面平顺,横断面整齐	土、砂质、淤泥	基本上无植物或为已收割的麦地	0.026～0.038	0.030
Ⅱ	平面、纵面、横面尚顺直整齐	土、砂质	稀疏杂草、杂树或矮小农作物	0.030～0.050	0.040
Ⅲ	平面、纵面、横面尚顺直整齐	沙砾、卵石滩,或为土沙质	稀疏杂草、小杂树,或种有高秆作物	0.040～0.060	0.050
Ⅳ	上下游有缓弯,纵面、横面尚平坦,但有束水作用,水流不通畅	土砂质	种有农作物,或有稀疏树林	0.050～0.070	0.060
Ⅴ	平面不通畅,纵面、横面起伏不平	土砂质	有杂草、杂树,或为水稻田	0.060～0.090	0.075
Ⅵ	平面尚顺直,纵面、横面起伏不平,有洼地、土埂等	土砂质	长满中密的杂草及农作物	0.080～0.120	0.100
Ⅶ	平面不通畅,纵面、横面起伏不平,有洼地、土埂等	土砂质	3/4 地带长满茂密的杂草、灌木	0.011～0.160	0.130
Ⅷ	平面不通畅,纵面、横面起伏不平,有洼地、土埂等阻塞物	土砂质	全断面有稠密的植被、芦苇或其他植物	0.160～0.200	0.180

2.渠道的糙率值

明渠槽底和槽壁有时采用不同的材料,例如槽底为土壤,槽壁为块石护坡,其湿周各部分的糙率是不同的。此外,冬季冰盖的明渠也与此类似,此时可把各部分湿周上的不同糙率通过一个综合糙率来计算。综合糙率 n 的计算公式如下:

当$\dfrac{n_{max}}{n_{min}}>1.5\sim2$时,

$$n=\frac{x_1n_1^{\ 1.5}+x_2n_2^{\ 1.5}+\cdots+x_mn_m^{\ 1.5}}{x_1+x_2+\cdots+x_m} \tag{3-103}$$

当$\dfrac{n_{max}}{n_{min}}<1.5\sim2$时,

$$n=\frac{x_1n_1+x_2n_2+\cdots+x_mn_m}{x_1+x_2+\cdots+x_m} \tag{3-104}$$

式中　n_{max}、n_{min}——同一渠段中最大糙率和最小糙率;

x_1、x_2、…、x_m——相应于各部分糙率 n_1、n_2、…、n_m 的湿周。

各种渠槽条件下清水渠道的糙率可参照表 3-24 选用。

表 3-24　渠道的糙率

渠道特征		糙率	
		灌溉渠道	退水渠道
土质	流量大于 25 m³/s		
	平整顺直,养护良好	0.020 0	0.022 5
	平整顺直,养护一般	0.022 5	0.025 0
	渠床多石,杂草丛生,养护较差	0.025 0	0.027 5
	流量为 1~25 m³/s		
	平整顺直,养护良好	0.022 5	0.025 0
	平整顺直,养护一般	0.025 0	0.027 5
	渠床多石,杂草丛生,养护较差	0.027 5	0.030 0
	流量小于 1 m³/s		
	渠床弯曲,养护一般	0.025 0	0.027 5
	支渠以下的固定渠道	0.027 5~0.030 0	
岩石	经过良好修整的渠道	0.025 0	
	经过中等修整的无凸出部分	0.030 0	
	经过中等修整的凸出部分	0.033 0	
	未经修整的凸出部分	0.035 0~0.045 0	
各种材料护面	抹光的水泥抹面	0.012 0	
	不抹光的水泥抹面	0.014 0	
	光滑的混凝土护面	0.015 0	
	平整的喷浆护面	0.015 0	
	料石砌护	0.015 0	
	砌砖护面	0.015 0	
	粗糙的混凝土护面	0.017 0	
	不平整的喷浆护面	0.018 0	
	浆砌块石护面	0.025 0	
	干砌块石护面	0.033 0	

渠道的冰盖糙率 n 值可按表 3-25 选定。

表 3-25　渠道的冰盖糙率

冰盖条件	渠道平均流速(m/s)	n
光滑冰盖,无堆积冰块	0.40~0.60	0.010~0.012
	>0.60	0.014~0.017
光滑冰盖,有堆积冰块	0.40~0.60	0.016~0.018
	<0.60	0.017~0.020
粗糙冰盖,有堆积冰块		0.023~0.025

3.4.5.3　河道弯曲半径

由于地形和用水要求的不同,在整个河流上将有许多弯道和直道相联结。由于弯道的存在,弯道内水流会产生一些特殊的现象,如环流现象和水面出现横比降。环流的存在直接影响着弯道中的冲淤(弯道的横向稳定);横比降的存在则与凹岸渠堤高度的确定有关。为了控制弯道的横向稳定,采用较大的弯道半径 r 是有利的,弯道前半段的最小稳定半径可由式(3-105)计算:

$$2.3\frac{r}{B}\lg\left(1+\frac{r}{B}\right)=\frac{v}{v'} \tag{3-105}$$

式中　B——水面宽;

v——弯道上游直渠段的断面平均流速;

v'——凹岸土质的不冲流速。

弯道后半段的最小稳定半径可取 $r=3B$,可取上述两个最小稳定半径中较大的作为弯道最小稳定半径,一般也可以取 $r=5B$。有通航要求的渠道,r 应该大于 3~5 倍船长。

在最大横比降断面上凹岸与凸岸的水面高差 Δh 可由式(3-106)计算:

$$\Delta h=\frac{\alpha v^2}{gr}\frac{w}{h} \tag{3-106}$$

式中　α——弯道上游直渠段水流的动能修正系数;

v——弯道上游直渠段断面平均流速;

w——弯道上游直渠段过水断面面积;

h——弯道上游直渠段水深。

3.4.5.4　天然水流的扩散系数和离散系数

1.分子扩散系数 E_{m}

水中所含物质的分子扩散系数大小主要与影响分子扩散运动的温度、溶质、压力有关,与水的流动特性无关,即分子扩散系数具有各向同性。水质计算中,分子扩散一般仅用于静止水体或流速很小时的情况。各物质在水中的分子扩散系数变化不大,为 10^{-9}~10^{-8} m²/s,例如,20 ℃下 O_2、NH_3、酚的 E_m 分别为 1.8×10^{-9} m²/s、1.76×10^{-9} m²/s、0.84×10^{-9} m²/s。

2.紊动扩散系数 E_{t}

紊动扩散是紊动水流脉动流速引起的,紊动扩散系数的大小主要与水流的紊动特性有关,从而使垂向、横向和纵向的紊动扩散系数各异,即各向异性。

1)垂向紊动扩散系数 E_{tz}

对于一般的宽浅型河流,可根据雷诺比拟方法,即认为水流的质量交换与动量交换等同,紊动扩散系数等同于涡黏系数,依此导出明渠垂向平均紊动扩散系数 E_{tz} 为

$$E_{tz} = 0.068Hu_* \tag{3-107}$$

式中 E_{tz}——垂向平均紊动扩散系数;

H——水深;

u_*——摩阻流速,$u_* = \sqrt{gHJ}$;

g——重力加速度;

J——水力坡降。

对于水域广阔且比较深的湖泊、水库、海洋,温暖季节常常存在温度分层,即表面同温层、中间温跃层和下部同温层。在这种情况下,根据实测资料分析,E_{tz} 的变化范围大体为:湖、海表面同温层 $E_{tz}=10\sim100(\times10^{-4}\ m^2/s)$,中间温跃层 $E_{tz}=0.01\sim1(\times10^{-4}\ m^2/s)$,下部同温层 $E_{tz}=0.1\sim10(\times10^{-4}\ m^2/s)$,底部边界层 $E_{tz}=1\sim10(\times10^{-4}\ m^2/s)$;河口、海湾 $E_{tz}=1\sim10(\times10^{-4}\ m^2/s)$。温跃层的 E_{tz} 最小,表明对垂向紊动扩散具有抑制作用。

2)横向紊动扩散系数 E_{ty} 与离散系数 E_{dy}

天然河流纵、横断面变化较大,岸边也会有各种建筑物,同时还可能有支流汇入、河道弯曲、岔道等情况,使垂向和横向的流速分布更不均匀,从而引起比较大的横向紊动扩散。目前,仍采用垂向扩散系数的描述形式来表达横向紊动扩散系数,即

$$E_{ty} = \alpha Hu_* \tag{3-108}$$

式中 α——经验性系数。

对于顺直明渠,费希尔(Fischer)对 70 多个实验资料进行统计分析,发现除灌溉渠道 $\alpha=0.24\sim0.25$ 外,几乎所有情况下的 α 值都为 0.10~0.20。

对于弯曲和不规则的天然河道,由于横向流速的摆动,使横向离散系数 E_{dy} 远大于横向紊动扩散系数 E_{ty},这种情况下,计算时宜采用 E_{dy}。观测资料表明,对于 E_{dy},如果弯曲较缓,河槽不规则属中等,可取 $\alpha=0.3\sim0.9$(河道收缩时取较小值,扩展时取较大值);如果弯曲比较大,二次环流影响强烈,则取 $\alpha=1\sim3$,或参考能反映河道弯曲影响的公式计算。

3)纵向紊动扩散系数 E_{tx}

由于纵向离散系数 E_d 远比纵向紊动扩散系数大,一般可大出几十倍至上百倍,故常将纵向紊动扩散系数并入纵向离散系数中一起考虑。从有限的资料看,E_{tx} 与 E_{ty} 可能处于同样的量级,约为 E_{ty} 的 3 倍。

3.4.5.5 河流纵向离散系数

河流纵向离散系数 E_d 视资料的不同,可采用下述三种途径计算。

1.由断面流速分布资料推求

在天然河流中,河宽远远大于水深,横向流速不均匀对 E_d 的影响远大于垂向流速不均匀的影响。费希尔考虑这一实际,将天然河流简化为平面二维水流,如图 3-3 所示。然

后，按照埃尔德由垂向流速分布推导纵向离散系数的方法，导出天然河道中纵向离散系数 $E_d(E_{dx})$ 的计算公式为

$$E_d = -\frac{1}{A}\int_0^B q'(y)\int_0^y \frac{1}{E_{ty}H(y)}\int_0^y q'(y)\,dydydy \tag{3-109}$$

如图 3-3 所示，式(3-109)近似为

$$E_d = -\frac{1}{A}\left\{\sum_{k=1}^{n}\left[\sum_{i=1}^{k}\left(\sum_{i=1}^{k} q'_i\Delta y_i\right)\frac{\Delta y_i}{E_{ty,i}\bar{H}_i}\right]q'_k\Delta y_k\right\} \tag{3-110a}$$

$$q'_i = (H_i + H_{i+1})(\bar{u}_i - u)/2 = \bar{H}_i(\bar{u}_i - u) \tag{3-110b}$$

$$E_{ty,i} = 0.23\bar{H}_i u_{*i} \tag{3-110c}$$

$$u_{*i} = \sqrt{g\bar{H}_i J} \tag{3-110d}$$

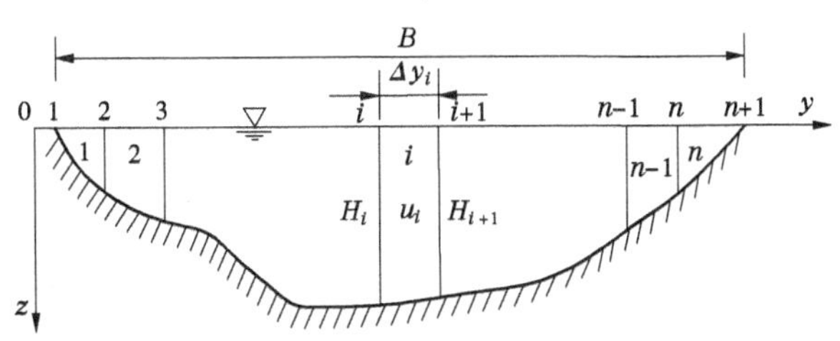

图 3-3　河流断面分块示意图

式中　E_d——纵向离散系数，m^2/s；

A——过水断面面积，m^2；

B——水面宽，m；

J——河流纵坡降；

u——断面平均流速，m/s；

$\bar{u}_i$——第 i 块断面的平均流速，m/s；

Δy_i——整个过水断面划分为 n 块中的第 i 块面积的水面宽，m；

H_i、H_{i+1}、$\bar{H}_i$——第 i 块面积的左边、右边及平均水深，m；

$E_{ty,i}$——第 i 块面积横向紊动扩散系数，m^2/s；

u_{*i}——第 i 块面积的摩阻流速，m/s；

g——重力加速度，m/s^2。

式(3-110)计算的是某一断面水流的 E_d，对于较长河段，应取若干个有代表性断面求得 E_d 的平均值。

2.由现场示踪剂试验推求

为了比较准确地计算河段的纵向离散系数，可在河道中选择适当的位置瞬时以点源方式投放示踪剂，如诺丹明，在下游观测示踪剂浓度随时间变化的过程线来推求纵向离散系数 E_d。示踪剂为非降解性物质，在上游某断面瞬间投入河流后，由于水流的迁移扩散作用，向下游流动过程中不断分散混合，因此在下游较远的断面上测得的是一条比较平缓

的示踪剂浓度过程线。显然,该过程线的分布状况反过来也反映了河段的迁移扩散特征。尤其下游的监测断面均取在纵向混合区时,两监测断面过程线间的差异则比较好地反映了该河段污染物随水流迁移中的纵向离散特征。基于这一事实,该方法采用由下游不同断面观测的示踪剂浓度过程线推求 E_d。当选取的下游断面均在纵向混合区时,浓度计算为一维水质问题,可由一维水质迁移转化基本方程解得下游 x 处的示踪剂浓度变化过程,即

$$C(x,t)=\frac{M}{\sqrt{4\pi E_d t}}\exp\left[-\frac{(x-ut)^2}{4E_d t}\right] \tag{3-111}$$

式中 x——以投放示踪剂的断面为起点至下游量测断面处的距离,m;

t——以投放示踪剂的时刻为零点起算的时间,d;

$C(x,t)$——x 处 t 时刻的示踪剂浓度,mg/L;

M——瞬时面源强度,等于投放的示踪剂质量除以过水断面面积,g/m^2;

u——河段平均流速,m/s;

E_d——纵向离散系数,m^2/s。

由式(3-111)可求得 x 处该过程线 $C(x,t)$ 的方差 σ_t^2 为:

$$\sigma_t{}^2=\int_0^{\infty}C(t-\bar{t})\mathrm{d}t/\int_0^{\infty}C\mathrm{d}t=\frac{2E_d x}{u^3},\quad \bar{t}=\int_0^{\infty}Ct\mathrm{d}t/\int_0^{\infty}C\mathrm{d}t \tag{3-112}$$

当用纵向混合河段距离分别为 x_1、x_2的两个断面计算时,可得各断面浓度过程线的方差分别为:

$$\sigma_{t_1}^2=\frac{2E_d x_1}{u^3},\quad \sigma_{t_2}^2=\frac{2E_d x_2}{u^3} \tag{3-113}$$

取 $\bar{t}_1=x_1/u$,$\bar{t}_2=x_2/u$,由 $\sigma_{t_1}^2$、$\sigma_{t_2}^2$解得 E_d 为

$$E_d=\frac{u^2}{2}\frac{\sigma_{t_2}^2-\sigma_{t_1}^2}{\bar{t}_2-\bar{t}_1} \tag{3-114}$$

由于两个断面的示踪剂浓度过程线可以测量求得,依此计算它们的 $\bar{t}_1$、$\bar{t}_2$ 和 $\sigma_{t_1}^2$、$\sigma_{t_2}^2$,从而可按式(3-114)求得纵向离散系数 E_d。

3.由经验公式估算

在缺乏断面流速分布资料和示踪剂实验时,可用经验公式估算。这类公式很多,但都有一定的局限性,选用时需用当地资料检验,以保证成果的可靠性。费希尔于 1975 年提出的公式为:

$$E_d=0.011\frac{u^2B^2}{Hu_*} \tag{3-115a}$$

刘亨立 1980 年提出的公式为:

$$E_d=\gamma\frac{u_*A^2}{H^3} \tag{3-115b}$$

式中 γ——经验系数,一般取 0.5~0.6。

麦克奎维-凯弗(Mcquivey-keefer)1974 年提出的公式为:

$$E_{\mathrm{d}} = 0.115 \frac{Q}{2BJ}(1 - \frac{Fr^2}{4}) \tag{3-115c}$$

Seo 和 Cheang(1966)由美国 26 条河流收集的 59 个实测资料得到的公式为:

$$E_{\mathrm{d}} = 5.915 (\frac{B}{H})^{0.62} (\frac{u}{u_*})^{1.428} Hu_* \tag{3-115d}$$

式中 H——平均水深;

u_*——摩阻流速,$u_* = \sqrt{gHJ}$;

J——水力坡降;

u——断面平均流速;

A——过水断面面积;

B——河段平均水面宽;

Q——河段流量;

g——重力加速度;

Fr——弗劳德数,$Fr = u/(gH)^{1/2}$。

3.4.5.6 水工建筑物堰流和闸孔出流参数

在水利工程中,为了综合考虑防洪、灌溉、航运、发电、冲沙等要求,常新建溢流坝和水闸以宣泄水流或调节流量。顶部溢流的水工建筑物称为堰。溢流坝和水闸的底槛都是堰,此外无压涵洞的进口也属于堰的范畴。经过堰的水流,当没有受到闸门控制时,就是堰流;当受到闸门控制时,就是闸孔出流。

1.堰流

1)堰流计算公式

$$Q = \varepsilon \sigma_s mnb\sqrt{2g} H_0^{\frac{3}{2}} \tag{3-116}$$

式中 Q——过流量,$\mathrm{m^3/s}$;

ε——侧收缩系数;

σ_s——淹没系数;

m——流量系数;

n——溢流孔数,个;

b——每孔宽度,m;

H_0——堰顶全水头,m。

2)侧收缩系数

$$\varepsilon = 1 - 2[(n - 1)\xi_0 + \xi_k]\frac{H_0}{nb} \tag{3-117}$$

式中 n——溢流孔数;

b——每孔宽度;

ξ_0——闸墩形状系数;

ξ_k——边墩形状系数。

当$\frac{H_0}{b}$>1 时，按$\frac{H_0}{b}$=1 代入式(3-117)中计算。

3)淹没系数

用淹没系数 σ_s 综合反映下游水位及护坦高程对过水能力的影响。σ_s 取决于 h_s/H_0 及 P_2/H_0，见图 3-4。对于 WES 剖面，其关系如图 3-5 所示，当 $h_s/H_0 \leqslant 0.15$ 及 $P_2/H_0 \geqslant 2$ 时，出流不受下游水位及护坦高程的影响，称为自由出流，$\delta_s = 1$。

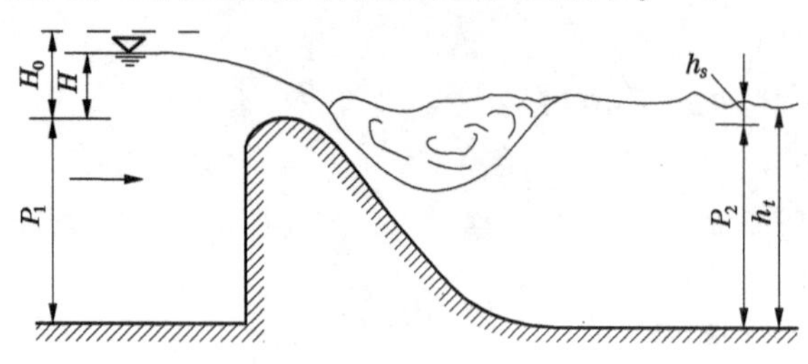

图 3-4 淹没系数

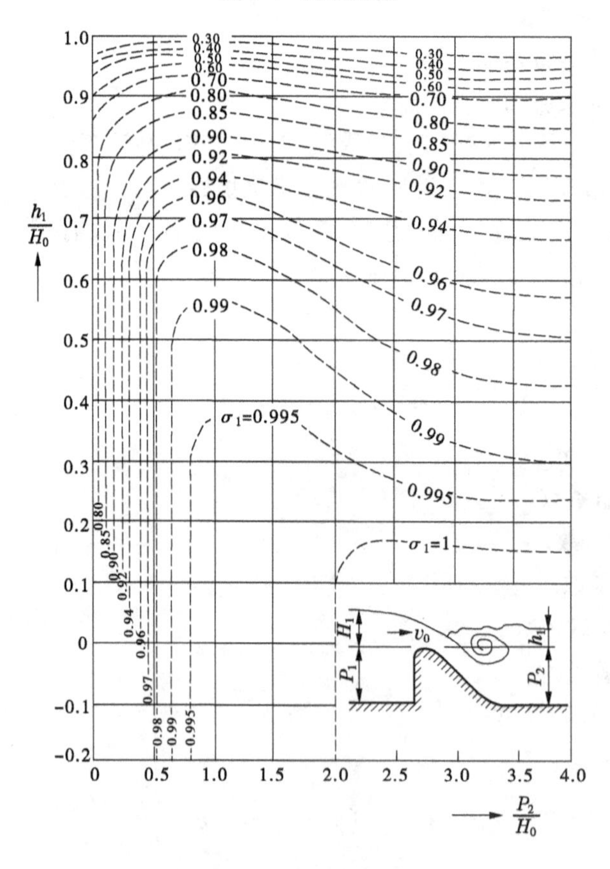

图 3-5 WES 剖面关系

4)流量系数

对于堰上游垂直的 WES 剖面：

(1) $\frac{P_1}{H_d} \geqslant 1.33$，称为高堰，计算中可不计行近流速水头，设计流量系数 $m_d = 0.502$。在这种情况下，当实际工作全水头等于设计水头，即 $\frac{H_0}{H_d} = 1$ 时，流量系数 $m = m_d = 0.502$；当 $\frac{H_0}{H_d} < 1$ 时，$m < m_d$；当 $\frac{H_0}{H_d} > 1$ 时，$m > m_d$。$m = f\left(\frac{H_0}{H_d}\right)$ 的关系由图 3-6 中曲线 a 确定。

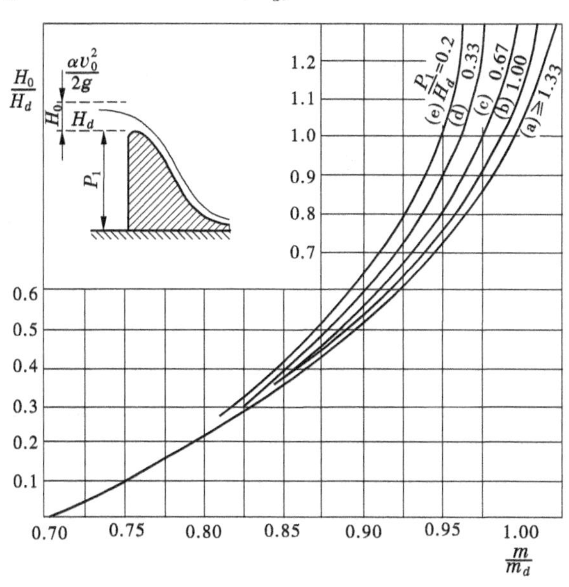

图 3-6　WES 剖面堰的流量系数

(2) $\frac{P_1}{H_d} < 1.33$，称为低堰，行近流速加大，设计流量系数 m_d 用下列经验公式计算：

$$m_d = 0.498\,8\left(\frac{P_1}{H_d}\right)^{0.024\,1} \tag{3-118}$$

流量系数 m_d 随 $\frac{P_1}{H_d}$ 减小而减小。不同 $\frac{P_1}{H_d}$ 的堰，其 $m = f\left(\frac{H_0}{H_d}\right)$ 的关系见图 3-6 中的 b、c、d、e 曲线。

2. 闸孔出流

闸孔出流一般按下式计算

$$Q = \mu b e \sqrt{2gH_0} \tag{3-119}$$

式中　Q——过流量，m^3/s；

μ——流量系数；

b——闸孔宽度，m；

e——闸门开度，m；

H_0——闸孔全水头，m。

其中

$$\mu = \varepsilon_2 \varphi \sqrt{1 - \varepsilon_2 \frac{e}{H_0}} \tag{3-120}$$

式中 φ——流速系数,底坎高度为0时,$\varphi=0.95\sim1.0$,有底坎闸孔,$\varphi=0.85$;

ε_2——垂直收缩系数。

当闸前水头 H 较高,而开度 e 较小或上游坎高 P_1 较大时,行近流速 v_0 较小,在计算中可以不考虑,即令

$$H \approx H_0 \tag{3-121}$$

当计算闸站出流时,闸门形式会影响闸门的垂直收缩系数。

1)平板闸门

平板闸门垂直收缩系数 ε_2 如表3-26所示。

表3-26 平板闸门垂直收缩系数 ε_2

e/H	0.10	0.15	0.20	0.25	0.30	0.35	0.40
ε_2	0.615	0.618	0.620	0.622	0.625	0.628	0.630
e/H	0.45	0.50	0.55	0.60	0.65	0.70	0.75
ε_2	0.638	0.645	0.65	0.66	0.675	0.69	0.705

流量系数 μ 可按以下经验公式计算:

当 $0.1<\frac{e}{H}<0.65$ 时

$$\mu = 0.60 - 0.176 \frac{e}{H} \tag{3-122}$$

式中 μ——流量系数;

e——闸孔开度;

H——闸前水头。

下游水位淹没到闸孔,影响闸孔的过水能力,称为闸孔淹没出流(见图3-7)。h_c 为收缩断面水深,h_t 为闸下游河槽中的水深。

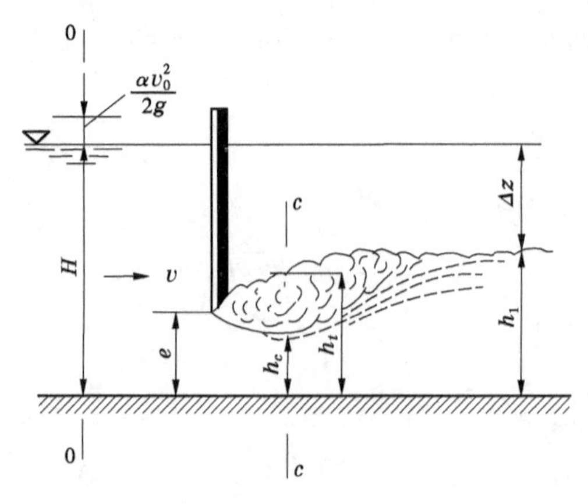

图3-7 闸孔淹没出流

2) 弧形闸门

弧形闸门垂直收缩系数 ε_2 如表 3-27 所示。弧形闸门参数见图 3-8。

表 3-27　弧形闸门垂直收缩系数 ε_2

α	35°	40°	45°	50°	55°	60°	65°	70°	75°	80°	85°	90°
ε_2	0.789	0.766	0.742	0.720	0.698	0.678	0.662	0.646	0.635	0.627	0.622	0.620

α 按下式计算：

$$\cos\alpha = \frac{C - e}{R} \tag{3-123}$$

式中　α——弧形闸门底缘的切线与水平线的夹角；

C——弧形门转轴与闸门关闭时落点的高差；

R——弧形门的半径。

流量系数 μ 可按以下经验公式计算：

$$\mu = (0.97 - 0.81\frac{\alpha}{180°}) - (0.56 - 0.81\frac{\alpha}{180°})\frac{e}{H} \tag{3-124}$$

式(3-124)的适用范围是：$25° < \alpha \leqslant 90°$；$0 < \frac{e}{H} < 0.65$。

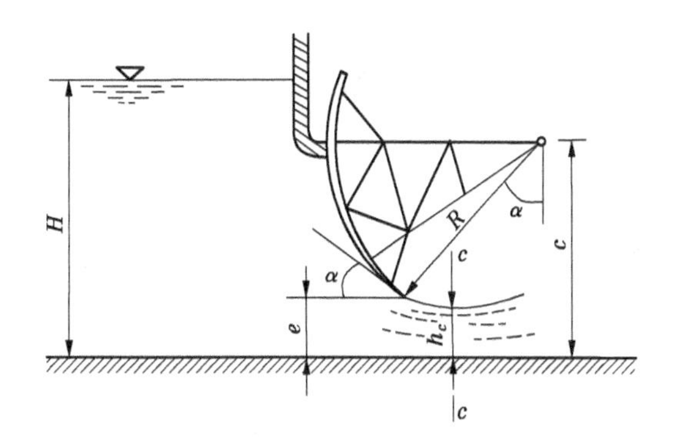

图 3-8　弧形闸门参数

3.泵站提水

为将水由低处扬至高处，以满足灌溉、排水、供水等要求，需要修建泵站。

对于泵站，其最大流量为：

$$Q_{max} = \frac{1\ 000N\eta}{\gamma H_t} \tag{3-125}$$

式中　Q_{max}——泵站最大流量，m^3/h；

N——泵站装机容量，kW · h；

η——水泵的总效率；

γ——水的容重，一般取 9 800 N/m^3；

H_t——水泵扬程，m。

4.涵管出流

当涵管出口水流流入大气时，其流量为：

$$Q = \mu_c A \sqrt{2gH} \tag{3-126}$$

式中 μ_c——管道流量系数；

A——管道过水断面面积；

H——管道水头。

当涵管出口完全淹没在水面以下时，其流量为：

$$Q = \mu_c A \sqrt{2gz} \tag{3-127}$$

式中 z——上下游水位差。

3.4.5.7 水质模型参数

1.污染物迁移转化模型

(1)溶解度(S)、辛醇-水分配系数(K_{OW})、沉积物-水分配系数(K_{OC})、蒸气压(P_V)、生物转化和降解系数(K_b)、生物富集系数(BCF)等参数见相关章节。

(2)半反应速度常数 K_{mp} 和光降解系数 k，可以通过实验来确定。

(3)初始浓度和扩散系数。水体中污染物的含量与水体中初始浓度和扩散系数有关。初始浓度 e_s 和扩散系数 k_c 可以根据实测和实验得到。

2.水体重金属迁移转化模型

重金属污染事故参数见表 3-28。

表 3-28 重金属污染事故参数

重金属	解吸系数	再悬浮系数	沉降系数	在底泥和水中的分配系数	在悬浮物和水中的分配系数
六价铬	1.7E-12	5.5E-11	6.0E-09	4.0E+03	2.0E+04
镉	2.6E-12	1.1E-10	9.0E-10	4.0E+03	2.0E+04
铅	1.2E-12	1.7E-10	1.3E-09	4.0E+03	2.0E+04
砷	1.4E-12	2.2E-10	7.0E-10	4.0E+03	2.0E+04
汞	4.6E-12	2.8E-10	7.0E-10	4.0E+03	2.0E+04
硒	1.8E-12	3.3E-10	8.0E-09	4.0E+03	2.0E+04
铜	4.7E-12	3.9E-10	1.5E-09	4.0E+03	2.0E+04
锌	1.5E-12	4.4E-10	2.5E-07	4.0E+03	2.0E+04

3.5 突发性水污染事故综合应急处置技术评估指标体系

突发性水污染事故一般具有事故发生时间不确定、事故发生地点不确定、主要污染物种类不确定等特点，导致应急处置的技术方案和工程实施方式不同。因此，突发性水污染事件发生后，筛选应急处置技术是整个应急体系的一个重要目的，也是下一步实施有效应急处置措施的基础。评估应急处置技术优劣，可为科学、快速优选应急处置措施提供决策依据。

影响应急处置技术筛选的问题十分复杂,所以建构一套系统的、科学的应急处置技术评估指标体系十分必要。水污染应急处置技术评估及优选过程,需考虑不同应急处置技术的处置效果、处置成本、物资供给、实施条件、环境影响等诸多因素。

指标体系建立应遵循科学性、系统性、针对性和可操作性的原则，以应急处置技术的筛选和评价为最终目的,以物资供给、处理效果、处理成本、实施条件和对环境的影响五个因素为准则层,再分别细化支撑的指标,建立突发污染应急处置技术筛选评价指标体系。初拟突发性水污染事故应急处置技术评估指标体系层次结构如图 3-9 所示。

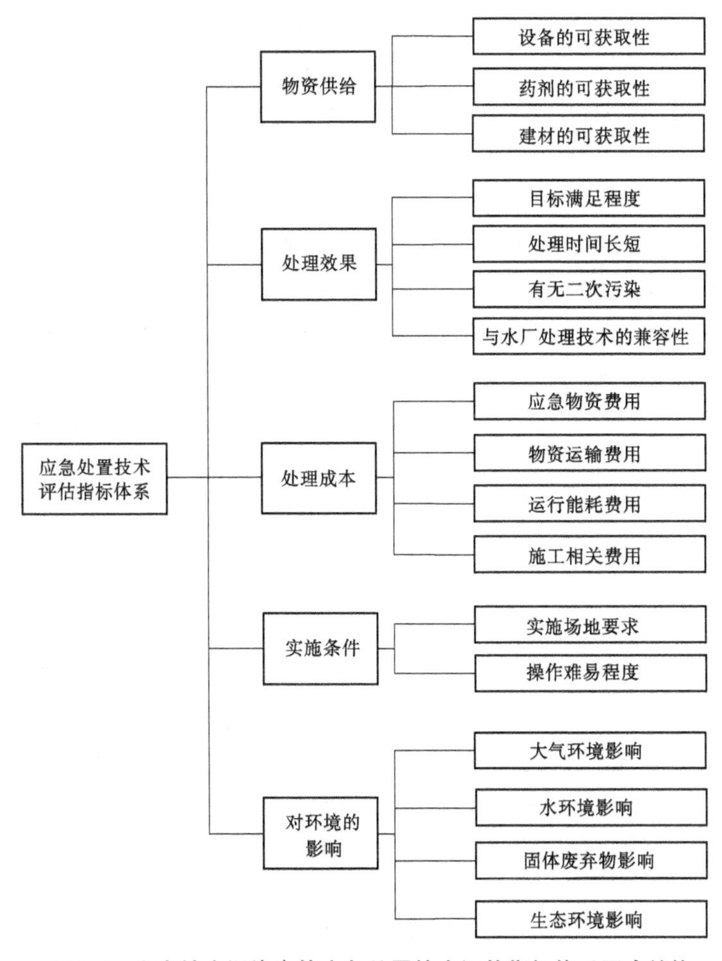

图 3-9　突发性水污染事故应急处置技术评估指标体系层次结构

第4章　三峡库区突发性水环境污染事件处置实例

以三峡库区重庆市为例，引起突发性水环境事故的主性要原因有自然灾害导致的工厂厂房破损、交通事故导致的运输化学品的车辆或船只受损因而引起化学品泄漏，以及各种违法违规直接排放含污染物的废水废弃物。以下是2010年下半年至2015年第一季度重庆三峡库区及周边地区发生的水环境突发事故的不完全统计，以及这些事件的处置方法和处理结果。

2010年7月19日，合川区重庆诺齐思化工有限公司因特大洪水被淹，厂区罐体内有部分还未来得及转移的苯系物。环保部门立即赶赴现场配合安监、消防等部门开展救援工作：一是对11个罐体进行扶正加固处理；二是专业队伍对罐内苯系物进行安全转移；三是环保部门加强对核心区及周边重要点位大气和水质的布控监测；四是设置拦截坝拦截泄漏的少量污染物。至7月26日，水质监测结果显示全部监测点位水体中苯系物浓度稳定达标。应急处置中吸附饱和的稻草、活性炭、吸油毡和厂区罐体废液、残存污水得到妥善处置和转移。此次事件处置过程科学、有序、高效，未对嘉陵江水质造成影响。

2011年5月18日21时50分许，长寿区凤城街道办事处到晏家快速通道红绿灯位置一辆硝酸槽车发生侧翻，造成数吨硝酸外泄，现场酸雾较浓。区政府立即启动应急预案，消防、环保等部门火速赶到现场进行应急处置。消防特勤中队用消防水喷淋稀释，并将消防水在侧翻点一洼地积存。23时20分，少量消防水开始外泄，市、区两级环境应急人员迅速开展应急监测，确定污染走向，有效监测酸雾及消防水影响程度和范围。通过巡查发现，经消防水稀释后的硝酸进入小石溪。现场指挥部立即指令参加救援的公司迅速调运石灰等应急物质开展应急处置。同时，由长寿区监测站对小石溪进行监测，及时进行环境污染预警，并协助指导石灰等药剂的投加。5月19日11时15分，事故罐体内约10 t硝酸顺利转移，12时40分，罐车成功调离事故现场，现场应急处置完毕。整个处置过程中，小石溪水质pH符合地表水Ⅲ类水质标准，消防水未对小石溪的水质造成明显影响。

2011年5月26日，南桐矿业有限责任公司砚石台煤矿一矿井作业时矿层浸出石油类物质，含油废水因超过该煤矿废水处理站处理能力超标排入孝子河（下游附近无饮用水源）。万盛区环保局先期督促该煤矿采取拦截、吸附、清淘等措施控制污染。因现场处置物资匮乏，控制效果不佳，直至6月7日孝子河油污仍轻度超标。鉴于此情况，重庆市环保局应急人员于当日赶赴现场进行指导：一是责成该煤矿在下游增设2道拦截坝，增调稻草和棉纱铺撒河面，加大各点位的人工清淘力度；二是紧急联系重庆天志环保有限公司调集吸油毡，增大河面吸附力度，并组织专人在井下水仓投放絮凝剂，强化除油效果。经环保部门督促，污染区域始终控制在该矿排放口1 km范围内未向外扩散。至6月10日，油类污染得到全面控制。环保部门再次组织核查监测，孝子河排放口至下游20 km各断面水质均达标，此次事件未造成较大的环境影响。

2011 年 6 月 24 日，重庆渝海控股（集团）有限责任公司（以下简称渝海公司）在“江流坝—石林公路建设工程”施工过程中，一容积为 12 t 的柴油储罐罐底破损，导致大约 2 t 柴油泄漏，通过地表土壤渗透进入附近小河沟及溶洞污染下游约 300 m 的白花供水站、下游约 1 000 m 的木鱼洞供水站取水水源（皆为村级饮用水水源），由于渝海公司未及时察觉泄漏并向相关部门报告，至 6 月 26 日 20 时万盛区环保局才接到供水站相关报告，区环保局接报后连夜安排应急监察及监测人员会同区水务局赶赴现场排查，责成渝海公司对泄漏的柴油储罐进行封堵，并采取拦截、吸附等措施对泄漏的柴油进行清理。重庆市环保局应急人员到达现场了解污染情况后，立即开展应急处置措施：一是立即指导现场采取增设拦截吸附带、及时更换吸油毡强化吸附效果，防止污染物扩散；二是针对现场应急处置物资紧张的情况，及时联系市港航局、重庆玄牝环安科技有限公司，紧急调运吸油毡；三是与万盛区应急办会商，责成区安监、质监、环保、水务、卫生等部门联合进行调查处置、饮水调度和善后处理工作。经过两天的处置，对发生泄漏的油罐完成了封堵，余下的 10 t 柴油进行了安全转移。事故现场吸附清理油污 2 800 kg。至 6 月 29 日，应急抢险取得阶段性成果，白花供水站已恢复供水，万盛区政府已责成区水务局采取从北门供水站紧急调水及就地另辟水源等措施，解决木鱼洞供水站附近的村民临时用水，目前村民用水基本得到保障，群众生产生活稳定。6 月 30 日，经监测，事故点的油污已去除，取水点周边水质得到明显恢复。

2011 年 8 月 17 日，綦江民华废旧物资有限公司违法排放含油废水进入地缝裂隙，造成土地坎（因持续干旱而选定的临时取水点）地下水水质污染。当晚，市、县两级环保部门迅即会同赶水镇政府、綦江铁矿拟定应急措施：一是立即责令綦江民华废旧物资有限公司停产整改，切断污染源；二是重新启用法定的石龙溪取水点取水，协调上游地区降低用水量，最大程度保障綦江铁矿居民用水需求；三是由环保、卫生部门牵头，严密监控石龙溪、土地坎及水厂取、供水水质变化；四是由当地政府做好维稳工作，避免出现恐慌；五是指导督促綦江铁矿采取吸附等措施，尽快消除土地坎取水点污染；六是要求綦江环保局立即着手对綦江民华废旧物资有限公司违法排污行为进行查处。12 时，石龙溪取水点及綦江铁矿取、供水水质正常。为彻底消除污染隐患，环保部门现场督促綦江民华废旧物资有限公司清除雨水沟内污染物并进行安全转移，封堵车间各排水口，避免降雨时残留污染物再次污染地下水。同时，綦江铁矿水厂采用棉纱吸附、底泥清掏等方式持续清理土地坎临时取水点油污。连续监测结果表明，从 8 月 17 日 15 时 30 分起，油污染程度持续下降，土地坎水质持续好转，从 8 月 21 日 9 时 50 分起，该处异味和油污现象已彻底消除，水质稳定达标。

2011 年 11 月 19 日 9 时 10 分左右，渝北区川庆化工厂萘酚车间发生火灾。该公司立即组织本厂专职消防人员和职工现场灭火，随即长寿区消防支队消防车也到达现场，采用消防水喷淋灭火。经抢险，大火于 9 时 40 分左右扑灭。经环保部门调查，在灭火初期，该厂雨污分流切换阀呈打开状态，导致部分消防废水经雨水沟直接流入外环境。渝北区环境监测站监测数据显示，19 日 11~12 时，该厂总排口、冷却水排口、长江边入江口和入江口下游 100 m 处未检出萘和苯胺；厂区总排口、冷却水排口、总排口入江口有挥发酚检出。考虑到下游 10 km 处有川维厂的自备水厂，环境监察总队紧急增派应急处应急力量会同渝北区环保局对事发车间和相关车间再次进行拉网式排查，发现该厂雨水沟内仍有浅棕色废水，执法人员立即要求企业查明污水混入雨水沟的原因，并对雨污分流闸阀不合理的地方进行整改。同时，监测人员加强了废水及总排口下游长江水质的监控力度。截至 19 日 23 时许，废水排放口、冷却水排放口挥发酚浓度达到污水综合排放标准Ⅰ级标准要求，该厂总排口入江口下游长江水质全面达标。20 日 2 时，环境应急状态结束，此次事件未对下游饮用水水源地水质产生影响。

2011 年 12 月 24 日 20 时，不明罐车将运载的黑色不明液体倾倒在潼南县柏梓镇汇龙桥河沟内，使该小溪沟水呈淡褐色。潼南县环保局对汇龙桥小溪沟地表水进行监测，结果显示，汞、铅、镉分别超过国家标准 0.7 倍、3.8 倍、1.6 倍，表明该废液含有毒重金属。由于小溪沟下游琼江涉及多个饮用水水源地，市环境监察总队、市环境监测中心和固体废物管理中心应急人员赶赴现场指导处置，对小溪沟采取截流、筑坝、吸附等措施，由于处置及时、措施有效，经连续两天监测显示，此次废液倾倒事件未对琼江及其下游饮用水水源地造成影响。

2012 年 3 月 1 日，重庆康明斯发动机有限公司在清洗该厂油水分离池污泥过程中，擅自将含油污水通过雨水沟直排凤凰溪（该溪无水域功能规划，无饮用水水源、无农灌取水），凤凰溪受到污染，并且部分浮油在凤凰溪入江口回水处形成面积约 500 m^2 的黑色油污团。鉴于嘉陵江下游 1.5 km 处有沙坪坝区高家花园饮用水水源保护地、下游 10 km 处有大溪沟及江北区饮用水水源保护地，沙坪坝区政府立即组织市、区环保、市政、公安、消防、港航、环卫、童家桥、覃家岗、磁器口街道等部门约 300 人投入救援处置，采取措施控制污染态势：一是查明并迅速切断污染来源，同时对进入凤凰溪油污进行多级围堵；二是紧急调集重庆港航局水上执法大队、重庆天志环保公司等救援队增援吸油毡、围油栏等应急物资对凤凰溪入江口进行油污围堵，防止油污团扩散；三是对凤凰溪河口、高家花园水厂、大溪沟河段的水质进行监测，随时掌握情况；四是迅速通知下游的高家花园水厂严密监控取水水质，若有异常立即报告；五是市政府应急办出面协调中石油重庆分公司，重庆市环保局协调西南合成制药有限公司等单位多方筹集救援物资，确保清除救援工作有序进行；六是由各街道分段包干参与和监督清理工作，将凤凰溪上游生活废水接入市政管网，截断上游来水，提高油污清除效果，由重庆天志环保公司负责对清理的污染物依法转移、安全处置。监测结果显示，除事故初期凤凰溪核心区石油类浓度为 0.35 mg/L，超标 6 倍外，整个处置过程中嘉陵江高家花园断面、中渡口断面石油类等污染因子均未超标。

2012 年 4 月 25 日，重庆市大足区中敖镇麻杨河因外地罐车倾倒化学品，导致水体变色。接报后，重庆市环保局环境应急指挥中心立即指派市环境监察总队应急处、应急监测中心、固体废物管理中心及永川应急分中心赶赴现场增援。经市、区两级应急监测人员监测，污染水体除锰超标 5~7 倍外，未检测出重金属及其他有毒有害物质。环保部门立即联合专家制订了处置方案：一是继续采取人工修筑临时堤坝和永久堤坝，将污染水质拦截，防止其进入濑溪河；二是采取向污染水体添加处理剂的方式进行深度处理，使其达到

《地表水环境质量标准》(GB 3838—2002)Ⅲ级标准的要求。同时,专家组在实施污染处置工作之前先期对药物的配比和鱼类等水生生物的耐受性进行试水性实验。在取得预期处置效果的基础上,28 日下午,大足区环保局会同中敖镇政府采用专人在船上抛洒药剂,并以搅动水体的方式对麻杨河进行全面处置,同时对河水水体进行实时跟踪监测。截至 29 日下午,有效清理河段近 1 000 m,水体中红色污染物明显消退。监测数据表明,麻杨河河水中锰浓度明显下降,麻杨河与濑溪河交汇处及交汇处下游 1 500 m 处监测断面各项监测指标均达到《地表水环境质量标准》(GB 3838—2002)Ⅲ级标准的要求,未对水体中生物造成明显影响。

2012 年 7 月 9 日,一辆货车途经巴南区界石镇金鹅村四十社石坝外环高速路时,所载化学品泄漏,肇事驾驶员驾车逃逸现场。泄漏物经雨水沟渗入周边农田和 2 口沉水井(供该村 100 人生活和灌溉用),造成约 10 m^2 的水稻枯萎及水体污染。重庆市环保局派员现场指导巴南区环保局配合界石镇政府和相关部门做好应急工作:一是由巴南区环境监测站对事发点周边的水井及沙田湾河沟进行布点监测,由区卫生疾控中心对水井水质做化验分析,以确定井水是否能饮用;二是界石镇政府通知当地村民暂停取用井水,同时为受影响的村民提供临时供水,并做好解释工作,避免出现社会恐慌;三是由高速路支队和有关部门对逃逸车辆及责任人进行追踪调查,查实化学品种类和数量并进行查处。巴南区环保局、卫生防疫部门监测结果显示,2 口水井中除 pH 超标显碱性外,化学需氧量浓度未超标,铅、氰化物、六价铬、苯系物等有毒物质均未检出,初步判明污染物为碱液。随即,重庆市环保局分别致函巴南区政府和市交委,建议巴南区一方面尽快清理残存物,从源头上解决村民用水问题;另一方面加大肇事车辆排查力度。界石镇政府对事故点周边蓄水池残留碱液进行清运,截至 2012 年 7 月 25 日,所有化学品残液已全部清空,并由相关资质单位进行妥善处置。

2012 年 7 月 23 日 22 时 30 分,市政府总值班室向重庆市环保局通报了"长寿磷肥厂发生硫酸泄漏",市环境应急与事故调查中心立即联系长寿区环保局核实相关情况,并派应急人员赶赴现场指导调查处理。经查,重庆市渝港化肥有限公司 2 个硫酸储罐由于年久失修(该公司于 2010 年 10 月停产至今)出现不同程度破损和穿孔,有 20~30 t 硫酸泄漏,并从围堰底部空洞进入厂区空地及雨水沟,由于厂方未及时采取措施,硫酸流入下游一个无名小河沟后汇入桃花溪主河道(下游无饮用水水源地)。长寿区政府应急办会同区安监局、消防、环保等部门,根据专家建议,组织企业在厂区就地挖出深坑收集残存在罐体内及泄漏的硫酸,封堵厂区排水沟,并加入碱性物质进行中和,同时对围墙外边沟的废硫酸进行处理。针对无名河沟水质呈酸性, 24 日凌晨 2 时 30 分,长寿区政府会同市、区相关部门召开现场工作会,对现场处置提出要求:一是要对流入厂区外排水沟废硫酸进行彻底清理,用于中和处理的石灰粉要妥善保存在厂区内,避免对周边农田造成污染;二是在厂区外无名河沟下游用袋装钙镁粉或碱石灰筑成拦截坝及中和反应带,对汇入桃花溪前的酸性废水进行截留和处理,减轻污染,确保 pH 达标后流入桃花溪;三是厂内院坝临时拦截区域和挖坑处置过程中要注意防雨,对场内所有排水沟进行彻底堵漏,防止硫酸随雨水再次进入外环境。长寿区环保局随即加强了对桃花溪水质的监测,并督促重庆市渝港化肥有限公司进一步加强应急处置工作。截至8月1日,监测数据显示,无名河沟水质恢复至中性,桃花溪水质未受明显影响。

2012年9月7日,一辆装有约33 t甲醇的罐车行至涪陵区兴涪路下路口时,由于车辆失控,罐车撞翻滨江路栏杆坠入长江中。接报后,现场指挥部启动了区级交通事故应急预案和区级突发环境事件应急预案:一是在车辆打捞时采取防止罐车发生泄漏的应急措施,准备好中转罐车及容器做好对罐车内甲醇的收集;二是对长江水质进行不间断监测,密切监控长江水质变化;三是要求坤源水务公司加密对事发地下游糠壳湾取水点的水质监测,并与监测断面水质情况进行比对,如有异常及时通报;四是指派应急人员现场蹲守,24小时不间断对出事点水质变化及罐车打捞情况进行密切观察,如有异常,立即实行加密采样监控长江水质变化情况;五是要及时向政府及相关部门通报环境应急和水质监测情况,建议政府适时进行抢险情况和环境通报,维护社会稳定。9月8日1时30分,涪陵区政府再次组织相关部门召开会议安排部署应急处置工作:一是明确现场事故处理领导小组,强化事故处置工作的组织领导和综合协调;二是要求环保部门继续加强对水质跟踪监测,供水部门要与环保部门紧密联系,确保供水安全;三是周密制订救援方案,积极准备打捞所需物资及车辆船舶,严防次生灾害发生;四是在9月8日6时启动打捞;五是切实维护社会稳定,并加强网络舆情监测。8日12时24分,事故罐车大部分已打捞出水面。由于处于洪水期间,长江流量较大,稀释和自净能力较强,处置期间事发地下游均未监测出甲醇,此次事故未对长江水质及糠壳湾取水点的水质造成影响。

2012年10月13日11时,重庆市建新发电有限责任公司发生一起运输车柴油泄漏事件。经市、区两级环保部门现场勘查,为该公司一辆运输柴油的车辆在卸载柴油时发生泄漏,泄漏量约30 kg,含油废水由该公司总排口流入厂区外小河沟,途经300 m左右汇入濑溪河(下游无集中式饮用水水源)。对此,环保部门督促厂方对厂区内的油污进行彻底清理,截断污染源;根据油污扩散情况和濑溪河地形及水文情况,在厂区外河沟与濑溪河交汇处、交汇处下游的小摊桥和广顺浮桥断面设置拦截带,用稻草对河面上的油膜进行清理吸附等应急处置措施,污染得到及时控制。至当日16时,各监控断面石油类均未检出,此次事件由于控制及时,未对濑溪河水质造成较大影响。

2013年4月25日23时30分左右,白市驿镇海龙村8社附近机场航空煤油输油管线发生漏油。事发后,紧急采取应急措施:一是由部队暂时关闭输油管线阀门,做好现场警戒值守;二是调集海绵、稻草等物资立即对已渗漏入梁滩河江北山支流的煤油进行拦截和吸附,防止污染扩散;三是对周边企业实行停产、停电、停气,以保障群众安全;四是要求部队对管线余油进行安全处理,尽快整治好管线。4月26日8时,成都军区空军油料处派专业人员赶至现场检查输油管线。九龙坡环保局环境监测人员在梁滩河及其江北山支流设置了6个监测断面进行水质监测,监测数据显示,江北山支流渗油点及下游石油类已出现超标现象。为防止梁滩河主河道受到影响,九龙坡环保局紧急会同当地镇政府增设5道拦截带,加大对渗油的拦截和吸附,由部队用抽油机将渗油及含油废水抽回进行处理,组织人员将余下的少量含油废水送入海龙工业污水处理站处理。4月27日8时30分,成都军区空军油料处专业人员在重庆巨泰机械有限公司场地下(距梁滩河约1 km的江北山支流处)发现了泄漏点。通过机场部队抢修,4 月 27 日 16 时成功堵漏,消除了隐患。经部队技术人员测算,此次渗漏航空煤油约 150 L。4 月 27~28 日监测结果显示该区域河流水质已达标。

2013 年 5 月 6 日 0 时至 5 时,位于北碚区蔡家镇三溪村木鱼社的重庆建工新型建材有限公司因管道破裂导致约 9 t 的萘系减水剂泄漏至附近山王沟,导致该河沟呈深红色。北碚区组织区消防支队、区安监局、区环保局、童家溪镇、蔡家镇等单位组成现场指挥部,重庆市环保局积极协助指导北碚区政府开展应急处置。现场指挥部采取措施,降低污染物对外环境影响:一是加大污水抽取力度,继续降低污染负荷,同时严格污染转运登记,以避免二次污染;二是增设 2 道吸附坝,用粉煤灰对污染物进行吸附,增设 3 个聚合氯化铝喷洒点,对污染物进行絮凝处理;三是环保部门继续对山王沟及水天花园金龙湖水色变化情况进行巡查和监测;四是督促企业协助其调集水处理药剂对该区域污染进行深度处理,进一步加大污染水体处置力度;五是根据监测结果指导企业及时调整处置方式,防止污染反弹,提高处理效率;六是监测部门根据污染带移动情况及时调整监测点位和频次,掌握水质最新变化情况。至 5 月 9 日,山王沟水体红色已消除,山王沟及进入金龙湖水体各项指标稳定达标,符合湖库景观水标准,同时嘉陵江水质正常,未受到此事件影响。

2013 年 6 月 27 日 19 时 30 分左右,大渡口区重庆化工轻工有限公司 601 处的运输罐车在铁路专用线站台进行卸油作业时,第二节和第三节发生火灾(此列车共有 13 节,每节罐车装载的汽油约 40 t),造成 2 人受伤。当地政府立即组织救援,20 时 30 分,现场火势得到控制。环保部门会同区政府开展处置:一是由大渡口区政府牵头在保障火灾事故安全处置的同时组织相关部门开展环境应急处置;二是协调相关部门调集吸油棉、围油栏等对含油废水进行吸附和拦截,防止污染长江;三是责成企业对厂区的雨水管网进行排查和封堵,并收集处理消防废水;四是设置 6 道拦截带,对雨水沟及排往长江沿途河沟内含油污水进行吸附和拦截,并组织监测人员对雨水沟出围墙处、雨水沟入长江处、入江口上下游各 2 km 处、大渡口区与九龙坡区交界断面进行布点监测。截至 6 月 27 日 22 时 40 分,长江口下游 500 m 处、鱼洞长江大桥处、巴南区大江水厂、鱼洞水厂和龙洲湾水厂断面长江中石油类均达到Ⅲ类水质标准(GB 3838—2002),此事件未对长江水质造成影响,未影响饮用水水源水质。

2013 年 7 月 8 日 5 时左右,1 辆货车在距 G93 渝遂高速潼南段田家下道口往潼南方向约 2 km 处发生侧翻并坠入高速路旁的小河沟,致车上人员 1 死 1 伤,车上混装有 400 桶涂料漆(每桶约 18 kg)和部分木地板、蚊香,部分涂料漆桶出现破损,导致约 300 kg 涂料漆进入河沟,事发点下游 1.5 km 处为田家镇饮用水水源,涉及供水人口 3 500 人(实际供水 1 000 人左右)。事故发生后,潼南县政府应急办组织公安、消防、卫生、安监、环保、高速公路执法、田家镇政府等部门成立现场应急指挥部开展应急处置工作:一是公安部门实施现场警戒,维持现场秩序;二是由安监牵头进行事故原因调查;三是由消防和卫生部门负责医疗救援;四是高速公路执法部门负责将车上物资转移到岸上;五是由田家镇政府组织人手切断上游来水,并在下游设置了 2 道围油栏,同时用稻草和吸油毡对含油废水进行吸附;六是环保部门负责现场水质监测,在事故点上游、下游的小河沟、黄桷堡水库(田家镇饮用水水源）的入口断面和取水点、小河沟与琼江交汇处上游 100 m、小河沟与琼江交汇处、交汇处下游 500 m 设置了 7 个监测点位。重庆市环保局应急人员到达现场后，立即会同潼南县环保局进行现场排查和处置：一是从事发点沿下游对水质污染情况进行勘查；二是利用市环保局增援的吸油毡、围油栏等应急救援物资，指导田家镇政府相关人员在河沟上增设了 3 道拦截带，对含油废水进行吸附和拦截，防止污染下游田家镇饮用水水源；三是责成田家镇政府调派挖掘机在事发点上游、下游加筑拦截坝，将污染带控制在限定范围，同时要求重庆天志环保有限公司对河沟中的含油废水进行收集，由田家镇政府安排人手对含油污泥和废稻草进行收集，并将含油废水、污泥、稻草和岸上破损的油漆桶进行转移处置；四是由市环境监测中心协助潼南县环保局对水质进行监测；五是建议高速公路执法部门对此次交通事故原因展开调查和责任追究。经全力抢险，污染带始终控制在 500 m 范围内，未对田家镇饮用水水源取水口及下游琼江水质造成影响。

2013 年 7 月 26 日 13 时左右，重庆长安汽车股份有限公司江北发动机工厂六车间切削混合液因地下污水管网堵塞，进入邻近的雨水管网排入盘溪河（该河未划定水域功能，无饮用水水源，从水质实际情况参考 V 类水域）。监测数据显示，17 时事故点排水 COD 高达 2 018 mg/L、石油类为 27.9 mg/L，分别超标 19.2 倍、4.58 倍。事发后，该厂未向环保部门报告，又未采取有效措施切断污水，致使盘溪河受到一定程度的污染。监测数据显示，17 时 30 分，事故点下游盘溪河 COD 为 330 mg/L、石油类为 3.2 mg/L，分别超标 7.25 倍、2.2 倍；汇入嘉陵江前的 COD 为 60 mg/L、石油类为 0.93 mg/L，其中 COD 超标 0.5 倍，石油类达标。市、区两级环保部门立即开展应急处置：一是督促企业封堵雨水排放口，并用泵将截留在雨水管网中的切削混合液抽至该厂污水处理站进行处理；二是要求厂内相关车间立即停产，防止产生新的废水，并对管网进行全面排查，找出事故原因；三是对盘溪河入嘉陵江下游 400 m 中渡口取水口、5 km 江北水厂、大溪沟水厂断面进行监测。截至 17 时 30 分，嘉陵江水质石油类未检出，说明此事件未对嘉陵江造成影响。27 日 6 时至 7 时 45 分，盘溪河汇入嘉陵江口、嘉陵江汇入口下游 50 m，化学需氧量、石油类均未超标，此次事件未对嘉陵江水质造成影响。

2013 年 11 月 5 日 20 时许，重庆运联运输有限责任公司车牌号渝 AN3568 号重型罐式货车运载 9.22 t 有毒液体二氯乙烷，从江津区朱杨镇的重庆江顺储运有限公司装车开往璧山丁家镇军耀公司途中，行至江津区 107 省道德感园区红绿灯路口时，因避让行人操作不当，致车辆侧翻于公路上。该事故无人员伤亡，但造成了二氯乙烷泄漏并污染附近鱼塘及小水沟。事件发生后，立即开展救援处置工作：一是由消防、安监部门负责组织相关人员对二氯乙烷罐车进行堵漏，并督促重庆江顺储运有限公司调运罐车将剩余的二氯乙烷进行转运。二是由环保部门会同街道办事处利用调集沙土对罐车周边进行围栏，并利用围油栏、吸油毡对水体中的污染物进行吸附，减缓污染程度。三是由环保部门对鱼塘、小水沟、长江水质进行监测，掌握水质污染动态，同时继续对周边环境空气进行监测，严密观测空气恢复情况。四是在小水沟受污染的 2 km 范围内设置了 5 道围油栏，并用吸油毡对水体中的污染物进行吸附。五是清理沉积于小水沟的二氯乙烷，并设置了 3 个加药点，利用石灰、强氯精对残存的二氯乙烷进行反应以消解其毒性。六是由鱼类学专家会同鱼塘养殖户对鱼类中毒情况进行核查，评估损失情况。经全力处置，截至 11 月 7 日 19 时，江津区政府根据现场情况，决定终止应急状态，转入善后处理阶段。此次事件未对长江水质造成影响。

2014 年 4 月 14 日 9 时左右，位于江北区的原重庆聚山化工有限公司在组织工人对盛装废油的罐体进行切割时引发火灾，消防水经雨水沟流入桥溪河。事件发生后，江北区成立了由公安、消防、环保、铁山坪街道办事处及重庆利特环保工程有限公司组成的现场应急处置工作组。江北区环保局在重庆市环保局指导下开展处置：一是安排人员沿桥溪河至栋梁河入江口处进行巡查，排查油污去向；二是组织重庆利特环保工程有限公司布设围油栏并对河面拦截的废油进行清舀；三是组织区环境监测人员对桥溪河及栋梁河入江口处水质进行采样监测。重庆市环保局应急人员到达现场后：①对肇事单位和受污染水体情况进行现场踏勘；②协助江北区环保局调集应急救援物资，并指导江北区环保局在事发点上游小桥沟（对照断面）、第一道围油栏吸附坝上下游、第二道拦截坝下游、第三道拦截坝、跃进桥（入长江口）共设置了 6 个监测点，并增加挥发酚及苯系物等监测因子。四是协调市固体废物管理中心调派固体废物管理中心人员到现场指导处置工作：①由铁山坪街道办事处增派人员对各拦截坝拦截的油污进行清舀，并及时更换吸油毡；②由市固体废物管理中心负责指导江北区环保局、重庆利特环保工程有限公司对受污染的土壤和企业生产车间残留的废油进行清理转运，防止二次污染；③由江北区环保局组织监测力量，对水质进行加密监测，为应急处置提供监测数据支撑；④由江北区环保局联系照明设施，为夜间处置做好准备工作。监测结果显示，10 时 40 分，事故点雨水沟石油类浓度为 10.19 mg/L，第一道吸附坝后石油类浓度为 7.96 mg/L，第二道吸附坝后石油类浓度为 1.07 mg/L，第三道吸附坝下游 300 m 处石油类浓度为 0.63 mg/L，跃进桥（入长江口）石油类浓度为 0.17 mg/L。第一道吸附坝、第二道吸附坝分别超标 6.96 倍、0.07 倍，第三道吸附坝和跃进桥（入长江口）石油类浓度均未超过《地表水环境质量标准》（GB 3838—2002）V 类标准。15 时 40 分，第一道吸附坝后石油类浓度为 0.52 mg/L，第二道吸附坝后石油类浓度为 0.27 mg/L，跃进桥（入长江口）石油类浓度为 0.1 mg/L，各监测点位苯系物均未检出，表明进入桥溪河的油污已基本得到控制，未向下游继续扩散。2014 年 4 月 15~16日，重庆市环保局环境应急人员现场指导督促江北区环保局继续开展应急处置工作：一是会同江北区环保局对厂区、雨水沟及桥溪河进行巡查；二是由江北区环保局继续对桥溪河水质进行监测；三是要求重庆利特环保工程有限公司加快污染处置进度；四是在核心区展开油污染土壤收集工作。4 月 15 日 11 时，重庆市环保局环境应急人员会同市固体废物管理中心，组织江北区环保局、重庆利特环保工程有限公司等单位召开了应急处置会商会，会议决定由江北区环保局继续对栋梁河水质进行监测，掌握污染处置效果，并完善污染事件调查材料，做好环境污染损害评估前期准备工作，如构成刑事责任的，将该案件移送江北区公安分局进一步查处。4 月 15 日下午，江北区环保局组织救援队伍将雨水沟内残余油污用河沙覆盖并转移，核心区地面的含油废物进行收集转移，并将场内剩余的废油转移，不能转移的采取措施安全遮挡。4 月 16 日上午，江北区环保局安排人员对桥溪河围油坝周围零星的油污进行了清理。截至 16 日下午，河道剩余油污清理完毕，共收集含油废水约4.1 t,吸油毡和其他危险废物约4.5 t,清运核心区污染土壤约37 t。4月15日15时至4月16日14时30分的监测结果显示,各监测断面石油类、挥发酚监测结果均未超过《地表水环境质量标准》(GB 3838—2002)Ⅴ类水质标准,表明进入桥溪河的油污已得到全面控制。鉴于桥溪河油类污染态势得到控制,环境污染基本消除。

2014年8月13日22时20分,重庆市环保局接巫山县环保局报告,该县红椿乡千丈岩水库出现水体颜色异常,初步判断污染来自于湖北省建始县。鉴于该水库为巫山县庙宇镇、铜鼓镇、红椿土家族乡和奉节县长安乡4个乡(镇)的54 400余人饮用水水源及1.8万亩农田灌溉水源,接报后,重庆市环保局立即指派市环境监察总队、市环境监测中心应急人员和专家连夜赶赴现场指导、协助巫山县进行处置,市环境应急与事故调查中心也随即向环保部和市政府汇报,并将情况通报湖北省环保厅。8月14日早晨,重庆市环保局按照环保部、市政府有关领导批示,会同湖北省环保厅深入湖北省境内核查污染原因。经查,肇事单位湖北省恩施州建始磺厂坪矿业有限责任公司违规生产,并将硫铁矿洗选废浆水直接排在一处未进行任何防渗处理的洼地内,废浆水沿喀斯特地貌缝隙渗漏至地下溶洞并随暗河水系进入巫山县千丈岩水库形成污染,造成巫山县铜鼓镇、庙宇镇、红椿土家族乡和奉节县长安乡四个乡镇饮用水水源不同程度取水中断。经处置,千丈岩水库水体从8月18日12时30分开始,持续24小时未检出特征污染物乙基钠黄药及其有机毒性,其余各项指标均达到集中式生活饮用水水源地水质标准;红椿土家族乡、铜鼓镇、庙宇镇居民自来水管网末梢水水质乙基钠黄药、重金属毒性和有机物毒性均未检出,其余各项指标符合饮用水水质标准。8月19日16时,巫山县政府召开“千丈岩水库饮用水水源污染处置转段工作”会议,根据19日上午第二次专家评估会专家意见,会议决定终止目前的应急状态,由应急处置阶段转为后续观测阶段。8月19~20日,环保部门继续监测千丈岩水库水体,在持续72小时稳定达标后,重庆市环保局决定解除突发环境事件Ⅲ级预警。9月25日,通过水质监测持续观察,千丈岩水库已连续1个月稳定达标,巫山县人民政府决定启动千丈岩水库饮用水水源水。根据环保部2015年1月20日网站公布的调查结果显示,该事件直接原因是湖北省恩施州建始县磺厂坪矿业有限责任公司60万t/年硫铁矿选矿项目擅自试生产,产生的废浆水未经处理直接排放至厂房下方的自然洼地,污染物通过洼地底部渗漏至地下水,并经地下水水系进入直线距离约3 km的重庆市巫山县千丈岩水库。间接原因,一是企业违法试生产、违法排污、管理粗放、重生产轻环保;二是企业没有按规定向当地环保部门申请试生产,且不具备试生产条件;三是建始县及恩施州环保部门日常监管不力。经过评估,事件造成重庆市巫山县、奉节县共4个乡(镇)约5万人饮用水受到影响,直接经济损失334.32万元。

2014年9月15日9时30分,忠县环保局接兴峰乡政府报告,忠县兴峰乡三元村三岔路口因交通事故发生油漆泄漏,冲洗地表污水进入兴峰河三元段,水体异常,呈乳白色混浊状态。忠县环保局于10时25分到达现场,立即责令停止冲洗路面,并开展调查工作。经查,9月15日3时许,一辆重型挂车行驶至103省道232 km 900 m处时与一拖拉机发生刮擦,致使车上25桶外墙涂料漆(22 kg/桶,“三棵树”牌)不同程度泄漏,事发后,忠县交巡警大队、路政大队、兴峰乡政府救援处置时用水冲洗泄漏物,冲洗水通过公路水沟等低洼地并沿公路涵洞渗漏到兴峰河三元段。兴峰河三元段距长江约 20 km,下游无集中式饮用水水源,该河段水质无异常,也未见死鱼现象,但现场公路水沟内还留有乳白色废水(无明显油类物质和刺激性气味)。11 时 51 分,重庆市环保局接群众相关投诉,立即采取电话和书面函告形式,要求忠县环保局开展处置工作:一是立即对泄漏在路面的涂料漆采取拦截、收集措施,切断污染源;二是组织工人对进入河流的泄漏物采取人工清舀、木屑吸附等方式进行拦截、收集;三是组织人员对受污染水域功能以及下游集中式饮用水水源分布情况进行调查,掌握水环境敏感目标;四是组织人员调查泄漏物质的品名、主要化学成分、泄漏数量,以及进入河流的数量,为科学制订应急处置方案提供依据;五是做好舆情监控,主动与投诉人及渔业养殖户联系,做好相关人员思想工作,防止矛盾激化。同时,积极协调涪陵区环保局对忠县环保局送样进行监测。17 时,忠县环保局责令肇事方组织工人用木屑吸附收集处置方法对泄漏的涂料进行清理,并组织监测人员进行水质监测。19 时 50 分,现场处置完毕,根据 17 时 45 分忠县环保局监测数据显示,事故点上游 50 m pH 为 7.21、石油类浓度为 0.032 mg/L ,事故点下游 200 m pH 为 6.73、石油类浓度为 0. 038 mg/L,小河村岔路口 pH 为 7.44、石油类浓度为 0.034 mg/L,双河口下游 200 m pH为 7.73、石油类浓度为 0.031 mg/L;涪陵区环境监测中心站也未检出各水样中的苯及苯系物,均符合《地表水环境质量标准》(GB 3838—2002)Ⅲ类标准。16 日,忠县环保局会同兴峰乡政府再次进行后续调查,该河段水质无异常,无死鱼现象,随即终止环境应急工作。

2015 年 1 月 18 日 14 时 57 分,重庆市环保局接市民报告,渝中区嘉华大桥桥下江面上漂浮有油污。重庆市环保局立即督促指导渝中区环保局开展调查处理,同时调度沙坪坝区、江北区沿江排查油污染来源。经核实,1 月 17 日重庆市展鸿图救助打捞有限责任公司在嘉陵江双碑段打捞沉没的"川内东采 0008 轮",沉船出现柴油零星溢出,油污随江水向下扩散,造成下游回水区域存积油膜现象。1 月 18 日 15 时,打捞区域上游 500 m 石油类浓度未超标,打捞区域石油类浓度超标 5.6 倍,打捞区域下游 1 000 m 石油类浓度超标 5.2 倍;打捞区域下游 2.5 km 处石油类浓度超标 7.6 倍,表明油污确系打捞区产生的,并随水流向下游移动。重庆市环保局一是责成渝中区、沙坪坝区、江北区环保局对嘉陵江进行全面监测,并增派市环境监测中心现场指导,评估污染程度;二是要求相关区环保局通知辖区内各水厂严密监控取水水质,做好水质深度处理准备工作,确保供水安全;三是调集围油栏、吸油毡等物资,责成沙坪坝区、渝中区组织人员对嘉陵江岸线油污进行处置;四是协调市港航局组织人员重点对油膜较多的土湾区域、大溪沟饮用水水源保护区实施拦截清理或投放消油剂,彻底消除江中的油污,并对打捞现场布设围油栏,从源头上防止产生新的油污。1 月 18 日 21 时至 20 日 8 时,梁沱水厂、事故点下游 2.5 km 处饮用水水源地、高家花园大桥、事故点下游 5 km 处饮用水水源地中渡口取水口、嘉华大桥、嘉陵江大桥、茶园水厂饮用水水源地、大溪沟等江段石油类浓度持续达标。同时,未接到供水单位取供水异常的报告。表明经过应急处置,基本消除了此事件对嘉陵江水质的影响。鉴于嘉陵江水面油污已基本清除、嘉陵江断面水质持续达标、各供水单位取供水正常,11 时 50 分,市港航局决定解除应急状态。经污染损害评估,此事件造成直接经济损失 11.6 万元。

重庆市突发水环境事故统计如表 4-1 所示。

表 4-1　重庆市突发水环境事故统计

事故发生日期（年-月-日）	发生地点	事发原因	污染物种类	处置措施	装置与材料
2010-07-19	重庆市合川区	特大洪水淹没工厂	苯系物	对11个罐体进行扶正加固处理，专业队伍对罐内苯系物进行安全转移，设置拦截坝、转移罐体内废液和残存污水	稻草、活性炭、吸油毡
2011-05-18	长寿区小石溪	硝酸槽车发生侧翻	硝酸	用消防水喷淋稀释，并将消防水在侧翻点一洼地积存；迅速调运石灰、液碱等应急物质开展应急处置。同时，由长寿区监测站对小石溪进行监测，及时进行环境污染预警并协助指导石灰、液碱等药剂的投加	石灰、液碱
2011-05-26	孝子河	矿井作业时矿层浸出石油类物质	石油类	在下游增设2道拦截坝，增调稻草和棉纱铺撒河面，加大各点位的人工清舀力度；调集吸油毡，增大河面吸附力度，在井下水仓投放絮凝剂，强化除油效果	稻草、棉纱、吸油毡、絮凝剂
2011-06-24	江流坝—石林公路	柴油储罐罐底破损	柴油	对泄漏的柴油储罐进行封堵，对泄漏的柴油进行清理，增设拦截吸附带、及时更换吸油毡，强化吸附效果，防止污染物扩散	吸油毡
2011-12-25	潼南县	罐车违法倾倒钻井废液	有毒重金属	检测污染物种类，发现汞、铅、镉浓度严重超标，对小溪沟采取截流、筑坝、吸附等措施	围油栏
2012-03-01	凤凰溪嘉陵江	违规排放含油污废水	石油类	查明并迅速切断污染来源，对进入凤凰溪油污进行多级围堵；紧急增援吸油毡、围油栏等应急物资对凤凰溪入江口进行油污围堵；将凤凰溪上游生活废水接入市政管网，截断上游来水，提高油污清除效果	吸油毡、围油栏
2012-07-23	长寿区桃花溪	长寿磷肥厂发生硫酸泄漏	硫酸	就地挖深坑收集残存在罐体内及泄漏的硫酸，封堵厂区排水沟，并加入碱性物质进行中和；在厂区外无名河沟下游用袋装钙镁粉或碱石灰筑成拦截坝及中和反应带，对汇入桃花溪前的酸性废水进行截留和处理	钙镁粉、石灰

续表 4-1

事故发生日期（年-月-日）	发生地点	事发原因	污染物种类	处置措施	装置与材料
2012-09-07	涪陵区长江	车辆失控，罐车撞翻滨江路栏杆坠入长江中	甲醇	在车辆打捞时,采取防止罐车发生泄漏的应急措施,准备好中转罐车及容器,做好对罐车内甲醇的收集,对长江水质进行不间断监测,密切监控长江水质变化	打捞船
2013-04-25	白市驿镇梁滩河	机场航空煤油输油管线发生漏油	石油类	暂时关闭输油管线阀门;调集海绵、稻草等物资立即对已渗漏入梁滩河江北山支流的煤油进行拦截和吸附,防止污染扩散	海绵、稻草
2013-05-06	北碚区山王沟	管道破裂	萘系减水剂	加大污水抽取力度,继续降低污染负荷;增设 2 道吸附坝,用粉煤灰对污染物进行吸附,增设 3 个聚合氯化铝喷洒点,对污染物进行絮凝处理	抽水机、煤灰粉、氯化铝
2013-07-08	渝遂高速潼南段	车辆侧翻并坠入高速路旁的小河沟	涂料漆	调派挖掘机在事发点上游、下游加筑拦截坝,将污染带控制在限定范围,同时对河沟中的含油废水进行收集,对含油污泥和废稻草进行收集,并将含油废水、污泥、稻草和岸上破损的油漆桶进行转移处置	挖掘机、稻草、吸油毡、拦截带
2013-07-26	盘溪河	违规排放车间切削混合液	COD 类、石油类	一是督促企业封堵雨水排放口,并用泵将截留在雨水管网中的切削混合液抽至该厂污水处理站进行处理;二是要求厂内相关车间立即停产,防止产生新的废水,并对管网进行全面排查,找到事故原因	抽水泵
2014-04-14	江北区桥溪河	对盛装废油的罐体进行切割时引发火灾	石油类	对各拦截坝拦截的油污进行清舀,并及时更换吸油毡;对受污染的土壤和企业生产车间残留的废油进行清理转运,防止二次污染;对水质进行加密监测	拦截坝、吸油毡

续表 4-1

事故发生日期（年-月-日）	发生地点	事发原因	污染物种类	处置措施	装置与材料
2014-09-15	忠县兴峰河	因交通事故发生油漆泄漏	油漆	立即对泄漏在路面的涂料漆采取拦截、收集措施，切断污染源；对进入河流的泄漏物采取人工清舀、木屑吸附等方式进行拦截、收集	木屑
2015-01-18	渝中区嘉陵江	打捞沉船时，沉船出现柴油零星溢出	石油类	调集围油栏、吸油毡等物资，对嘉陵江岸线油污进行处置；重点对油膜较多的土湾区域、大溪沟饮用水水源保护区实施拦截清理或投放消油剂，彻底消除江中的油污，并对打捞现场布设围油栏，防止产生新的油污	围油栏、吸油毡、消油剂

从表 4-1 中可以看出，发生在此区域内的突发性水环境事故，污染源多以石油类和酸碱等化工原料为主，而处置方式因事发地点周边环境而异。总的来说，步骤大致如下：

（1）设置拦截坝和利用围油栏等拦截污染物。

（2）利用吸油毡、活性炭和海绵等吸附污染物。

（3）依据污染物具体情况确定是否投放对应药剂进行处理。

（4）利用水泵等设施抽取污水和人工打捞聚集后的污染物。

（5）事故处理后期水质环境监测与事故影响处理。主要运用的处置方法也以物理拦截、絮凝沉降、冲刷稀释和人工抽取污水、打捞污染物为主，化学方法为辅。治理措施因地制宜，多方面多部门协调统一，往往能取得理想的治理效果。

参考文献

[1] 解玉磊.复杂性条件下流域水量水质联合调控与风险规避研究[D].北京:华北电力大学,2015.

[2] 严少华.水葫芦在污染水体净化中的应用、风险控制及其资源化利用研究进展[C]//2015 年中国环境科学学会学术年会,深圳,2015.

[3] 王振兴,许振成,黄荣新.龙江河流域水环境突发事件风险识别与预警研究[C]//2013 中国环境科学学会学术年会,昆明,2013.

[4] 陶亚,任华堂,夏建新.河流突发污染事故下游城市应急响应时间预测——以淮河淮南段为例[J].应用基础与工程科学学报,2012,20(S1):77-86.

[5] 纪桂霞,王学连,周海东,等.PPCPs 在水环境中的风险控制研究进展[J].能源研究与信息,2015,31(3):142-147.

[6] 李克辉.我国突发性海域溢油危机处置案例研究[D].大连:大连理工大学,2015.

[7] 熊善高.海域船舶溢油风险评估及应急管理体系的研究[D].天津:南开大学,2014.

[8] 毕海普.三峡库区突发水污染事故的数值模拟及风险评估研究[D].重庆:重庆大学,2011.

[9] 方攀,张万顺,幸娅,等.组件式 GIS 与突发性水环境风险水质模型系统集成研究[C]//中国工程院 2010 流域水安全与重大工程安全高层论坛,南京,2010.

[10] 刘征涛.生态风险评估与水环境基准研究进展[C]//中国毒理学会第六届全国毒理学大会,广州,2013.

[11] 张艳军,秦延文,张云怀,等.三峡库区水环境风险评估与预警平台总体设计与应用[J].环境科学研究,2016,29(3):391-396.

[12] 乔欢欢,李健.环境污染事故应急监测的方案及措施[J].资源节约与环保,2016(1):142-147.

[13] 冯爱玲.突发性水污染事件的应急监测现状分析及对策措施[J].能源与环境,2016(1):57-58.

[14] 邱颖,顾斌杰,马强,等.永定河大宁水库水环境突发事件预防与应急处置方案[J].北京水务,2015(4):13-16.

[15] 董文平,马涛,刘强,等.流域水环境风险评估进展及其调控研究[J].环境工程,2015,33(12):111-115.

[16] 张智超.突发化学品污染应急处置技术筛选与评估系统研究[D].哈尔滨:哈尔滨工业大学,2013.

[17] 柳王荣.龙江河饮用水源突发性隔污染处置技术研究[D].长沙:湖南农业大学,2013.

[18] 许振成.流域水环境突发事件应急处置技术体系研究[C]//2012 中国环境科学学会学术年会,南宁,2012.

[19] 许雅婧,郑丽琴.突发性水环境污染事件应急处置案例与启示[J].环境,2011(S2):4-5.

[20] 吴二雷,石辉,赖志强.丁坝对河流污染物迁移扩散的影响模拟研究[J].工业安全与环保,2012,38(8):63-66.

[21] 阮燕云,张翔,夏军,等.闸门对河道污染物影响的模拟研究[J].武汉大学学报(工学版),2009,42(5):673-676.

[22] 赵全松,张万顺,燕惠英.透水柔性结构物与水流相互作用三维数值模拟[J].人民长江,2008(3):70-72.

[23] 万晶,彭虹,夏晶晶,等.缺资料地区水体突发重金属污染的快速预警[J].人民长江,2017,48(9):

16-19.
[24] 夏晶晶,张万顺,王永桂,等.三峡库区水环境模型系统构建[J].人民长江,2017,48(3):19-22.
[25] 张万顺,徐艳红.基于水质目标的水环境累积风险评估模型[J].环境影响评价,2013(5):51-54.
[26] 赵琰鑫,王永桂,张万顺,等.河道溢油污染事故二维数值模型研究[J].人民长江,2012,43(15):81-84.
[27] 徐艳红,张万顺,赵琰鑫,等.泥石流粗大颗粒物质运动过程的数值模型[J].水利学报,2012,43(S2):98-104.
[28] 彭虹,齐迪,张万顺.河流环境中硝基苯的归趋模型研究[J].人民长江,2011,42(24):81-84.
[29] 彭虹,王永桂,张万顺,等.太湖流域典型区域水生态环境系统模拟平台研究[J].中国水利水电科学研究院学报,2011,9(1):47-52.
[30] 徐高洪,郭生练,张万顺.河网非恒定流数值模拟及应用研究[J].人民长江,2008(1):33-36.
[31] 赵全松,张万顺,燕惠英.透水柔性结构物与水流相互作用三维数值模拟[J].人民长江,2008(3):70-72.
[32] 彭虹,张万顺,彭彪,等.三峡库区突发污染事故预警预报系统研究[J].人民长江,2007(4):117-119.
[33] 江锦云,张万顺.新坪石墨厂石墨粉尘的治理研究[J].三峡大学学报(自然科学版),2005(4):376-378.
[34] 张艳军,彭虹,张万顺,等.基于GIS的水质预警预报系统研究与应用[C]//第二届全国水问题研究学术研讨会,北京,2004.
[35] 张万顺,李义天,方铎.二层流体浅水波演化模型色散特性的研究[J].四川联合大学学报(工程科学版),1999(4):81-85.
[36] 张万顺,方铎,李义天.柔性透水薄圆柱与波浪的相互作用[J].武汉水利电力大学学报,1999(4):24-30.
[37] 张万顺,李义天.透水柔性平面防浪堤对波浪的绕射[J].武汉水利电力大学学报,1999(4):31-34.
[38] 张万顺,李义天,方铎.二层流体浅水波演化模型[J].水利学报,1999(7):76-82.
[39] 何文社,张万顺,方铎.柔性透水结构对波浪的透射[J].兰州铁道学院学报,1998(1):22-26.
[40] 张万顺,赵金保,方铎.不可压定常湍流数值模拟的预处理方法[J].四川联合大学学报(工程科学版),1997(4):9-16.
[41] 张万顺,何文社,方铎.柔性透水薄壁对波浪的散射[J].成都科技大学学报,1996(6):78-84.
[42] 拾兵,张万顺.明渠非恒定流的数值计算[J].兰州铁道学院学报,1994(5):14-18.
[43] 孙建安,张万顺,赵金保.预处理方法研究粘性流体定常流动[J].西北师范大学学报(自然科学版),1994(2):115-118.